"十二五"上海重点图书

高等院校应用型化工人才培养系列丛书

制药工程专业实验

蔡照胜 刘红霞 吴 静 孙国香 编 著

华东理工大学出版社

EAST CHINA UNIVERSITY OF SCIENCE AND TECHNOLOGY PRESS

·上海·

图书在版编目（CIP）数据

制药工程专业实验 / 蔡照胜等编著. —上海：华东理工大学出版社，2015.8(2024.12重印)
（高等院校应用型化工人才培养系列丛书）
ISBN 978 - 7 - 5628 - 4341 - 2

Ⅰ.①制… Ⅱ.①蔡… Ⅲ.①制药工业—化学工程—实验—高等学校—
教材 Ⅳ.①TQ46 - 33

中国版本图书馆 CIP 数据核字(2015)第 174100 号

内 容 提 要

本书共六章，其中第一章是制药工程专业实验基础技术；第二章是药物合成实验基础与典型实验；第三章是药物分析实验基础与典型实验；第四章是药理学实验基础与典型实验；第五章是工业药剂学实验基础与典型实验；第六章是天然药物化学实验基础及典型实验。本书内容涵盖药物合成、药物作用机制验证和研究、药物质量控制与评价、药物剂型制备和加工、天然活性物质提取与分离等领域的知识。本书的编写力求概念清晰、层次分明、阐述简洁易懂，注重实用性。

本书可作为制药工程专业的实验教材，也可供制药工程类科研和实验工作者参考使用。

"十二五"上海重点图书
高等院校应用型化工人才培养系列丛书

制药工程专业实验

··

编　著 / 蔡照胜　刘红霞　吴　静　孙国香
责任编辑 / 焦婧茹
责任校对 / 成　俊
封面设计 / 陆丽君　裘幼华
出版发行 / 华东理工大学出版社有限公司
　　　　　　地　址：上海市梅陇路 130 号，200237
　　　　　　电　话：(021)64250306(营销部)
　　　　　　　　　　(021)64252344(编辑室)
　　　　　　传　真：(021)64252707
　　　　　　网　址：press. ecust. edu. cn
印　刷 / 广东虎彩云印刷有限公司
开　本 / 787mm×1092mm　1/16
印　张 / 17.25
字　数 / 415 千字
版　次 / 2015 年 8 月第 1 版
印　次 / 2024 年 12 月第 6 次
书　号 / ISBN 978 - 7 - 5628 - 4341 - 2
定　价 / 42.00 元

联系我们：电子邮箱 press@ecust. edu. cn
　　　　　官方微博 e. weibo. com/ecustpress
　　　　　天猫旗舰店 http://hdlgdxcbs. tmall. com

前　言

　　高等院校的工科专业担负着为社会和经济建设培养工程技术人才的重要职责。制药工程专业是集化学、药学(中药学)和工程学于一体的交叉型工科类专业,并以培养从事药品制造及新工艺、新设备、新品种的开发、放大和设计等工作的人才为目标,对人才的实践性素质要求非常高。作为培养制药工程类创新人才的重要环节之一,制药工程专业实验教学的实施对制药工程专业人才实践能力的提高和工程素质的养成有促进和推动作用,能紧密贴近制药工程专业发展要求的专业实验教材作为制药工程专业实验教学的基础,其建设备受关注。

　　基于以上这些因素,我们根据教育部制药工程专业教学指导委员会制定的制药工程本科专业实验教学的基本要求,进行了制药工程专业实验教材的编写工作。本书的编写是在制药工程专业自编的《药物合成实验》《药理学实验》《药物分析实验》《药剂学实验》《天然药物化学实验》及《药物设计性实验》等实验教学指导讲义的基础上进行的,并结合制药工程学科的时代发展和教学改革的需要进行了实验内容的整合和优化。在实验项目的设计上重视发挥学生的学习主动性,强调对学生独立进行实验方案设计的能力培养。在实验内容的安排上涉及制药工程专业的多个方向,并以加强学生创新能力培养和专业素质提升为目标。

　　本书共六章,其中第一章是制药工程专业实验基础技术;第二章是药物合成实验基础与典型实验;第三章是药物分析实验基础与典型实验;第四章是药理学实验基础与典型实验;第五章是工业药剂学实验基础与典型实验;第六章是天然药物化学实验基础及典型实验。本书内容涵盖药物合成、药物作用机制验证和研究、药物质量控制与评价、药物剂型制备和加工、天然活性物质提取与分离等领域的使用。本书的编写力求概念清晰、层次分明、阐述简洁易懂,注重实用性和可读性。本书可作为制药工程专业的实验教材,也可供制药工程类科研和实验工作者参考使用。

　　我们编写本书的工作都是在借鉴前人成果的基础上进行的,对前人的成果进行认真分析、整理、归纳与总结,书中如有不足之处,恳请广大读者批评指正,以便我们今后能更好地修正和完善。

编　者

2015 年 5 月

目　　录

第一章　制药工程专业实验基础技术

第一节　实验室安全及事故处理

在进行制药工程专业实验时,经常需要使用乙醚、乙醇、丙酮、苯等易燃的有机溶剂,氢气、乙炔、金属有机试剂等易燃、易爆的气体或药品,氰化钠、硝基苯、甲醇、有机磷化合物、有机砷化合物等有毒试剂,煤焦油、重氮甲烷、石棉及其制品、砷化合物、3,4-苯并芘、N,N-二甲基亚硝胺等具有致癌性的化合物,氯磺酸、浓硫酸、浓硝酸、浓盐酸、烧碱、氯气、溴等具有腐蚀性的试剂。尤其应注意的是,实验室中使用的有些药品的危害性具有较长的潜伏期,若使用不当,极有可能导致着火、爆炸、烧伤、中毒、致畸等事故。此外,进行实验所需的玻璃器皿、煤气、化工设备、电气设备等,如使用或处理不当,同样也会引起事故发生。实验室一旦发生事故,小则危害个人,大则伤害人身安全及损害国家财产。因此,在进行制药工程专业实验时,我们必须把安全放在第一位。长期的实践和大量的事实证明,只要在实验时做到思想上高度重视,具备必要的安全知识,严格执行实验操作规程,就可使完成实验的危险降至最低限度。即使实验中发生事故,也可通过已掌握的一般救护措施,使事故及时得到妥善处理而不致酿成严重后果。

进行制药工程专业实验时,参与实验工作的人员必须注意以下几点:

(1) 根据实验的需要,选戴合格的安全防护眼镜。

(2) 穿上干净且完好的棉制实验服,并切记安全比美观更为重要。

(3) 禁止用手直接取用任何化学药品,使用有毒药品时除用药匙、量器外,必须佩戴橡皮手套以避免药品与皮肤接触,在实验后及时清洗仪器并用肥皂等洗涤用品洗手。

(4) 实验中尽可能少用有毒物质,用毒性相对较小的药品代替毒性相对较大的药品。

(5) 处理具有恶臭、刺激性或有毒的化合物,必须在合格的具有良好吸气性的通风橱中进行;在通风橱开启后,不要把头伸入橱中;为避免有毒药品对通风橱台面的玷污,可以用铝箔铺垫通风橱底面。

(6) 要了解实验中所用化学药品的性质,如毒性、MA 值(劳动卫生允许浓度)、着火点、爆炸性、生成过氧化物的倾向等,以及是否能被皮肤吸收等特殊性质。对一些会产生危险的实验操作必须十分小心,如不能用碱金属干燥卤代化合物等。严禁在酸性介质中使用氰化物。移取液体需用吸耳球吸取,禁止以口代替吸耳球吸取液体。

(7) 在实验进行时,应经常观察仪器有无漏气、破裂等现象及注意实验进行是否正常。

(8) 过量的、不再使用的试剂及实验后的残余物,应及时进行分解或妥善处理。应把水银、铊或硒的化合物及实验残余物集中存放,或送有关部门统一处理。使用过的金属钠等活泼金属的残余物应用醇分解,绝不可倒入废液缸中。

（9）为防止火灾发生,应避免在实验室中使用明火。溶剂等易燃药品不要放在实验台附近。要熟悉实验安全工具,掌握灭火器、灭火毯、砂桶及急救管的放置地点及其使用方法;并做到实验安全工具的检查,确保其合格有效性。

（10）实验台上要做到整齐、清洁,不得存放与当次实验无关的仪器和药品。不可把食品放在实验室。严禁在实验室吸烟、喝水和进食,禁止赤膊和穿拖鞋。

（11）不要一个人单独在实验室里工作,因为有他人在场可以保证紧急情况下能够互相救助。实验过程中一般不能将实验室的门关上。

（12）实验中应尽量避免吸入任何药品和溶剂的蒸气,使用易爆的化合物还需在特殊的防爆室中进行。

一、常见实验事故及其急救处理

（1）眼睛的急救

实验中一旦有化学试剂溅入眼内,应立即用缓慢的流水彻底冲洗。如果实验室中有喷水洗眼器,应该记住最近洗眼器的位置;如果没有洗眼器,通常至少有一只配有一段软水管的洗涤槽。洗涤后需将病人送往眼科医院治疗。

若是实验中有玻璃碴进入眼睛,绝不可用手揉擦,要尽量不转动眼球,也不要试图让别人取出碎屑;而任其流泪,并在用纱布轻轻包住眼睛后,再将伤者送往医院处理。

（2）烧伤及其急救

如系化学药品引起的烧伤,必须立刻用大量清水充分冲洗患处。如系有机化合物引起的灼伤,可用乙醇充分擦洗灼伤处以除去附着的有机物。对于溴引起的灼伤,可用乙醇擦至患处不再有黄色后,再涂上甘油水溶液以保持皮肤滋润。对于酸引起的灼伤,可先用大量清水冲洗灼伤部位以免深部受伤,再用稀 $NaHCO_3$ 水溶液或稀氨水清洗,最后用清水洗至中性。对于碱引起的灼伤,可先用大量清水冲洗灼伤部位,再用1％硼酸溶液或2％醋酸溶液清洗,最后用清水洗至中性。

如果是烧伤,应立即用冷水冷却烧伤部位。若是属于轻度的火焰引起的烧伤,可用冰水冲洗烧伤部位。如果是火焰引起的烧伤但皮肤并未破裂,可在清洗后的烧伤部位涂擦治疗烧伤用药物以促使患处及早恢复。当出现大面积的皮肤表面受到伤害时,可以先用湿毛巾冷却烧伤部位,然后用洁净纱布覆盖伤处以防止感染后,再立即送往医院请医生处理。

实验中如果出现意外着火,应立刻离开着火处,并用灭火器、灭火毯、砂桶等灭火工具及时进行灭火。若是烧瓶或其他玻璃仪器上出现的小火,通常可以用一块石棉网或表玻璃盖住瓶口使其迅速熄灭。实验中万一出现衣服着火,切勿奔跑,而要有目的地走向最近的灭火毯或灭火喷淋器,并用灭火毯把身体包住或用灭火喷淋器喷淋身体以使火焰很快熄灭。

（3）割伤及其急救

由不正确处理玻璃管、玻璃棒及其他玻璃器具引起的小规模割伤,可先将伤口处的玻璃碎片取出,再用水洗净伤口并挤出一点血后,最后进行消毒、包扎。也可在洗净后的伤口处贴上创可贴,以达到止血并促使伤口愈合的目的。若是属于严重割伤且出血较多的,须立即用手指压住或用其他医用材料扎住相应动脉,使血不再流出,并包上绷带后立即送往医院治疗。在此过程中若绷带被血浸透,可在其上再盖上一块绷带以施压。

(4)烫伤及其急救

被火焰、蒸汽、红热的玻璃或铁器等烫伤,应立即用大量清水冲淋或浸泡伤处,以迅速降低烫伤部位的温度并避免深部烧伤。若伤处出现水泡,不宜挑破。对轻微烫伤,可在伤处涂烫伤膏或万花油,严重烫伤时应立即送往医院治疗。

(5)中毒及其急救

若在实验中感到咽喉灼痛、嘴唇脱色或发绀、胃部痉挛或恶心呕吐、心悸、头晕等症状时,极可能中毒所致。

当发生急性中毒时,紧急处理十分重要。对于因口服引起的中毒,可饮温热的稀食盐水(1 杯水中放 3～4 小勺盐),并用洗净的手指触及咽后部促使其呕吐。当中毒者失去知觉,或因溶剂、酸、碱等引起的中毒时,不要使其呕吐。对于误食碱等药品的中毒者,可先让其饮用大量水后再喝牛奶以实现解毒。发生急性中毒时,不要用催吐剂,也不要服用碳酸盐或碳酸氢盐。对于重金属盐引起的中毒者,可先喝一杯含有几克 $MgSO_4$ 的水溶液后,再立即就医。对于因吸入引起的中毒,可把病人立即抬到空气新鲜的地方,让其安静地躺着休息。

二、实验室急救药品和器具及其要求

为保证能在第一时间进行必要的救护,实验室都需配备医药箱,且在医药箱内一般有下列急救药品和器具:

(1)医用酒精,碘酒,红药水,创可贴,止血粉,烫伤膏(或万花油),1％硼酸或 2％醋酸溶液,1％碳酸氢钠溶液,20％硫代硫酸钠溶液,70％酒精,3％双氧水等。

(2)医用镊子,剪刀,纱布,药棉,棉签和绷带等。

第二节 实验记录及其要求

实验记录是反映实验进行和完成情况的基本数据,保存好实验中所观察到的每个现象记录和实验数据记录对于完成实验而言很重要。对于制药工程专业实验而言,完整、详细地收集和记录好实验数据、现象及结果对于保证科研和实践的成功有很大帮助。作为实验人员,在实验中除了要掌握良好的实验技术和操作方法与能力外,还必须具备完整、真实地做好记录的本领和素质。

原始实验记录不能记录在不耐用的纸上,且所有的实验记录都必须用不褪色的墨水笔或其他符合要求的笔书写。实验数据绝不允许随意涂改;若需要对初始实验记录进行改正,需标注原因,并将改正后的内容记录在初始实验记录相邻的位置。

当开始做预定的实验时,应该把实验记录本放在近旁,以便把所完成的操作和观察到的实验现象及时地记录在实验记录本上。同时,进行每一个实验时,需要在实验记录本中记录项目(课题)名称、实验目的、研究内容、实验日期、实验条件、参考文献、实验材料、实验设计

原理和方法、实验过程、实验结果、实验讨论及记录者签名等内容,具体如下:

(1) 实验日期:写明进行实验的年、月、日、时。

(2) 实验条件:写明实验室的温度和湿度,涉及动物实验还需写明动物实验室的级别,合格证书号及发证单位。

(3) 实验的名称、目的、原理和内容:写明实验的具体名称、目的和原理,实验具体要研究的内容及所要解决的问题。

(4) 实验中引用的文献:详细记录所参考的文献资料的作者,文题(书名),刊物(出版社),页码,发表时间及卷、期号等。

(5) 实验材料:详细记录标本、样品的来源、取材的时间,实验原料的来源、特性,必要的化学试剂和其他原料名称、纯度、生产厂家和用量,所使用的仪器、设备的名称、厂家、出厂日期、生产批号、规格型号。

(6) 实验过程:实验时间点的实验过程详细记录,记下实验过程的操作、实验数据和所观察到的现象,特别是要真实客观地记下对原有规程的改动和事先没有估计到的反常现象,可用略图表示实验装置及实验中需要的特殊操作技术或附加装置。

(7) 实验结果与讨论:详细记录实验所获得的各种实验数据及现象,并有简要分析和针对实验过程中所发现的问题提出的解决方法。不得在实验记录本上随意涂改实验结果,如确需修改应保留原结果,并将修改的结果写在边上并要附有说明和实验指导教师签字。

在进行实验记录时,还应做到以下几点:

(1) 在实验中要认真操作、仔细观察、积极思考。

(2) 实验过程的记录要做到清楚和具有重现性。

(3) 必须在实验进行的过程中记录,而不要根据记忆做记录。

(4) 在实验操作完成之后,必须对实验进行总结,认真讨论观察到的现象,分析出现的问题,整理归纳实验数据等。

(5) 应该特别需要强调的是,实验记录上写错的部分可以用笔划去,但不能涂抹或用橡皮拭去,更不能撕毁。

第三节　化学药品的贮存

制药工程专业实验中使用的化学药品往往具有品种多、性质特殊且不稳定等特点,有的还具有易燃易爆性,也有些属于剧毒性物质,因此化学药品的贮存应引起我们充分的重视。

在大多数情况下,实验室里所用的化学药品都贮藏于玻璃瓶中,其中细颈瓶用于一般性的液体药品的贮存,而高黏度液体则需用广口瓶贮存,氢氧化钠、氢氧化钾的溶液保存在有橡皮塞的瓶内。对于能与玻璃发生反应的化合物(如氢氟酸等),则需使用塑料或金属的容器,必要时也可使用内部衬有石蜡的玻璃瓶。碱金属需贮存于密封的装有煤油的玻璃中,而黄磷必须用水覆盖充分并密封装到玻璃瓶中。

醚类等对光敏感的化合物有形成过氧化物的倾向,在光的作用下形成过氧化物的倾向更加明显,因此应将这类化合物贮存在棕色的玻璃瓶中。对于能产生毒性或腐蚀性蒸汽的物质,则应放在通风、远离人员经常活动的位置,也可放在通风橱中专门部位。少量的或对湿气、空气敏感的物质需根据其性质特点选择特殊的贮存方式。

一切贮存有化学药品的容器必须清洁并贴上耐久的标签,并应经常查看,以防脱落。普通的标签纸最好用黑墨水书写,也可用铅笔书写。为使其更加耐久,可以通过加涂一层无色涂料、覆盖一层透明黏胶纸或擦上一些石蜡实现对标签的保护。实验室贮存及使用的化学试剂都不可将新标签加贴在旧标签上,因为如外层标签一旦脱落,将造成混乱。

具有毒性的化学药品,如氢氟酸及其盐类、砷及其化合物、大部分生物碱,价格贵重的药品(如铂、钯等贵金属催化剂),应在贴好标签后再放在加锁的药品橱或保险柜内。

对于化学危险品的贮存和保管,必须按照爆炸物品、自爆品、遇水燃烧物品、强氧化剂和易燃液体等分门别类合理放置。

有机物的易燃性可以根据其闪点进行划分。闪点是液体表面上的蒸气和周围空气的混合物与火接触,初次出现蓝色火焰时的温度,它是表征液体可燃性的一个重要指标。闪点越低,越容易发生燃烧。我国规定,凡闪点在45℃以下的液体,都属于易燃液体,其中闪点在28℃以下的称为一级易燃品,在28.1~45.0℃的称为二级易燃品。对于大部分有机溶剂的闪点都比较低,多属于遇明火就会燃烧的一级易燃液体。对于易燃的危险品,应根据其闪点的高低和爆燃性质再做详细的分类,以利于安全防火管理。某些有机物的闪点和沸点如表1-1所示。

表1-1　某些有机物的闪点和沸点

名称	闪点/℃	沸点/℃	名称	闪点/℃	沸点/℃
石油醚	−45	40~60	二硫化碳	−30	46
乙醚	−40	34.8	苯	−11	80
丙酮	−18	56.5	甲苯	4.5	111
甲醇	10	65	环己烷	−6	80.7
乙醇(95%)	12	78.4	乙醛	−38	20.8

实验室使用易燃的有机液体时应特别小心,且必须避免周围环境中明火的存在。着火事故是制药工程专业实验室进行实验操作时最容易发生的事故。多数着火事故是由于加热或处理低沸点溶剂不当引起的。对沸点低于80℃的液体,一般在蒸馏时应采用水浴加热,且不能直接用明火加热。

在实验室内安放易燃液体和其他具有助燃性的物质时,必须确保它们能够很快地转移到安全地点。在搬运装满化学药品的大试剂瓶时,不但要抓住试剂瓶的瓶颈,还要用另一只手托着瓶底进行搬运,或放在架子上进行搬运。当需要同时移动多个小瓶试剂时,最好也用木架或木篮进行搬运。

第四节　化学药品的毒性及其分类

化学药品的毒性及其可能引起的中毒程度取决于许多相互影响的因素,其中特别重要的是毒物的种类、数量、作用的方式(如吸入、吞咽、皮肤渗入、注射等),毒物的物理状态和起增效或附加作用物质的存在及发现中毒的时间等,这些因素对选择用什么方法进行抢救以及如何迅速而正确地采用相应的治疗方式极为重要。实验室中最主要的常见致癌物及可能致癌的化合物见表1-2。

表1-2　实验室中最主要的常见致癌物及可能致癌的化合物

A1-化合物	A2-化合物	B-化合物
黄曲霉素 4-氨基联苯 三氧化二砷 五氧化二砷 砷酸及其盐 石棉(可吸的粉尘) 联苯胺及其盐 苯 双二氯甲基醚 氯二甲基醚 β-萘胺 煤焦油 氯乙烯 铬酸锌	丙烯腈 铍及其化合物 铬酸钙 N-氯羰基吗啉 金属钴粉尘及其难溶盐 重氮甲烷 1,2-二溴乙浣 1,2-二溴-3-氯丙浣 3,3′-二氯联苯胺 硫酸二乙酯 二甲基氨基甲酰氯 1,1-二甲基肼 N,N-二甲基亚硝胺 硫酸二甲酯 环氧氯丙烷 吖丙啶(氮丙啶) 六甲基磷酰胺 双(4-氨基-3-氯苯基)甲烷 碘甲烷 羰基镍 5-硝基二氢苊 2-硝基萘 2-硝基丙烷 β-丙醇酸内酯 氮杂环丁烷 铬酸铟	乙酰胺 碱金属铬酸盐 烯丙基氯 三氧化二锑 亚苄基二氯(苯基二氯甲烷) 三氯甲苯(苯基三氯甲烷)、苄氯 镉及其化合物 联苯的氯化物 氯仿 五氧化二铬 二乙基胺 甲酰氯 4,4′-二氨基-3,3′-二甲氧基联苯 双(2-氯乙基)醚 1,2-二氯乙烷 双(4-氨基苯基)甲烷 1,4-二噁烷 苯肼 N-苯基-β-萘胺 邻联甲苯胺 4,4′-二氨基-3,3′-二甲基联苯 邻甲苯胺(2-氨基甲苯) 1,1,2-三氯乙烷 三氯乙烯 1,1-二氯乙烯 2,4-二甲基苯胺

化学物质的毒性主要表现为使机体组织结构及功能改变,其产生的毒害作用又可分为急性毒性和慢性毒性两种。急性毒性是指药品一次进入人体后短时间引起的中毒现象,其最常用的评价指标是半致死量(即 LD_{50} 值)。在许多情况下,LD_{50} 值是将毒物溶解于水或油里,对如大白鼠和小白鼠等实验动物进行静脉、皮下或腹腔给药30d试验得到的数据。另

一常用指标是 LC_{50} 值,它是指使一半供试动物被杀死时所需的药品的浓度。在许多情况下,直接将这些毒性数据转换至其他动物或人是不可能的,但作为了解各种化学品对人的相对毒害程度,还是有一定参考价值的。

另一个针对化学药品中毒危险评价的参数就是 MAK 值。MAK 值是基于实验室和工业上的经验,并用各种动物进行实验研究得到的结果作为补充,又经过工业和化学方面的专家广泛研究验证,针对接触重要的化学试剂和化工产品工作制定的一个衡量化学品中毒危险的标准值。MAK 值是工作场所所允许的某种或某类化学药品的最高浓度,在该浓度下允许每天工作 8h 并持续一周或一个月(必要时一年)而对人的机体不发生明显的毒害。但由于各国允许浓度的含义、制定的方法和依据不同,因此有些数据不尽相同,不宜直接采用,仅供参考。

有些化学药品存在或者可能存在致癌作用。对于那些到发病前有较长潜伏期的药品,在使用和贮存时要特别小心。

引起化学中毒的原因可能有多方面的,但主要有以下几种:

(1) 通过呼吸道吸入含有毒物质蒸气的气体;

(2) 由于皮肤直接接触有毒物质而使有毒物质通过皮肤吸收进入人体;

(3) 食用了被有毒物质污染的食物或饮料;

(4) 品尝或误食了有毒药品。

化学药品不但可以引起中毒,还能引起化学灼伤。化学灼伤是由于皮肤直接接触强腐蚀性物质、强氧化剂和强还原剂等引起的局部外伤,如浓酸、浓碱、氢氟酸、钠、溴等引起的局部外伤都属于化学灼伤。需要特别指出的是,实验室中常用的药品中绝大多数对人体都有不同程度的毒害。表 1－2 为常见化学致癌物。

第五节　化学危险品的销毁

化学危险物品,系指《危险货物分类与品名编号》规定的分类标准中的爆炸品、压缩气体和液化气体、易燃液体、易燃固体、自燃物品和遇湿易燃物品、氧化剂和有机过氧化物、毒害品和腐蚀品七大类,它们都属于具有毒性、腐蚀性、强氧化性、强还原性、自燃性、恶臭的物质或易爆、易燃的物质。实验过程中产生的这些化学危险物品都不能不经处理就丢弃在废物箱或水槽中。不稳定的化学品和不溶于水或与水不相混溶的溶液也禁止倒入下水道。实验中使用的这些危险品一旦成为实验后的废物,必须按规定及时妥善处理和销毁,以免造成意外事故。

实验室中常见危险废物的销毁方法见表 1－3。

表 1-3　常见危险品废物的销毁方法

废物种类	销毁处理方法
碱金属氢化物、氮化物和钠屑	将其悬浮在干燥的四氢呋喃中，搅拌下慢慢滴加乙醇或异丙醇至不再放出氢气，再慢慢加水至溶液澄清并倒入废液收集桶
硼氢化钠（钾）	用甲醇溶解后，再依次进行水稀释、酸处理老化和碱中和，并将中和液倒入废液收集桶（酸处理时有剧毒的硼烷产生，故所有操作必须在通风橱内进行）
酰氯、酸酐、$POCl_3$、PCl_5、$SOCl_2$、SO_2Cl_2、P_2O_5	搅拌下加到水中并用碱中和后再倒入废液收集桶
催化剂（Ni、Cu、Fe，贵金属等）或沾有这些催化剂的滤纸、塞内塑料等	因这些催化剂干燥常有易燃性，因此绝不能丢入废物缸中，抽滤时也不能完全抽干；对于 1g 以下的少量废物可用大量水冲走，量大时应密封在容器中，贴好标签再统一处理回收
氯气、液溴、二氧化硫	用 NaOH 水溶液吸收中和后再倒入废液收集桶
氯磺酸、浓硫酸、浓盐酸、发烟硫酸	搅拌下滴加到冰或冰水中并用碱中和后再倒入废液收集桶
硫酸二甲酯	搅拌下用稀 NaOH 或氨水分解处理后再倒入废液收集桶
H_2S、硫醇、硫酚、HCl、HBr、HCN、PH_3、硫化物或氰化物溶液	用 NaClO 氧化处理。其中，处理 1mol 硫醇约需 2L NaClO 溶液；处理 1mol 氰化物约需 0.4L NaClO 溶液。实际处理时，可用亚硝酸盐试纸试验证实 NaClO 已过量时，再倒入废液收集桶
重金属及其盐类	形成难溶的沉淀（如碳酸盐、氢氧化物、硫化物等）后处理回收
氢化铝锂	将其悬浮在干燥的四氢呋喃中，再小心滴加乙酸乙酯（如反应剧烈，应适当冷却）处理后，再加水至不再有氢气释放，最后用稀盐酸中和后再倒入废液收集桶
汞	尽量收集泼散的汞粒，并将废汞回收；对于废汞盐溶液，可制成 HgS 沉淀，然后过滤收集
有机锂化物	溶于四氢呋喃中，慢慢加入乙醇至不再有氢气放出，然后加水稀释并加稀盐酸至溶液变澄清后再倒入废液收集桶
过氧化物溶液和过氧酸溶液，光气及其非卤代烃溶液	在酸性水溶液中，用 Fe（Ⅱ）盐或二硫化物将其还原、中和后再倒入废液收集桶
钾	一小粒一小粒地加到干燥的叔丁醇中，再小心加入无甲醇的乙醇，搅拌促使其全溶后，再用稀酸中和，最后倒入废液收集桶
钠	小块分次加入乙醇或异丙醇中，待其溶解后，慢慢加水至澄清，最后用稀盐酸中和后再倒入废液收集桶
三氧化硫	通入 95%（质量分数）及其以上的浓 H_2SO_4 中加以吸收

第六节　常用玻璃仪器及其洗涤

一、实验室常用玻璃仪器

玻璃仪器是制药工程实验中最常用的一类仪器。在制药工程专业实验进行的过程中，经常需要进行加热、冷却等操作，实验中使用的仪器还要接触各种化学试剂(其中有许多为腐蚀性的试剂)，甚至要经受一定的压力，因此对玻璃仪器的质量及制造仪器的玻璃材质均有较高的要求。在制药工程专业实验的药物合成实验中涉及的玻璃仪器往往对玻璃材质要求较高，不但需要有较大的机械强度、较高的软化点，而且还要求有较高的对化学试剂的耐受性及对温度冲击的抵抗力等，一般采用硼硅盐硬质 95 料或 GG‐17 硬质玻璃制造。

制药工程实验用玻璃仪器，按其口塞是否为标准磨口可分为普通仪器和标准磨口仪器两类。标准磨口仪器可以互相连接，使用方便又严密安全，现已得到广泛使用，并已逐渐取代了普通玻璃仪器。由于标准磨口玻璃仪器的用途、容量不同，应注意标准磨口有不同的编号，如 $10^\#$、$14^\#$、$19^\#$、$24^\#$、$29^\#$ 和 $34^\#$ 等。这些编号是指磨口最大端的直径(单位为 mm，取最接近的整数)。有时也用两个数字表示标准磨口的规格，如 14/30 表示磨口最大端直径为 14mm，磨口锥体长度为 30mm。相同编号的内、外磨口可以紧密连接，磨口编号不同的仪器无法直接连接，但可以使用相应的不同编号的磨口接头使之连接。仪器的磨口如不能很好地爱护，极易损坏，因此使用标准磨口仪器时必须注意以下几点：

(1)磨口部分必须洁净，用毕立即洗净，若粘有固体杂物，会使磨口对接不严密，导致漏气。若有硬质杂物，更会损坏磨口。洗涤前应先将涂过的真空脂擦尽，然后才能用洗涤剂清洗。标准磨口仪器连接并长久放置时，有时会使连接处粘牢而难以拆开。

(2)洗涤磨口时不得用粗糙的去污粉，以免使磨口擦伤而漏气。

(3)进行真空减压操作时，磨口处应涂以真空润滑脂，以免漏气。一般用途可不涂润滑脂，以免玷污反应物或产物。若反应中有强碱，则应涂润滑剂，以免磨口连接处碱腐蚀粘牢而无法拆开。

(4)安装标准磨口仪器时，应注意正确安装，整齐、稳妥，使磨口连接处不受歪斜的应力，否则易使玻璃仪器折断。

二、玻璃仪器的清洗和干燥

进行制药工程专业实验时，为避免杂质混入实验体系中，必须使用清洁的玻璃仪器。简单而常用的洗涤玻璃仪器的方法是用试管刷刷洗，并借助于各种洗涤粉和去垢剂以增强洗涤效果。虽然去污粉中的微小粒子研磨料对洗涤过程有帮助，但有时这种微小粒子会黏附在玻璃器皿壁上，不易被水冲走，此时可用 2% 的盐酸洗涤一次，再用自来水清洗。有时器皿壁上存在的杂物是难溶于水的黏稠有机物(如有机残渣等)，此时可利用其可能溶于某种有机溶剂的特点用有机溶剂洗涤。用过有机溶剂洗涤后的玻璃仪器有时需用洗涤剂溶液和水洗涤以除去残留的溶剂,尤其是用过诸如四氯化碳和氯仿之类的含氯有机溶剂洗涤的玻璃仪器,特别需要用水冲洗。当用有机溶剂洗涤时,要尽量降低溶剂的使用量,并尽可能用废的有机溶剂(如废丙酮、废乙醇等)或含水的有机溶剂。一般情况下不以试剂级溶剂作清洗之用。

在实验中,有时即使尽了最大努力仍然不能把顽固的黏附在玻璃仪器上的残渣或斑迹洗净,这时就需要使用洗涤液进行清洗。最常用的洗涤液是由重铬酸钾(或重铬酸钠)的饱和水溶液溶于浓硫酸形成的洗液。当使用洗涤液时,只能将少量洗涤液在玻璃仪器中旋摇数分钟然后再小心地将残余洗涤液倒入废洗液瓶或下水道中,并用大量清水冲洗仪器。经过这样处理的玻璃仪器,已经能够满足一般的实验需要而不至于给随后的实验带来不良影响。

在洗涤玻璃仪器时,不得盲目使用各种化学试剂和有机溶剂来清洗仪器。盲目使用化学试剂或有机溶剂来清洗仪器,不仅会造成浪费,而且有时还可能带来危险。

干燥玻璃仪器最简便的方法是使其放置过夜。一般洗净的仪器倒置一段时间后,若没有水迹,即可使用。若要求严格无水,可将所需使用的仪器放在烘箱中烘干。若需快速干燥,可用乙醇或丙酮淋洗玻璃仪器,最后可用少量乙醚淋洗,然后用电吹风吹干,吹干后用冷风使仪器逐渐冷却。

第七节　实验室的基本规则

实验室是开展实验教学、科学研究和科技开发的场所,是重要的教学基地之一,也是教学仪器的集中存放和使用地,为确保单位财产安全和教学活动的正常进行,所有实验室工作人员和进入实验室的人员均应遵守以下基本规则。

(1) 实验中要牢固树立"安全第一"的思想,时刻注意实验室安全;参与实验教学的所有人员必须熟悉安全设施设备及其存放位置和使用方法,安全用具不得挪作他用。加强对易爆、易燃和有腐蚀性、有毒危险物品的管理,做到领用有手续,使用有记录,多余的危险品要及时上交或妥善保管。凡危险性实验,必须落实安全防范措施,严防一切事故的发生。

(2) 实验仪器设备应有专人负责保管、维护、登记建账,做到账、物、卡相符;存放应做到整洁有序,便于检查使用;严禁随意拆卸改装仪器设备。

(3) 实验前做好一切准备工作。实验室工作人员必须对学生进行遵守实验室规章制度的教育。学生在实验前要进行认真预习,充分明确实验目的,了解实验原理、方法和步骤,进入实验室后必须听从实验室工作人员的安排。

(4) 实验过程中应保持安静和整洁干净,做到不大声谈笑,不随意走动,不许在实验室内嬉闹。非危险固体废物只能丢入废物缸中,不能丢入水槽,以免堵塞。当发生意外时,要镇静,并及时采取应急措施。

(5) 实验完毕,在实验教师检查仪器设备有无损坏后再及时将玻璃仪器洗净放好,把实验台打扫干净,公用仪器、药品放好。最后离开实验室者,应负责检查实验室的水、电、气及门窗,清除废物缸。

（6）实验室要保持卫生、整洁,实验中丢弃的污废物或废液要按指定地点倾倒;严禁在室内吸烟、吃东西,严禁随地吐痰、大声喧哗、打闹或进行其他与实验无关的活动。

（7）爱护仪器设备,节约实验材料,遵守操作规程,认真记录实验数据;仪器设备、工具等如有损坏要及时报告登记;一旦发生事故,要及时采取措施,迅速如实地向有关部门报告,保护现场,并认真调查分析事故原因。

（8）实验室的仪器设备及各种物品一般不得携带出实验室。使用大型精密贵重仪器设备,必须先经过技术培训,考核合格后方可上机操作使用;使用中要严格遵守操作规程,并认真填写设备使用记录。经常检查维护仪器设备,出现故障及时修复,保证仪器设备的正常运行。

（9）实验室应建立安全值班制度,每次实验完毕或下班前,要做好整理工作,关闭电源、水源、气源和门窗。实验指导教师要配合值班人员进行安全检查。

第二章 药物合成实验基础与典型实验

第一节 药物合成实验基础

一、主要仪器设备

药物合成实验中使用到的仪器既有普通的玻璃仪器,也有一些用于对原料、中间体及产物进行简单分析的仪器及用于产物分离纯化处理的设备。常用的主要仪器设备有电热恒温烘箱、旋光度测定仪、折光率测定仪、熔点测定仪、紫外分析仪、酸度计、真空干燥箱等。

(1)烘箱。实验室使用的烘箱一般是恒温鼓风干燥箱,并主要用来干燥玻璃仪器或烘干无腐蚀性、热稳定性比较好的药品。使用时应注意温度的调节与控制。干燥玻璃仪器应先沥干再放入烘箱,而且干湿仪器要分开,干燥时温度一般控制在 100～110℃。

(2)电吹风。实验室中使用的电吹风应可吹冷风和热风,供干燥玻璃仪器之用。

(3)红外灯。红外灯用于低沸点易燃液体的加热。使用红外灯加热,既安全又可克服水浴加热时水蒸气可能进入反应体系的不足,加热时温度易于调节,升温或降温速度快。使用时受热容器应正对灯面,中间留有空隙。红外灯也可用于固体样品的干燥。

(4)电加热套(电热帽)。它是由玻璃纤维包裹着电热丝织成帽状的加热器,由于它不是明火,因此加热和蒸馏易燃有机物时,具有不易着火的优点,热效率也高。电加热套相当于一种均匀加热的空气浴。加热温度通过可调压变压器控制,最高加热温度可达 400℃,是药物合成实验中常用的一种简便、安全的加热装置。使用电热套加热时,应注意电热套的容积需与被加热的烧瓶的容积相匹配。实际使用中,电热套主要用作回流加热的热源。

(5)旋转蒸发仪。旋转蒸发仪由电机带动可旋转的蒸发器(圆底烧瓶)、冷凝器和接受器组成。可以在常压或减压下操作,可一次性进料,也可分批吸入需进行蒸发处理的料液。由于在蒸发过程中存在蒸发器的不断旋转,因此在不加沸石的情况下也不会暴沸。实际操作时,由于蒸发器旋转时会使料液附着于瓶壁形成薄薄的液膜,使蒸发面大大增加,并能加快蒸发速率。因此,旋转蒸发器是浓缩溶液、回收溶剂的理想装置。

(6)调压变压器。主要是通过调节电压来调节电炉的温度,也可调节电动控制器的速率等。使用时应注意以下几点:①安全用电,接好地线;②输入端面与输出端不能接错;③不允许超负荷使用;④调节时要缓慢均匀,注意及时更换炭刷;⑤用完后,旋钮回零断电,放在干燥通风处,不得靠近有腐蚀性的物体。

（7）电动搅拌器。它是化学实验室进行物料混合的常用的机械搅拌装置，一般是通过变速器或外接调压器可任意调节搅拌速度。使用时应注意以下几点：①开启时应平缓升速，搅拌速度不能太快，以免液体溅出；②关闭时应逐渐减速，直至停止；③不能超负荷运转，也不能运转时无人照看；④电动搅拌器长时间运转往往使电机发热，一般电机温度不能超过50～60℃（有烫手的感觉）；⑤使用时必须接上地线，平时应注意保持清洁干燥、防潮、防腐，轴承应经常加油保持润滑。

（8）磁力搅拌器。磁力搅拌器既能通过磁盘下的电阻丝加热溶液，又能进行调速搅拌，使用方便。旋转调速调节旋钮可使电动机从慢到快带动磁钢转动，并带动玻璃容器中的搅拌磁子，从而达到搅拌的目的。使用时应注意：①磁力加热控制器使用时应接地线；②搅拌磁子必须冲洗干净，放置和取出搅拌磁子时应停止搅拌，动作要小心，以免打破玻璃容器；③搅拌开始时慢慢旋转调速调节旋钮；④如有溶液洒落在磁盘上，应立即关闭电源处理，以免溶液渗入电热丝及电机部分。

（9）熔点测定仪。实验室用熔点测定仪大都是数字显示双目显微熔点测定仪，它不但可用于晶体熔点的测定，还可用于观察晶体的形态和物体在加热状态下的形变、色变及物体三态转化等物理变化的过程。熔点仪主要由加热系统、温度测定系统和升温速率调节系统构成。使用时应注意：①新购置的仪器在使用前应首先进行烘干（接通电源即可），然后用熔点标准品对仪器进行校正，形成的修正值供以后精密测量时作为测定结果修正的依据；②待测物品在进行熔点测定时需在低于其熔点的温度下充分干燥处理；③待测样品质量应不大于 0.1mg，且须将其放在干净的载玻片上并轻轻压实后再置于热台的中心位置并盖上隔热玻璃；④通过调节显微镜调焦手轮过程中是否能观察到清晰的待测物品图像确定调焦手轮的固定位置；⑤开始时可以调节电压为 200V 左右以使热台快速升温，但当温度计示值接近待测物品熔点温度以下 40℃ 左右时，需将电压调节到适当电压值，并使升温速度控制在1℃/min 左右；⑥测定时需认真观察待测物品从初熔到全熔化过程，当待测物品全部熔化时（此时晶核完全消失）立即读出温度计示值，此值即为该待测物品的熔点；⑦如需要重复测试时，需待加热台温度下降到待测物品熔点温度以下 40℃ 左右时再重新测试；⑧进行精密测量时，应对实测值进行修正，并测试数次，计算平均值，其精度可控制在±0.5℃；⑨测量完毕后应及时切断电源，待热台冷却后再将仪器按规定装入包装箱内并存放在干燥处。

（10）旋光度测定仪。它是测定有机化合物旋光度或比旋光度的分析仪器。使用时需注意以下几点：①测定时应先进行仪器预热（约需预热 5min），以使钠光灯发光强度稳定；②使用时需用蒸馏水进行零点校正；③测定待测样品的旋光度时，需先用待测溶液洗涤 2～3次，若存在零点校正值，待测溶液的旋光度是将目镜中三分视场消失时的刻度盘读数加上（或减去）零点校正值得到的值；④旋光仪的各镜面不能与硬物接触，并应保持清洁，要防止酸、碱、油污等的玷污；⑤不能随便拆装仪器，以免影响精度；⑥有时测定旋光度时，虽然目镜中三分视场已消失，但所观察的视场十分明亮，且无论向左或向右旋转刻度盘，都不能立即出现三分视场，这种现象称为"假零点"，此时不能读数；⑦旋光仪的旋光管中盛装待测液体时，不能有气泡，否则会影响测定结果的准确性；⑧对于在溶液中可进行水解且有变旋光现象的物质，其溶液需现配现测，以防止水解反应引起的比旋光度改变；⑨旋光仪连续使用时间不得超过 4h。

（11）折光率测定仪。折光率是有机化合物最重要的物理常数之一，它能精确而方便地用折光率测定仪测定出来。作为液体物质纯度的标准,折光率比沸点更为可靠。折光率也用于确定液体混合物的组成。如果一个化合物是纯的,那么就可以根据所测得的折光率排除考虑中的其他化合物,从而识别出这个未知物来。阿贝折光仪是测定折光率的典型仪器,它是通过在一定波长与一定条件下测定单色光从介质 A 射入介质 B 时的临界角以得到待测物质的折光率。使用阿贝折光仪测定折光率时应注意以下几点:①阿贝折光仪的标尺上所刻的读数即是待测物的折光率;②阿贝折光仪有消色散装置,故可直接使用日光作为光源,其测得的数字与钠光线所测得的一样;③使用阿贝折光仪测折光率时,需先使折光仪与恒温槽相连接,待恒温后再分开直角棱镜,并用丝绢或擦镜纸沾少量乙醇或丙酮轻轻擦洗上、下镜面;④测定折光率时需先测定纯水的折光率,并与对应温度下纯水的折光率标准值比较,以确定折光仪的校正植(校正值一般很小,若数值太大时,整个仪器必须重新校正);⑤阿贝折光仪的量程为 1.3000～1.7000,精密度为±0.0001,测量时应注意保温套温度是否正确,如欲测准至±0.0001,则温度应控制在±0.1℃的范围内;⑥仪器在使用或贮藏时,均不应曝于日光中,不用时应用黑布罩住;⑦折光仪的棱镜必须注意保护,不能在镜面上造成刻痕,滴加液体时的滴管末端切不可触及棱镜;⑧在每次滴加样品前应洗净镜面,在使用完毕后,也应用丙酮或 95％乙醇洗净镜面,待晾干后再闭上棱镜;⑨对棱镜玻璃、保温套金属及其间的胶合剂有腐蚀或溶解作用的液体,均应避免使用;⑩阿贝折光仪不能在较高温度下使用,对于易挥发或易吸水样品测量有些困难,对样品的纯度要求也较高。

(12)紫外分析仪。在药物合成实验中,常需要对反应的进程或柱层析的分离效果进行评判,此时往往需要使用紫外分析仪。紫外分析仪分为很多系列,有三用紫外分析仪、暗箱式紫外分析仪、可照相紫外分析仪等系列。不同的紫外分析仪有不同的用途,其中三用紫外分析仪在药物合成研究中应用得比较多。紫外分析仪是荧光技术的具体应用之一。对于三用紫外分析仪,在使用时需注意以下几点:①使用之前需首先检查电源插座是否正常,确认正常后再接通电源;②接通电源后,打开电源开关,并根据所检测品的要求选择不同波长的灯光;③将被检测样品放在灯下观察分析,如果将仪器放置在暗室中或用黑布遮去亮光,效果会更好;④检测完毕后,将灯光开关关闭,将电源插座拔掉放置好;⑤紫外滤色片不能和金属物体碰擦,不能受力;⑥仪器应放置在干燥地方使用和保存,保持表面干燥清洁,并经常用酒精或乙醚等擦拭,防止滤色片霉变;⑦操作人员使用时,应将紫外线对准样品照射,避免照射到人体,最好带上眼镜,以免对人体造成伤害。

二、仪器装配与操作要求

在进行药物合成实验时,经常需把实验中使用到的各种仪器及配件装配成某一套装置,此时,必须注意以下几点。

(1)热源的选择。实验中用得最多的是水浴、油浴、电加热套、沙浴、空气浴。根据需要温度的高低和化合物的特性来决定。一般需要的温度低于 80℃时用油浴;如果化合物比较稳定且沸点也较高,可以用电加热套加热。

(2)熟悉装置的仪器和配件及其用途与使用要求。

(3)根据实验要求,选择干净合适的仪器,做好装配前的一切准备工作。

(4)从安全、整洁、方便和留有余地的要求出发,大致安排台面和确定装配仪器的位置。

然后摆放好台支架,按照一定的要求和顺序进行装配(一般是从上到下,从左到右,先难后易逐个装配)。拆卸时,按照与装配时相反的顺序,逐个拆除。

(5)玻璃仪器用铁夹牢固地夹住,不宜太松或太紧。铁夹不能与玻璃直接接触,应套上橡皮管、粘上石棉垫或者用石棉绳包扎起来。需要加热的仪器,应夹住仪器受热最低的位置。冷凝管则应夹在其中间部位。

(6)装配完毕后必须对仪器和装置仔细地进行检查。检查每件仪器和配件是否合乎要求,有无破损;整个装配是否做到正确、整齐、稳妥、严密;再检查安全(包括仪器安全、系统安全和环境安全)。注意装置是否与大气相通,不能是封闭体系(在压力釜中的反应、剧毒的反应或十分贵重化合物的反应除外)。

经检查确认装置没有问题后方能使用。初次做药物合成实验的人员应请有经验的人员或实验指导教师检查并得到认可后方可进行实验。

三、典型实验装置

药物合成实验大多是由几组标准的实验装置来完成的。下面介绍几种常用装置。

(1)回流冷凝装置。很多合成反应需在反应体系的溶剂或液体反应物的沸点附近进行,为了避免反应物或溶剂的蒸气逸出,需要使用回流装置,如图2-1所示。图2-1中,(a)为普通回流装置,(b)为带有干燥管且可以隔绝潮气的回流装置,(c)为带有吸收反应中生成气体的回流装置,(d)为回流时可以同时滴加液体的回流装置,(e)为回流时可以同时滴加液体并能测量物料温度的回流装置,(f)为可用于通过在位除去反应过程中生成的水以促进反应向产物方向进行的回流分水装置。

在上述各类回流冷凝装置中,所使用的冷凝管一般为球形冷凝管。球形冷凝管夹套中的冷却水自下而上流动。进行回流实验时,可根据烧瓶内液体的特性和沸点的高低选用水浴、油浴、电热套直接加热等方式。在进行回流加热前,不要忘记在烧瓶内加入几粒沸石,以防止出现暴沸现象。进行回流时应控制液体蒸气上升不超过两个球,以防止蒸汽因不能被充分冷凝而从反应装置中逸出。

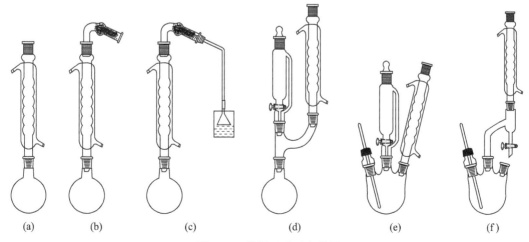

(a)　　　(b)　　　(c)　　　(d)　　　(e)　　　(f)

图2-1　常用回流反应装置

（2）搅拌装置。当反应是在均相溶液中进行时，一般可以不用搅拌。但是，有很多药物合成反应是在非均相状态下进行，也有很多反应中的一种或几种反应物需要逐渐滴加进反应瓶中，在这些情况下都需要使用到搅拌。通过搅拌，不但能够使反应物各部分迅速均匀地混合并增加反应物之间的接触机会，而且还能使反应物料受热均匀，从而使反应顺利进行，并达到缩短反应时间、提高产率的目的。常见的搅拌装置如图2-2所示。图2-2中，(a)为带有测温功能的搅拌回流反应装置，(b)为可以在反应过程中滴加液体物料的搅拌回流反应装置，(c)为可以在反应过程中既能滴加液体物料，又能实现物料测温的搅拌回流反应装置。

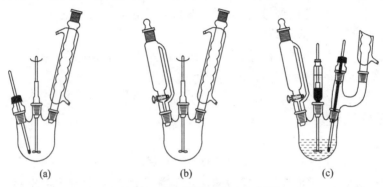

(a)　　　　　　　　　(b)　　　　　　　　　(c)

图 2-2　常用搅拌回流反应装置

（3）蒸馏装置。分离两种以上沸点相差较大的液体或需要除去反应物料中的溶剂时，常要用到蒸馏装置。蒸馏装置主要由汽化、冷凝和接收三大部分组成。主要仪器有蒸馏瓶、蒸馏头、温度计、直形冷凝管、接液管、接收瓶等。图2-3是最常用的蒸馏装置。

图2-3中，(a)为典型的普通蒸馏装置，(b)是用于蒸馏沸点在140℃以上液体时的蒸馏装置(此时不能用水进行冷凝，而应该使用空气冷凝管冷凝)，(c)为蒸馏较大量溶剂的装置(在这种装置中，由于液体可自滴液漏斗中不断地加入，因此既可调节滴入和蒸出的速度，又可避免使用较大的蒸馏瓶，使蒸馏连续进行)，(d)为可以进行连续蒸馏或反应蒸馏的装置。

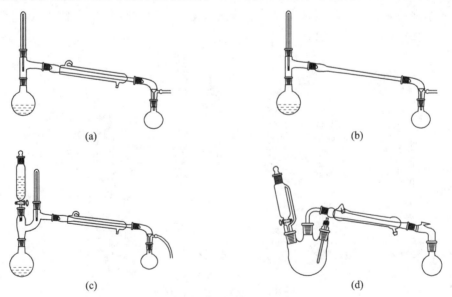

(a)　　　　　　　　　　　　　　　　　　　(b)

(c)　　　　　　　　　　　　　　　　　　　(d)

图 2-3　常用蒸馏装置

（4）分馏装置。普通蒸馏装置常用于对馏出液纯度要求不是非常高的物料分离,当对馏出液含量存在比较高的要求时,就需要考虑使用分馏装置。图2-4是最常用的分馏装置,其中(a)为普通分馏装置,(b)为连续分馏装置。

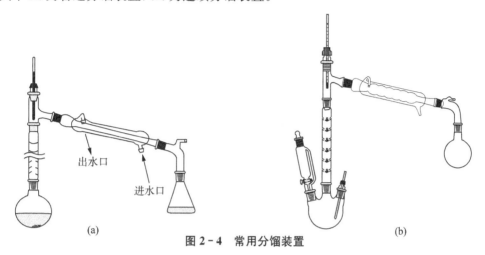

出水口

进水口

(a)

(b)

图2-4 常用分馏装置

（5）减压蒸馏装置。当需要蒸馏一些在常压下未到达沸点即可能出现受热分解、氧化或聚合的液体,或需进行蒸馏分离的物质沸点较高时,就需考虑使用减压蒸馏装置。图2-5为常用的减压蒸馏装置。在减压蒸馏中,主要存在蒸馏和减压两部分装置。图2-5中,(a)为以水泵为减压动力源的减压蒸馏装置,(b)为以油泵为减压动力源的减压蒸馏装置。

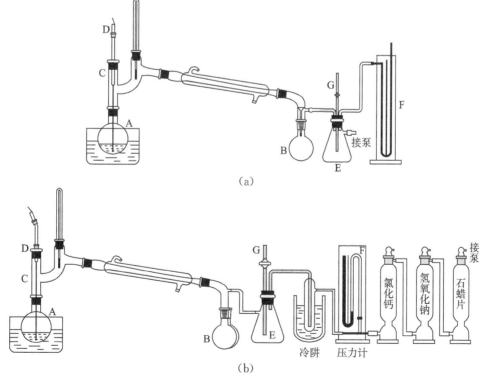

D

C

A

G

F

B

E

接泵

(a)

D

C

A

G

F

B

E

冷阱

压力计

氯化钙

氢氧化钠

石蜡片

接泵

(b)

图2-5 典型减压蒸馏装置

A—克氏蒸馏瓶;B—接收瓶;C—毛细管;D—螺旋夹;E—安全瓶;F—测压计;G—二通活塞

（6）水蒸气蒸馏装置。对于沸点较高、高温下可分解、与水不反应且难溶于水的具有一定蒸气压的有机化合物，可以利用水蒸气在蒸出的过程中将所需要的产物带出混合物料后，再通过静置分液将所需要的物质分出。由于常压下水的沸点为100℃，因此，利用水蒸气蒸馏可以在温度远低于高沸点有机化合物沸点的条件下实现其分离纯化。图2-6为常用的水蒸气蒸馏装置，它主要由水蒸气发生器和蒸馏装置两部分组成。在水蒸气蒸馏装置中，水蒸气发生器与蒸馏装置中需要安装一个分液漏斗或一个带橡皮管、夹子的T形管，其作用是及时除去冷凝下来的水滴。在水蒸气蒸馏过程中，应注意整个系统不能发生阻塞，还应尽量缩短水蒸气发生器与蒸馏装置之间的距离，以尽可能减缓水蒸气的冷凝。

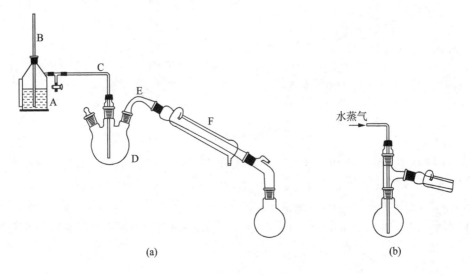

图2-6　典型水蒸气蒸馏装置

A—水蒸气发生器；B—安全液封管；C—蒸汽导管；D—三口烧瓶；E—连接弯管；F—冷凝管

（7）固体连续抽提装置。固体物质通常是用浸出法或采用脂肪提取器（索氏提取器）进行后处理，其中脂肪提取器应用得更多。脂肪提取器装置如图2-7所示，它由提取瓶、提取管、冷凝器三部分组成，提取管两侧分别有虹吸管和连接管。脂肪提取器在安装时要求做到各部分连接处严密且不能漏气。提取时，将待测样品包在脱脂滤纸包内，放入提取管内，并在提取瓶内加入有机溶剂。实际操作过程中，通过加热提取瓶使有机溶剂汽化并由连接管上升进入冷凝器，进入冷凝器的蒸汽经冷凝成液体后再滴入提取管内浸提样品中的物质。待提取管内有机溶剂液面达到一定高度，溶有粗有机物的溶剂经虹吸管再流入提取瓶。流入提取瓶内的有机溶剂继续被加热汽化、上升、冷凝后滴入提取管内，如此循环往复，直到抽提完全为止。脂肪提取器是利用溶剂回流和虹吸原理，使固体物质连续不断地为纯溶剂所萃取，因而效率较一般溶剂浸出法高。实际提取时，为增加液体浸溶的面积，萃取前应先将物质研细，再用滤纸套包好置于提取器中。在脂肪提取器装置中，有时也可用恒压滴液漏斗替代提取管，但其操作往往难以进行连续提取操作，且提取效率也低于索氏提取器的提取效率。

图2-7中，（a）为索氏提取器装置，（b）为以恒压滴液漏斗替代索氏提取器中提取管的固体连续抽提装置。

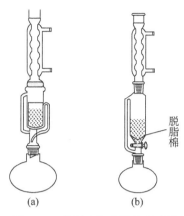

图 2-7 常用固体连续抽提装置

（8）柱色谱装置。柱色谱(柱上层析)通常是在玻璃管中填充表面积很大且经过活化的多孔性或粉状物质作为固体吸附剂。当待分离的混合物溶液流过色谱柱时,各种成分同时被吸附在柱的上端。当洗脱剂流下时,由于不同化合物在固体吸附剂上的吸附能存在差异,因而往下洗脱的速率也有不同。于是用溶剂洗脱时就会形成不同的层次,即溶质在柱中自上而下按对吸附剂亲和力的不同而形成不同的色带。再用溶剂洗脱时,已经分开的溶质可以从柱上分别洗出收集。常用的柱色谱有吸附柱色谱和分配柱色谱两类。前者常用氧化铝和硅胶作固定相。在分配柱色谱中以硅胶、硅藻土和纤维素作为支持剂,以吸附较大量的液体作固定相,支持剂本身不起分离作用。图 2-8 是一种常用柱色谱装置。

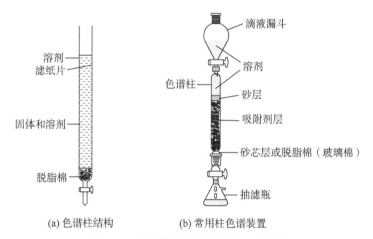

(a) 色谱柱结构　　　(b) 常用柱色谱装置

图 2-8 色谱柱结构及常用柱色谱装置

第二节 反应物料的分离和纯化

药物合成反应一般具有两个显著特点:一是绝大部分主反应不能进行完全,往往伴随着不希望的副反应发生;二是反应速度较慢,因此,为了加快反应速度,需要添加催化剂。催化剂能促进某些化学反应,而它本身却没有变化。有时还需加入溶剂,使反应能顺利进行。所以,反应结束后得到的往往是一种复杂的混合物,其中既有所需要的主产物,又有不希望形成的副产物,以及没有被反应消耗了的催化剂、溶剂等。有些药物合成反应中涉及的有机中间体对纯度要求不高,产品中夹杂的其他组分对其使用效果影响不太大时,往往经过一般的简单处理就能满足使用要求。但也有许多要求较高的药物及其中间体,其纯度的高低决定了它能否使用及使用的效果好坏,因此这些药物及其中间体的分离和纯化往往要求严格,必须认真对待。

工业上涉及的反应中的合成部分遇到的问题往往多于分离、纯化部分。但在实验室中进行药物及其中间体合成时,进行反应后物料的分离与纯化等后处理工作所花费的时间和精力往往多于合成操作所花费的时间和精力。在进行药物及其中间体合成的实验中,即使实验的实施者完成的合成操作很好,如果在分离提纯上没有成功,也往往达不到实验的目的,所以反应后的产物处理及分离纯化是药物合成的一个重要方面。

一、反应物料的后处理

药物及其中间体合成实验结束后,应及时进行含有产物的反应后物料的处理。后处理的方法必须适合反应产物的物理与化学性质,如挥发性、极性、稳定性(包括对水、酸、碱、热、光和氧的稳定性)。不适合的后处理操作经常是导致药物合成反应产物收率低的原因之一。反应物料的后处理方法主要有提取、干燥等。

1) 提取

在大多数的药物及其中间体的合成反应中,进行反应后混合物料处理的一般方法是先加入水、酸或碱的水溶液,然后用一种合适的有机溶剂(如乙醚、二氯甲烷、氯仿等)抽提有机物。在进行抽提操作时需注意在产物没有分离出以前,不能随意将各液层弃去。

在提取羧酸、醇或胺等极性较大的有机物时,可以用食盐先使水层水饱和后再提取,这样能显著提高提取效率。

提取操作可以用分液漏斗间歇进行,也可以用提取器连续进行。要除去提取的有机相中残留的酸,可以用饱和碳酸氢钠溶液洗涤有机相;要除去残留的碱,可以用冷的稀盐酸溶液洗涤有机相。经碱或酸处理后的有机相,用饱和食盐溶液洗涤、干燥剂干燥后再进行后处理。

在通过间歇操作提取水相中有机物时,经常会出现一些影响提取效果的问题,对于出现的问题可以根据其情况选择不同的方法加以解决。如有时萃取某些含有碱性或表面活性较强的物质时会发生乳化现象,当溶剂与溶液部分互溶或它们密度相差较小时会使两液层不能很清晰地分开等。出现这些情况时,可以通过如下的办法解决:①进行较长时间的静置;②由于溶剂与溶液部分互溶而发生乳化现象时,可以加入少量电解质(如氯化钠等),利用"盐析"作用加以破坏;③当两者密度相近时,加入氯化钠也可增加水相的密度,也可在两体系中加入能够加大两相密度差异的物质(如戊烷、四氯化碳、水等);④若因碱性物质存在而发生乳化时,常可以通过加入少量稀硫酸实现乳液的破坏;⑤向体系中滴加数滴醇类物质(如戊醇等)以改变其表面张力,可破坏形成的乳浊液;⑥采用加热和离心分离等措施可以促使乳化层破乳。

2) 干燥

液体有机化合物在进行蒸馏前,通常要先行干燥除去水分,这样可以使液体沸点以前的馏分大大减少。有时也可以通过干燥破坏某些液体有机物与水生成的共沸混合物。另外,很多有机药物或其中间体的合成反应需要在"绝对"无水条件下进行,此时不仅要对所用的原料、溶剂进行干燥,还要防止空气中的潮气侵入反应器。因此在药物及其中间体的合成反应中干燥显得较为重要。

有机液体化合物的干燥方法大致可分为物理法和化学法两种。物理法主要是利用吸附、分馏、共沸蒸馏等将水分带走。近年来还经常用离子交换树脂和分子筛来进行脱水干燥。化学法是通过干燥剂与水之间的作用实现水的去除。化学法去水又分为两类:①能与水发生不可逆的化学反应而生成一种新的化合物,如金属钠、P_2O_5 等;②能与水可逆地生成水合物,如无水氯化钙、无水硫酸钠、无水硫酸镁等。

目前实验室中应用最广泛的是利用干燥剂与水可逆地生成水合物而实现水的去除。对于不稳定的物质,可用无水硫酸钠(中等强度干燥能力)干燥。在其他情况下,可以用无水硫酸镁(中等强度,好的干燥能力,不适合对酸不稳定的物质)或无水氯化钙(好的干燥能力但对胺、醇及对碱不稳定的物质不适合)干燥。

对于一些反应中得到的化合物在水中不稳定时,可以从反应混合物中直接将溶剂蒸发除去,然后再进行蒸馏、结晶或色谱(应该在隔绝湿气下进行)分离。

二、反应产物的分离和纯化方法

药物及其中间体的合成中常用的分离和纯化方法有蒸馏、分馏、结晶、升华和色谱法等。这些方法均属于传质分离。根据体系特点和对产品要求的不同,可选用不同的分离纯化方法。

1) 蒸馏

蒸馏是提纯液体物质的重要方法之一。实验室中常用的蒸馏有四种方法:简单蒸馏、真空(减压)蒸馏、分馏和水蒸气蒸馏。在药物及其中间体的合成中,原料、溶剂、中间体或初产物常由几种组分组成,即使买来的试剂,往往也需经蒸馏后才能使用。

蒸馏是利用混合物在同一温度和压力下,各组分具有不同的蒸气压(挥发度)的性质,达到不同组分分离纯化的目的。与其他分离纯化的方法相比,它具有操作简便、处理量比较大、不会产生大量废弃物等优点。

但用蒸馏方法分离化合物时需注意只有当要分离的混合物组分的沸点差不小于 80℃时,简单蒸馏才是可行的,在其他情况下,必须使用分馏柱进行蒸馏。

当用蒸馏方法分离化合物时要避免热分解反应的发生。在常压下,被蒸馏的化合物的沸点范围在 50～120℃时一般可进行直接蒸馏分离。当被蒸馏的化合物的沸点为更高的温度时,就需要进行减压蒸馏(用水泵或油泵提供减压的动力)。对于热不稳定性的物质的蒸馏,可以在尽可能低的温度下用旋转浓缩蒸发器进行蒸馏。

在药物及其中间体的合成中常常要使用大量的溶剂,萃取、柱色谱、离心色谱、高压液相色谱等分离操作中也都大量使用溶剂。通过蒸馏法把这些溶剂和反应产物分离是一个既烦琐又耗时的操作,而且在蒸馏过程中长时间的加热和过热现象都有可能造成有机化合物的分解。这时可采用旋转浓缩蒸发器进行蒸馏以除去溶剂,尤其是低沸点溶剂。

(1)简单蒸馏。其本质是在常压下加热液体使其沸腾,产生的蒸气在冷凝管中冷凝下来即为馏出物。

简单蒸馏时必须保证液体在沸腾时能平稳和连续不断地产生蒸气泡,否则会出现液体"过热"现象。在过热温度时液体的蒸气压已远远超过了它承受的外压和液柱静压之和,这时一旦有气泡产生,就会猛烈增大,使大量液体从蒸馏瓶中冲出,造成暴沸等不正常的沸腾现象,此时轻则导致蒸馏失败,重则会发生爆瓶的危险。因此蒸馏时必须要有良好的搅拌装置或在加热液体前加入助沸物以引入气化中心。

(2)真空蒸馏。真空蒸馏也叫减压蒸馏。常压下蒸馏某些高沸点及低熔点有机化合物时,在达到沸点前,化合物常因受热而发生部分甚至全部分解,或者出现氧化、重排、聚合等副反应。这类物质必须在外压降低到使物质的沸点低于其发生分解等副反应的温度下进行蒸馏,即真空蒸馏(减压蒸馏)。

真空蒸馏时液体的沸点与压力有关。利用水泵或油泵可以降低蒸馏液表面压力。由于水泵抽空能力小,一般只在真空要求不高的情况下使用,如用于减压浓缩易挥发的溶剂,或用在油泵减压前,预先将低沸物除去。油泵的抽空能力很强。油泵结构比较精密,工作条件也较苛刻,如在减压蒸馏时蒸馏液中的低沸点物质进入真空泵油中,会导致泵油的蒸气压增大,并使真空油泵的抽空效率下降。在真空蒸馏时,若有水蒸气凝结在泵油中,不但会降低真空油泵的真空度,而且能与泵油形成浓稠的乳油液,影响真空泵的正常运转。酸性蒸气会腐蚀真空油泵的金属构件,缩短其使用寿命。因此,在使用真空油泵前,必须选用水泵减压以尽量蒸除低沸点物、水和其他有害物质,必须注意真空油泵前的保护体系是否还有效果。对使用三相电的真空油泵,接线必须和其要求一致,否则会损坏真空油泵。

在进行减压蒸馏时,装置的玻璃仪器外面积需要承受一定外压,玻璃仪器缺损的地方可能引起内向爆炸,冲入的空气会粉碎整个玻璃仪器,甚至引起人身伤害及其他事故,因此应特别需要注意安全,并且确保在整个减压蒸馏系统中,切勿使用有裂缝的或厚度不匀的玻璃仪器,尤其不可用平底烧瓶(如三角瓶等)。

(3)水蒸气蒸馏。其本质是向需要提纯的物质与水的混合物中通入水蒸气,使有机化合物随水蒸气一同挥发,从而实现有机化合物的分离纯化。水蒸气蒸馏主要用于从无机盐,尤其是从反应产物中有大量树脂状杂质的情况下分离出产物,或从产物中除去挥发性物质。水蒸气蒸馏的效果一般要优于简单蒸馏或重结晶。

使用水蒸气蒸馏时,被提取物质必须具备下列条件:不溶(或几乎不溶)于水;在沸腾条件下长时间与水共存而不发生化学变化;在100℃左右时必须具有一定的蒸气压(一般不小于1.33kPa)。在100℃左右蒸气压较低的化合物可利用过热蒸气来进行蒸馏。

在进行水蒸气蒸馏时,需使用高效的冷凝管以确保生成的含有有机物的水蒸气及时冷凝,并且蒸馏一般应进行到馏出液不再含有油珠而且澄清时为止。

(4)分馏。其本质是应用分馏柱通过蒸馏将几种沸点相近的混合物进行分离。现在最精密的分馏装置已能将沸点相差仅1~2℃的混合物分开。利用分馏来分离混合物的原理与利用蒸馏来分离混合物的原理是一样的,实际上分馏就相当于多次蒸馏。

分馏时分馏柱的选择很重要,而分馏柱的选择又取决于不同组分分离的难度、待馏出物的数量及蒸馏时的压力范围。

在分馏过程中,有时可能得到与单纯化合物相似的混合物,它也有固定的沸点和固定的组成,其气相与液相的组成也完全相同,因此不能用分馏法进一步进行分馏。这种混合物为共沸混合物(或恒沸混合物)。共沸物虽不能用分馏来进行分离,但它不是化合物,它的组成和沸点要随压力而改变,在这种情况下需先用其他方法破坏共沸物组分后,再进行蒸馏才可以得到纯粹的组分。

要很好地进行分馏,必须注意下列几点:①分馏一定要缓慢进行,要控制好恒定的蒸馏速度;②要使相当量的液体自分馏柱流回烧瓶中,即要选择好合适的回流比;③必须尽量减少分馏柱的热量散失和波动。

2)结晶与重结晶

固体物质纯化的最重要方法之一是结晶和重结晶。从有机反应中分离出来的固体有机物质往往是不纯的,常常夹杂一些副产物、未完全转化的原料及催化剂等。纯化这类物质的有效方法通常是用合适的溶剂进行结晶与重结晶。将粗品与适当的溶剂配成热的饱和溶液,趁热过滤除去不溶的组分之后,让其冷却,此时物质(通常是以纯净状态)重新结晶析出。

若析出的过程是有选择性和定向的,则析出的是被提纯物质的晶体而不是所有固体的沉淀。通过过滤、洗涤,就可实现晶体与母液的分离。重结晶的操作要特别熟练和有耐心,总是要经过多种溶剂的试验以后才能成功。

重结晶的具体操作可按下面过程进行:

(1)在室温下让趁热过滤后的饱和溶液慢慢冷却,必要时可放在冰箱中慢慢冷却。

(2)在室温下,向有机化合物的饱和溶液中滴加第二种对其溶解度较低的溶剂,以降低其在混合溶剂中的溶解度,直到它触及的溶液有部分混浊或沉淀生成,但不久又能够溶解(在此过程中注意不要分成两层)。

(3)固态物的粗品中若含有色杂质,在重结晶时,可在物质溶解之后加入粉末状活性炭或骨炭进行脱色,也可加入滤纸浆、硅藻土等使溶液澄清。

有机化合物形成过饱和物的倾向很大,常常不能自发结晶。为了促使其结晶,可采用以下技术:①加入同种物质或类质同晶物的晶种;②用尖锐的玻璃棒摩擦器壁,以形成晶核,此后晶体即沿此核心生长;③使物料过冷(到−70℃)后,一边摩擦容器壁,一边让其慢慢地温热。低温有利于晶核的生成,但不利于晶体的生长,因此,一旦有晶体出现,就移出冷浴,使温度逐渐回升,以期获得较好的晶体。

晶核形成的最适宜温度是在熔点以下约100℃,结晶形成的最适宜温度是在熔点以下约50℃。在大多数情况下,强烈地冷却溶液并不能很快地形成结晶。

应注意,制成饱和溶液时的温度,至少要比目标物质的熔点低30℃,如果无视这一经验规定,物质会以油状物的形式析出。油状物液体常是杂质的优良溶剂,即使它最后还能固化,也仍然会包含有杂质,应予以避免。如果被处理的物质会在结晶体系中析出油状物,此时应将该溶液配得更稀,并使其冷到更低的温度以形成饱和溶液。产物因过饱和溶液而析出的温度越低,它成为晶体而非油状物的希望便越大。冷却也应很慢,有时可放在预先加热过的水浴中冷却。

结晶的速度往往很慢,冷溶液的结晶常需要数个小时才能完全。在某些情况下,数星期甚至数月之后还会有晶体继续析出,所以绝对不要过早将母液弃去。

对于很难结晶的样品,需要用其他手段初步纯化,最方便的有效方法是用活性炭吸附除去可能吸附的树脂状物质,或通过一根短的吸附柱进行过滤。

重结晶后的产物须充分洗涤并干燥除去溶剂,以提高产品的纯度。如果结晶使用的溶剂沸点较高,在用原溶剂洗涤一次后,可用低沸点的溶剂再洗一次,使得到的晶体易于干燥。但此溶剂必须能与原溶剂混溶且对晶体不溶或微溶。晶体干燥的方法,可根据晶体的性质采用适当的方法如空气晾干、真空干燥和烘干等。

3) 升华

升华是纯化固体物质的又一手段。固体物质在其熔点以下受热,直接转化为蒸气,然后蒸气又直接冷凝为固体的过程称为升华。如果固体物质比所含杂质有更高的蒸气压,那么用升华来纯化是可能的。进行升华操作时,把物质在减压下加热(温度在熔点以下)气化后,再让气体在冷却介质的作用下冷凝成固体。也可在常压下进行升华操作,不过在常压下就具有适宜升华蒸气压的有机物并不多。常常需要减压以增加固体升华的速度,这一方法与高沸点液体的减压蒸馏相仿。

升华所需的温度一般较蒸馏低,只有在熔点以下,具有相当高的蒸气压的固体物质,才可以用升华来提纯。用升华可除去不挥发杂质,或分离不同挥发度的固体混合物。升华常常可得到较高纯度的产物,但因操作时间长,损失也大。与结晶相比,升华法的最大优点在于不使用任何溶剂,不会因转移物料而引起损失,纯化后的产品也不会包含溶剂。但因固体物质的蒸气压一般都很小,能用升华法提纯的物质不多,所以升华法应用范围受到很大限制。

4) 色谱分离法

色谱法是分离、纯化和鉴定有机化合物的重要方法,具有极其广泛的用途。色谱法具有高效、灵敏、准确、快速、设备简单、操作方便、用量小等优点。近年来,色谱法已在化学、生物、医药及精细化学品的研究和生产中得到了广泛应用,尤其是在药物等精细有机化学品的合成中,它已成为分离、提纯的常用手段。

色谱法分为液相色谱法和气相色谱法。液相色谱法中又包含有薄层色谱、纸色谱、柱色谱和高效液相色谱。薄层色谱和柱色谱适合于固体物质和具有高的蒸气压的油状物的分离提纯。高效液相色谱是液相色谱的发展重点,已在各个领域得到普遍的应用。例如在多肽、蛋白质、核酸等大分子的分离已成了生物实验室中的常规工作。目前液相色谱在理论上和技术上都已成熟,但随着生化、药品、新材料等对分离提纯的要求不断提高,特殊功能相,高效分离柱及高灵敏、高选择的检测、分离提纯的方法仍在不断出现和发展。

液相色谱不适合于低沸点液体的分离。气相色谱适合于容易挥发的物质分离提纯,当使用玻璃毛细管柱,也可以对相对分子质量比较高的化合物进行气相色谱分离。气相色谱的发展是高效分离的突破口,而且仍在不断发展的新型高选择性耐高温固定相(如手性固定相和异构体选择性分离的固定相)等,使气相色谱在化学物质分离中应用得也将越来越多。

5) 其他分离提纯方法

随着科学技术和工业的发展,各类仪器设备的日益完善,许多新的分离提纯方法先后得到了发展。下面介绍几种分离效果较好的方法。

(1) 分子蒸馏。分子蒸馏也称短程蒸馏,其本质是指利用高真空通过蒸馏方法实现物质的分离。在高真空下,物质的分子可以克服相互引力,增大其自由飞驰距离。如果蒸发面和冷凝面距离小于或等于被分离物料蒸气分子的平均自由程,则由蒸发面逸出的分子,既不与残留的空气分子碰撞,自身分子也不相互碰撞,且毫无阻碍地喷射至冷凝面上并冷凝,从而达到不同物质分离的目的。如同样是在高真空度条件下,蒸馏面和冷凝面的间距稍大于蒸发分子的平均自由度,但从液相蒸发出的分子质量远远大于空气分子质量,这时即使有一些碰撞也不会改变蒸发分子的运动方向,蒸发分子仍能够到达并冷凝于冷凝面上,其效果与短程蒸馏相同,仍然可以称为分子蒸馏。

分子蒸馏过程分为脱气、蒸发、冷凝三步。进行分子蒸馏前,所有存在于被蒸馏液中的气体、水分及易挥发组分均要求预先除去,特别是气体。

分子蒸馏广泛地应用于科研及化工、石油、医药、食品等行业,并主要用于浓缩和纯化相对高分子质量、高沸点、高黏度的物质及热稳定性极差的有机化合物,例如从一些天然植物油脂中分离维生素 E 等。

(2) 超临界流体萃取。为一种利用在临界温度和临界压力附近具有特殊性能的超临界流体为溶剂而进行萃取的一种新型分离方法。近十几年来,超临界流体萃取技术有了较大发展,已在医药工业、香料工业和食品工业中得到实际应用。

超临界流体萃取是利用超临界流体的溶解能力与其密度的关系,即利用压力和温度变化对超临界流体溶解能力的影响而进行的。在超临界状态下,将临界温度较低的流体(如二氧化碳等)与待分离的固体或液体物质相接触,使其有选择地萃取其中某一组分,然后借助减压、升温的方法,使超临界流体变为普通气体逸出,被萃取物质则完全或基本析出,从而达到分离提纯的目的。因此,超临界流体萃取过程实际上是由萃取和分离两部分组成的。

超临界流体具有与液体相近的密度以及与气体相近的黏度,又具有比液体大得多的分子扩散系数,故具有较大的萃取容量(单体体积流体能萃取溶质的量)和良好的流动性能和传质性能,可以在常温或在不太高的温度下选择性地溶解某些难挥发物质。同时由于被萃取物质与萃取剂分离较容易,所以适用于高沸点、热敏性或易氧化的物质,甚至可用于活体所含物质的提取分离。

根据分离方法的不同,超临界流体萃取可分为等温法、等压法和吸附法。等温法是指萃取与分离温度几乎相同,通过减压进行分离。等压法是指在一定压力下,通过温度变化而实现分离。吸附法则依靠在分离器中装填吸附萃取物的吸附剂,实现被萃取物与气体的分离。

超临界流体萃取所用的溶剂有二氧化碳、烃类、胺和水等。作为一种新的分离方法,超临界流体萃取已在食品、医药工业上得到广泛应用,并且正越来越受到重视。

(3) 膜分离。其本质是通过选用对待分离混合物中的组分具有选择性透过的膜而实现混合物中的各组分的分离。实际使用的膜所处理的混合物可以是液体或气体。膜分离过程的推动力可以是压力差、浓度差或电位差。膜分离是一项简单、快速、高效、选择性好、经济节能的新技术。近 20 年来膜分离技术发展很快。超滤、微孔过滤、反过滤、电渗析等膜分离方法目前已得到广泛使用。

膜分离的效能,取决于膜本身的属性。膜的类型多种多样,如有液膜和固体膜之分,也有天然膜和合成膜之分。固体膜根据其结构的不同又可分为致密膜和大孔膜,合成膜又有无机材料膜和有机高分子膜等不同的类型,而根据膜的功能差异又可将其分为离子交换膜、渗析膜、超过滤膜、反渗透膜、渗透汽化膜和气体渗透膜等。

渗析是膜分离技术的典型应用。进行渗析时,膜的一侧可以是溶液而另一侧是水,小分子溶质透过膜向纯水侧移动,同时纯水也可能透过膜向溶液侧移动;也可以是膜的两侧是浓度不同的溶液,溶质从浓度高的一侧透过膜扩散到浓度低的一侧。电渗析是一种附加有外在推动力的膜分离技术,其本质是指在直流电场作用下溶液中的带电离子选择性地透过离子交换膜。电渗析主要用于分离或纯化难以电离成离子的物质,在医药和食品工业中常用来脱除有机物中的盐分和酸,如葡萄糖、甘露糖、氨基酸等溶液的脱盐。

超滤和微孔过滤的本质是在压力差作用下,利用溶液中各组分分子大小的不同,使置于固体膜一侧溶液中分子大小小于膜孔径的物质透过膜而成为渗滤液,而大于孔径的微粒被截留成为滤余液,最终实现不同组分的分离。在进行超滤和微孔过滤时需要注意的是被截留的微粒不能形成滤饼,并且仍以溶质形式保留在滤余液中。超滤和微孔过滤是应用得最广泛的膜分离技术,常用于水或酒的精制、药物中细菌和微粒的去除,在医药和生化工业中也常用于处理热敏性等物质。

第三节　溶剂的除水除氧和试剂的提纯及处理

有些药物或药物中间体的合成反应及产物的分离和纯化操作需要在无氧、无水的条件下进行,此时使用的试剂、溶剂都需严格纯化并除去其中存在的水和氧,同时也要防止试剂、溶剂等在贮存时水分和空气的侵入。本节介绍一些常用溶剂的除水、除氧方法,以及易被水分和氧所污染的常用实验试剂的提纯。

一、溶剂的提纯

溶剂及溶液的提纯可根据其性质特点选择不同的方法完成。在药物及其中间体的合成中,由于溶剂用量常常大大过量于溶于其中的试剂,因而降低溶剂中杂质的含量就显得十分重要。最常见的提纯方法有蒸馏除杂、惰性气体除杂、吸附和洗涤除杂等,而用除氧剂或吸水剂以及冷冻-抽真空-熔化法等可实现除气。

(1)蒸馏与惰性气体驱气除杂。蒸馏法可有效用于烃类和含氯烃类溶剂的除水。惰性气体驱气对饱和脂肪烃、芳香烃和氯代烃的驱气很有效,但不适于醚类和烯烃。对于醚类和烯烃类物质,因它们易于与氧反应生成氧化物,因而要先用化学方法或用吸附剂处理后再蒸馏。

(2)吸附剂吸附除杂。吸附剂可用于溶剂除水,最常用的吸附剂是活化后的分子筛和氧化铝,它们的除水效果相当好。涉及吸附剂吸附除杂的提纯方法主要有两种:一是不连续操作吸附脱水,其本质是将活化的分子筛或氧化铝加入盛有溶剂的容器中并静置使吸附剂吸附溶剂中的水分,一定时间后,取出上部的溶剂使用;二是用吸附柱进行连续多级净化,其本质是先用活化了的吸附剂装柱,再用惰性气体排除空气,再将脱过气并预先干燥过的溶剂导入柱中,以实现溶剂的除杂。活性氧化铝可有效地除去醚和烯烃中的过氧化物,但由于其吸附水分的能力比吸附过氧化物的能力强,因而有必要在以除去醚和烯烃中过氧化物为目的时需先用分子筛以不连续方式对溶剂进行预干燥。

使用过的固体吸附剂经过恰当的方法处理可以重新实现其活化,常用的方法是将其在惰性气流中或真空下环境中加热以实现其重新活化。如果吸附剂原先用于干燥烯烃或含过氧化物的其他溶剂,活化之前必须破坏过氧化物。

(3)高活性干燥剂和除氧剂除杂。有些反应对溶剂和试剂中的水分和氧的含量的要求更高,此时就需对经简单处理但仍存留痕量氧化性杂质的溶剂或试剂进一步用高活性干燥剂和除氧剂处理才能满足反应要求。为了进一步降低水分、氧和氧化性杂质的含量,通常需要化学方法和蒸馏方法相结合。

目前使用的高效干燥剂和除氧剂有 $LiAlH_4$、钠丝或钠砂、二苯酮钠、CaH_2、$Na-K$ 合金等。应注意这些强还原剂在含氯代烃或可被还原的有机化合物存在时有发生爆炸的危险。

金属钠和 CaH_2 与杂质之间的反应速度比较慢,甚至在溶剂的回流温度下除杂效果也不佳。液体的 $Na-K$ 合金和可溶性的 $LiAlH_4$ 虽然常用来提纯溶剂,但使用时需特别小心谨慎,以避免使用过程中误操作引起发生爆炸的危险。在进行药物及其中间体的合成实验时,如果必须使用 $LiAlH_4$ 来干燥醚类溶剂,则应先除去醚中的过氧化物,并进行预干燥和除氧操作。加入 $LiAlH_4$ 后的溶剂在进行蒸馏时绝不能蒸干溶剂,并且实验中还应有必要的防护装置,尤其是做好防爆、防燃烧起火等工作。$Na-K$ 合金作为一种液体金属,其表面上常存在积累的超氧化物,这种超氧化物会导致自燃起火而引起不安全事故。

在综合考虑使用方便和操作安全之间,苯酮钠是一种较好的折中选择。但在实际使用时也应先对溶剂进行预纯化以除去其中所含有的大部分水和氧,并用惰性气体排除蒸馏瓶中的空气,最后加入新制备的钠砂或钠丝和少量苯酮(约 5g/L),同时用粗搅拌棒搅拌以搅碎钠砂上残留的表面膜。实际操作时如果溶剂比较纯净,钠砂附近的溶液会很快呈现蓝色,但一般情况下溶液的蓝色在加热回流一段时间后才出现。溶液转为深蓝色或绿色(这种颜色标志着水和氧化性杂质的耗尽和苯酮钠的生成)时即可开始蒸馏。

二、常用溶剂的提纯

实验室常用的溶剂有多种类型,但主要的有烃类、醚类、腈类、醇类、酮类等,对于这些溶剂需根据它们的性质特点选择相应的提纯方法。

(1)饱和烃。鼓气法或冷凝-抽真空-熔化法均可用于长链烷烃的除气,而除水则可用分子筛吸附或蒸馏法,但用蒸馏法除水时要弃去最初的馏分。另一种更有效的除水方法是蒸馏含有二苯酮钠的溶液。对于工业烷烃中常含有的烯烃,可通过硫酸洗涤法处理:用浓硫酸先洗涤烷烃数次,然后用水洗涤分出的溶剂,水洗后的溶剂经分子筛干燥后,再用新鲜干燥剂或选用前面介绍过的干燥方法进行干燥。

(2)芳烃。用于饱和烃提纯的方法也可用于苯等芳烃的提纯。芳烃中含有的噻吩和类似的含硫化合物杂质可用硫酸洗涤除去,但用浓硫酸提纯甲苯、二甲苯等反应活性较高的芳烃时应在室温或室温以下进行,以防止芳环上发生磺化反应。

(3)氯代烃。分子筛是实现这类物质除水的良好干燥剂。但必须注意的是,强还原剂如金属氢化物、金属钠、$Na-K$ 合金可与这类溶剂剧烈反应,因此绝不能用强还原剂干燥卤代烃。氯代烃中通常会含有 1% 的乙醇以阻止光气形成,而除去氯代烃中乙醇的方法是将氯代烃与浓 H_2SO_4 一起摇动后,再用水洗涤分出的溶剂,水洗后溶剂经分子筛或硅胶预干燥、4A 分子筛干燥,最后通过蒸馏收集相应的馏分。需要强调的是,蒸馏得到的氯仿必须直接使用或在严格隔绝空气的条件下贮存。

（4）醚。市场上购得的无水乙醚和四氢呋喃如果是质量好且密封完整的包装，可以直接使用。但要注意，在使用前应检查其质量，否则就进行干燥处理。有时，要求特别高的反应中所需的乙醚和四氢呋喃通常在其最后的处理中均要用 $LiAlH_4$ 干燥并蒸馏，此时必须要记住先除去其中的过氧化物，且特别要注意不能使蒸馏瓶中的溶剂蒸干。对于除去了过氧化物的溶剂也可用二苯酮钠干燥，它比 $LiAlH_4$ 更安全。

（5）腈。乙腈中含有的大量水分可先选用分子筛干燥，然后再加入 CaH_2 搅拌或摇动进行处理，通过这种方法不但能实现乙腈的除水，而且能实现其中所含的乙酸去除。预处理过的乙腈中通过加入 P_2O_5 后在惰性气体保护下以高回流比进行蒸馏也能实现其中水分的去除，但在蒸馏时蒸馏瓶中常能形成凝胶并导致只能蒸出少量溶剂而将大部分留在蒸馏瓶中。乙腈也可先与 CaH_2 一起搅拌后，再在惰性气氛下蒸馏，并让得到的溶剂在干燥的惰性气氛下通过活性氧化铝柱以实现其纯化。

（6）醇。碘化了的镁屑、钙屑和块状 CaH_2 不仅可以用于除去甲醇的痕量水，也可用于高碳醇的干燥，但这些活泼金属可能含有某种氮化物而使溶剂中含有杂质 NH_3。实际应用中，4A 分子筛也常用来除去乙醇和高碳醇中的水。

（7）丙酮。丙酮极难干燥，许多常用干燥剂（如 $MgSO_4$）能与之发生反应。加入 4A 分子筛长时间放置能在一定程度上使之干燥。获得高纯丙酮的方法是室温下用干燥的 NaI 使溶剂饱和，倾析使之冷却至 $-10℃$ 后，再分离出形成的晶体（NaI -丙酮混合物），并将晶体加热至室温，再蒸馏所得的液体。

三、常用气体的提纯

在进行药物及其中间体的合成实验时，有时还会使用一些气体作为反应原料，为保证合成反应的效果，使用前对它们提纯也很有必要。

（1）乙炔。乙炔一般是装在含有丙酮的钢瓶里，其中丙酮的作用是使乙炔保持低压。因此乙炔中的主要杂质是丙酮。除去丙酮的方法是让乙炔气体流过 $NaHSO_3$ 溶液，然后流过分子筛使之干燥。如果只需用少量的无丙酮乙炔，此时用电石（碳化钙）和水直接反应产生乙炔更为方便，但应注意通过此种方法生成的乙炔气中含硫杂质的存在，且该法产生的乙炔同样需流经分子筛柱干燥。

（2）氨气。直接从市场上购得的氨气中的含水量就已经较低，可以满足大部分的实验要求。对于一些对氨气中水含量要求更低的实验，其中的痕量水可用下述方法除去：于真空体系中使氨气在金属钠上冷凝，待液氨溶液出现蓝色后，用阱到阱蒸馏法将产物收集到反应容器或金属筒中。在进行氨气的纯化时，要防止的危险主要有两个：一个是骤然上升的氨气压力以高速掀开活塞或者使玻璃仪器爆炸，另一个是真空体系被液氨蒸发过程中形成的雾状金属钠所污染。为防止真空体系被液氨蒸发过程中形成的雾状金属钠所污染，可通过在干燥管的上方堵以玻璃毛解决；而使用减压鼓泡器则能减少真空装置中压力骤增的发生机会。

（3）卤化硼。这类化合物的操作和提纯需要在真空装置上进行。需要注意的是常用于进行真空密封和润滑的硅活塞脂能与卤化硼起反应，大多数烃类真空脂中因含有不饱和烃而会在遇到卤化硼这类路易斯酸时发生聚合反应。

实验室常用的卤化硼有 BF_3、BCl_3、BBr_3。BF_3 能从市场上以简装形式直接购得,尤其是 BF_3 的乙醚溶液。工业 BCl_3 中的杂质通常为 HCl、$COCl_2$ 和具有一定挥发性的氯氧化合物,其中卤氧化合物可在清洁的真空装置里经 $1\sim2$ 次阱到阱蒸馏法去除,而在 $-78℃$ 下短时间抽真空可以除去大部分 HCl 杂质。液态 BBr_3 通常密封在安瓿瓶中出售,使用时若其呈现浅黄色,可能是含有二溴化物,这种二溴化物杂质可以通过加入水银一起摇动除去;对于 BBr_3 含有的溴化氢杂质可用阱到阱分级蒸馏除去,其中 $-45℃$ 的阱收集 BBr_3,$-196℃$ 的阱收集 HBr。

(4)二氧化碳。由干冰产生的 CO_2 气体的主要杂质是水,它可以通过在高真空体系中加进一个活化硅胶阱,然后进行阱到阱蒸馏而有效除去。

(5)一氧化碳。CO 气体中最棘手的杂质是氧,其去除可以通过让 CO 气流通过担载铜(如 Ridox)或担载 MnO 实现。

(6)乙烯。氧是存在于乙烯中比较令人讨厌的杂质,其去除可以让乙烯气流通过 MnO 或担载铜实现。

(7)氢。氢气中的杂质主要是氧,它的去除可以将含有氧的氢通过铂-金属催化剂可使含量减少到 10^{-9} 级,让含氧的氢气扩散渗过加热的钯套管可迅速得到纯氢。

(8)卤化氢。在真空装置上进行阱到阱蒸馏能够除去 HCl 和 HBr 中的水。如果这些气体在 $0.133MPa$ 或低于 $0.133MPa$ 的压力下操作,则可用 $-78℃$ 的冷阱使其中的水分冷凝。卤化氢气体中含有的卤素杂质可用活性炭阱去除。由于 HI 和 H_2 与 I_2 之间存在平衡:$2HI \Longleftrightarrow H_2 + I_2$,这个平衡使 HI 的提纯相对复杂化。HI 的纯化可使 HI 气流通过红磷或与水银一起振荡以实现其中 I_2 的去除,去除了 I_2 的气流通过 $-78℃$ 的冷阱使水冷凝,最后的气体在出口保持高真空的 $-196℃$ 的冷阱中进行冷凝收集中即可实现 H_2 的除去。

(9)二氧化硫。压缩的工业二氧化硫气体可在液氮温度下冷凝抽真空,并让气体流经 P_4O_{12}(分散在玻璃毛上)阱实现其中水分的去除。

(10)惰性气体及其纯化。N_2、Ar、He 等是进行药物及其中间体合成实验时常用的惰性气体。其中氮气具有价廉易得的特点,但其缺点是室温下即可与某些金属(如锂等)起反应生成金属氮化物,升温后氮气不仅可与更多的金属反应(如与镁反应生成氮化镁等),而且还可与某些金属配合物反应。氦和氩都很不活泼且价格相近,可根据它们之间性质上的某些差异来选择使用。氦最易净化,其所含的其他气体杂质可通过低温吸附除去。氩是空气中含量最多的一种稀有气体,其在低温下被吸附剂吸附的性质与氮和氧在吸附剂上的吸附相近,它的净化必须通过化学方法。在实验室对惰性气体进行纯化时,通常让惰性气体通过固体反应物或吸附剂以达到净化的目的。一般情况下进行惰性气体纯化时,首先是让惰性气体经液体石蜡计泡器并观察进气量,再先后经过一个 4A 分子筛柱,一个镍催化剂及两个 4A 分子筛柱脱水脱氧。

四、无水金属卤化物的提纯

实验室用到的无水金属卤化物不但类型多种多样,而且作用也有较大差异。如 $AlCl_3$、$AlBr_3$、$FeCl_3$、$TiCl_4$、$ZnCl_2$ 和 $SnCl_4$ 等无水金属卤化物是药物及其中间体合成中常用的催化剂，无水 $CaCl_2$ 是药物及其中间体合成中常用的干燥剂。其中作为药物及其中间体合成中常用无水金属卤化物催化剂常会与大气中的水分起反应而失去催化活性，而无水 $CaCl_2$ 则会因吸水后会失去干燥能力。药物及其中间体合成中使用的金属卤化物往往具有离子半径小、氧化态高的特点，因而不能通过简单的加热方法使它们脱水。工业 $AlCl_3$ 和 $AlBr_3$ 常含有羟基杂质，在真空条件下于玻璃仪器中升华可使其达到一定程度的净化。如果升华之前将优质卤化物和铝丝与 1‰（质量分数）NaCl 相混合，净化效果会更好，其中 NaCl 的作用是形成对离子性杂质具有亲和力的 $NaAlCl_4$；在进行升华时如果升华得太快，则需进行第二次升华以除去产物中的细粒铝。各种过渡金属卤化物和其他金属卤化物可用亚硫酰氯干燥，在此过程中会放出 SO_2 和 HCl。用亚硫酰氯处理金属卤化物时，其典型过程如下：向磨细的金属卤化物中放入少量新蒸馏的 $SOCl_2$，待气体不再释放时，将混合物回流 1h，减压蒸馏蒸出反应瓶中过量的 $SOCl_2$，最后在装有 KOH 干燥的真空干燥器中除去残留的 $SOCl_2$。需要强调的是卤化物的转移和贮存都应保持无水气氛。

第四节　典型药物及药物中间体合成实验

　　氯噻酮，化学名为 2-氯-5-(2,3-二氢-1-羟基-3-氧代-1H-异吲哚-1-基)苯磺酰胺，可用于充血性心力衰竭，肝硬化腹水，肾病综合征，急慢性肾炎水肿，慢性肾功能衰竭早期，肾上腺皮质激素和雌激素治疗所致的钠、水潴留等水肿性疾病，原发性高血压，中枢性或肾性尿崩症及肾石症的治疗。

　　前列腺素，简称 PG，是一类存在于动物和人体中的由不饱和脂肪酸组成的具有多种生理作用的活性物，具有五元脂肪环、带有两个侧链（上侧链 7 个碳原子、下侧链 8 个碳原子）的 20 个碳的酸。

　　色氨酸，化学名为 2-氨基-3-吲哚基丙酸，为一种含芳杂环的 α-氨基酸，L-色氨酸是组成蛋白质的常见 20 种氨基酸中的一种，也是哺乳动物的必需氨基酸，在某些抗生素中有 D-色氨酸结构。丝氨酸虽是一种非必需氨基酸，但它在脂肪和脂肪酸的新陈代谢及肌肉的生长中发挥着作用；同时，由于丝氨酸有助于免疫血球素和抗体的产生，因此维持健康的免疫系统也需要丝氨酸。

　　安乃近是氨基比林和亚硫酸钠相结合的化合物，易溶于水，解热、镇痛作用较氨基比林快而强，在急性高热、病情急重又无其他有效解热药可用的情况下用于紧急退热，亦用于急性关节炎、头痛、风湿性痛、牙痛及肌肉痛等的治疗。

　　阿莫西林，又名安莫西林或安默西林，是一种最常用的青霉素类广谱 β-内酰胺类抗生素，是目前应用较为广泛的口服青霉素之一。头孢哌酮作为一种抗生素，可用于敏感产酶菌引起的各种感染的治疗，如呼吸系统、生殖泌尿系统、胆道、胃肠道、胸腹腔、皮肤软组织感染的治疗，以及对流感杆菌、脑膜炎球菌引起脑内感染也有较好的疗效。

　　阿替洛尔，又名阿坦乐尔、氨酰心安、氨酰心胺、苯氧胺、速降血压灵，是一种抗心律失常药，适用于各种原因所致的中、轻度高血压病的治疗。

　　文拉法辛，又名万法拉新、文拉法新、博乐欣、万拉法辛、凡拉克辛，为苯乙胺衍生物，对

5－HT 和去甲肾上腺素的重摄取具有抑制作用,对多巴胺的再摄取也有微弱的抑制作用,可用于包括伴有焦虑的抑郁症及广泛性焦虑症等在内的各种类型抑郁症的治疗。

消炎痛,又名吲哚美辛、久保新、吲哚新、艾狄多斯,作为一种消炎镇痛类药物,可用于急、慢性风湿性关节炎、痛风性关节炎及癌性疼痛的治疗。消炎痛还能防止血栓形成,在Batter 综合征的治疗上疗效尤为显著,用于胆绞痛、输尿管结石引起的绞痛和偏头痛的治疗时也有一定疗效。

氯霉素,又名左霉素、左旋霉素、氯胺苯醇、氯丝霉素,是一种具有旋光活性的酰胺醇类抗生素,具有广谱抑菌性,对肠杆菌科细菌及炭疽杆菌、肺炎球菌、链球菌、李斯特氏菌、葡萄球菌等抗菌活性,以及衣原体、钩端螺旋体、立克次体有敏感性,主要用于伤寒、副伤寒和其他沙门菌、脆弱拟杆菌感染的治疗。氯霉素因对造血系统有严重不良反应,在相关疾病治疗时需慎重使用。

奥氮平是在前一代用于治疗精神分裂症同时又较少产生锥体外系反应的药物氯氮平的基础上经改造结构研发的一种非典型抗精神分裂症药物,主要适用于精神分裂症及其他有严重阳性症状和/或阴性症状的精神病的急性期和维持期的治疗,也可缓解精神分裂症及相关疾病的继发性情感症状。

美沙拉嗪,化学名为5－氨基水杨酸(5－ASA),又名马沙拉嗪、美沙拉秦(莎尔福),能够抑制白细胞的趋化作用,降低细胞因子和白三烯的产生,清除自由基,可用于溃疡性结肠炎、直肠炎、克罗恩病(节段性回肠炎)的治疗。

阿司匹林,又名乙酰水杨酸,是一种历史悠久的解热镇痛药,可用于治疗感冒、发热、头痛、牙痛、关节痛、风湿病,还能抑制血小板聚集,并能用于预防和治疗缺血性心脏病、心绞痛、心肺梗塞、脑血栓形成,应用于血管形成术及旁路移植术也非常有效。

磺胺醋酰钠,又名磺胺乙酰钠,磺醋酰胺钠,主要用于结膜炎、角膜炎、泪囊炎、沙眼及其他敏感菌引起的眼部感染的治疗。

扑炎痛,又名贝诺酯、解热安、苯乐安,化学名为2－(乙酰氧基)苯甲酸-4′-(乙酰胺基)苯酯,主要用于类风湿性关节炎、急慢性风湿性关节炎、风湿痛、感冒发烧、头痛、神经痛及术后疼痛等的治疗。

维生素 K3,又名甲萘醌、亚硫酸氢钠甲萘醌、2－甲基-1,4-萘醌、二甲基嘧啶醇亚硫酸甲萘醌、亚硫酸烟酰胺甲萘醌、抗出血维生素。维生素 K 为肝脏合成原酶(因子 B)的必需物质,并参与凝血因子Ⅶ、Ⅸ 和 Ⅹ 的合成,维持动物的血液凝固生理过程。维生素 K 也为动物机体内(主要指存在于肝脏、骨骼、睾丸、皮肤和肾脏等组织器官)的维生素 K 依赖羧化作用体系所必需,是骨骼素(BGP)合成过程中不可缺少的因子。此外,在高能化合物代谢和氧化磷酸化过程中,以及与其他脂溶性维生素代谢的方面均起重要作用,并具有利尿、增强肝脏解毒及降低血压的功能。

在本节,主要对合成氯噻酮时的中间体2-(4-氯苯甲酰)苯甲酸、合成前列腺素时的中间体烯丙基丙二酸、合成色氨酸和丝氨酸等氨基酸的中间体乙酰氨基丙二酸二乙酯、合成安乃近的中间体1-苯基-3-甲基吡唑酮-5、合成阿莫西林和头孢哌酮等抗菌药物的重要中间体 D-对羟基苯甘氨酸、合成硝碘酚腈和溴苯腈的中间体对羟基苯甲腈、合成 β-肾上腺素能受体阻滞剂阿替洛尔和抗抑郁药文拉法新的中间体对硝基苯乙腈,以及消炎痛、氯霉素、奥氮平、美沙拉嗪、阿司匹林(乙酰水杨酸)、磺胺醋酰钠、苯乐来(扑炎痛)和维生素 K3 的制备实验进行系统介绍。

实验一　2-(4-氯苯甲酰)苯甲酸的制备

一、实验目的与要求

1. 掌握通过 Friedel-Crafts 反应实现芳环上 C-酰基化的原理及其操作方法。
2. 学习通过结晶方法实现反应液中产物分离的原理及其操作方法。
3. 了解并掌握实验室中酸性腐蚀性气体的处理方法。
4. 学习固体有机化合物熔点测定及 FT-IR 谱图分析的方法。

二、实验原理

2-(4-氯苯甲酰)苯甲酸是利尿药氯噻酮的中间体,它的合成可以通过芳环上碳的酰基化实现。在无水三氯化铝等 Lewis 酸作为催化剂,通过氯苯与邻苯二甲酸酐作用,直接使氯苯中 4 位碳上的氢原子被邻羧基苯甲酰基取代并生成 2-(4-氯苯甲酰)苯甲酸,是该化合物的典型合成方法。其中涉及的芳环上的取代反应是傅-克反应(Friedel-Crafts reaction)的一种类型,属于 C-酰基化反应。

三、实验仪器与药品

电动搅拌器、熔点测定仪、三用紫外分析仪、红外光谱分析仪。

原料名称	规格	用量
邻苯二甲酸酐	熔点 130.5～131.5℃	14.8g(0.1mol)
氯苯	无水,沸点 131～132℃	90g(0.8mol)
无水三氯化铝	无水,块状	32g(0.24mol)
盐酸	化学纯或分析纯,36%～38%	
氢氧化钠	化学纯或分析纯	

四、实验方法与步骤

在干燥的 250mL 三颈烧瓶上装上搅拌器、Y 形管、温度计及回流冷凝管,冷凝管上口接上氯化钙干燥管后再与氯化氢吸收装置连接。将氯苯投入三颈烧瓶中,再在搅拌下迅速加入无水三氯化铝,并油浴加热使反应物料温度升至 70℃;搅拌 10min 后,再分批加入邻苯二甲酸酐,并控制物料温度在 75～80℃之间,加完后在 75～80℃继续反应 2.5h,得到透明红棕色稠厚液体。

将反应得到的稠厚液缓慢倒入装有 170g 碎冰和 15mL 质量分数为 30% 的浓盐酸(自行配制)的 500mL 烧杯中,手动缓缓搅拌 30min 后再静置分层;分去上层水相后,再用水洗涤氯苯层两次,每次用 170mL。向水洗后的氯苯层加入 90g 质量分数为 5% 氢氧化钠溶液(自行配制),并手动缓缓搅拌 30min,以使 2-(4-氯苯甲酰)苯甲酸成为钠盐而溶解于水中;静置分层后,再用 20g 质量分数为 5% 的氢氧化钠溶液洗涤分离得到的氯苯层一次;将两次碱洗涤后得到的水相合并,得到含 2-(4-氯苯甲酰)苯甲酸钠盐的水溶液。

搅拌下向含有 2-(4-氯苯甲酰)苯甲酸钠盐的水溶液中滴入质量分数为 10% 盐酸溶液(自行配制)以使其酸化,并注意酸化过程中物料的温度控制在 10℃ 以下;酸化时稀盐酸的加入量应使反应液 pH 至 2~3,并继续搅拌一段时间(10min 左右)后反应液的 pH 不再升高为宜。

用冰水冷却酸化后的反应液,以使溶液中含有的 2-(4-氯苯甲酰)苯甲酸尽可能析出。待 2-(4-氯苯甲酰)苯甲酸析出充分后,对物料进行过滤,并用冷蒸馏水洗涤析出的固体,直至流出液 pH 达 3.5 以上;水洗后的固体经干燥后称重,并计算收率。

测定干燥后物料的熔点(合格熔点应在 143~148℃),并对干燥后物料分别进行薄层色谱和红外光谱分析。

注意事项

1. 邻苯二甲酸酐的质量对产物的收率有较大影响,实验中应采用熔点为 130.5~131.5℃ 规格的邻苯二甲酸酐。

2. 邻苯二甲酸酐的加入速度应适当慢一些,加入过快时反应比较剧烈,也使物料温度不易控制,会导致大量氯化氢逸出,并引起反应物料从反应瓶中溢出。

3. 反应温度需控制在 70~80℃ 之间。

4. 酸化时物料的 pH 需控制在 3 以下,否则可能因有氢氧化铝与产物一起析出而影响成品的质量。

5. 酸化时物料的温度需控制在 10℃ 以下,滴加酸的速度宜慢一些,这样可使成品结晶均匀,不致形成块状物或胶状物。

五、思考题

1. 氯化钙干燥管的作用是什么?酰化反应为什么需要在无水条件下进行?

2. 反应中三氯化铝与邻苯二甲酸酐的物质的量之比是多少?

3. 酰化反应液进行水解时,为什么需要加入浓盐酸?

4. 薄层色谱分析的目的是什么?薄层色谱分析的展开剂如何选择?

5. 如何利用红外光谱分析结果确定产物是不是 2-(4-氯苯甲酰)苯甲酸?

实验二 烯丙基丙二酸的制备

一、实验目的与要求

1. 通过本实验掌握活泼亚甲基化合物的烃化反应原理及其操作方法。

2. 掌握有机合成中通过减压蒸馏实现物料分离的原理及其操作方法。

3. 学习液态有机化合物折光率的测定方法。

4. 学习重结晶实现有机物纯化的原理及其操作方法。

5. 学习用高效液相色谱分析有机化合物含量的原理及其操作方法。

二、实验原理

烯丙基丙二酸是合成前列腺素时的重要中间体,它可以通过丙二酸二乙酯在醇钠的存在下与烯丙基溴或烯丙基氯作用生成的产物水解获得。

丙二酸二乙酯是一种重要的含有活性亚甲基上的有机化合物,其活泼亚甲基上的 H 可在强碱(如乙醇钠等)催化下失去质子并生成碳负离子。丙二酸二乙酯在强碱作用下生成的碳负离子具有强亲核性,它可以进攻卤代烃中碳-卤键上的碳原子,并使之发生亲核取代反应,得到烃基化丙二酸二乙酯。生成的烃基化丙二酸二乙酯(如烯丙基丙二酸二乙酯等),经水解即可得到烃基丙二酸(如烯丙基丙二酸等)。

三、实验仪器与药品

电动搅拌器、熔点和折光率测定仪、红外光谱分析仪、高效液相色谱测定仪。

原料名称	规格	用量
丙二酸二乙酯	化学纯或分析纯	30.0g(0.19mol)
金属钠	化学纯或分析纯	4.4g(0.19mol)
无水乙醇	化学纯或分析纯	43.5g(0.95mol)
烯丙基氯	化学纯或分析纯	14.7g(0.19mol)
氢氧化钾	化学纯或分析纯	21g
盐酸	化学纯或分析纯,36%～38%	

四、实验方法与步骤

1. 烃化反应

在干燥的 250mL 三颈烧瓶上装上搅拌器、Y 形管、温度计及回流冷凝管,冷凝管上口接上氯化钙干燥管。将无水乙醇加入三颈烧瓶中,并在搅拌下分批加入切成小块的、光亮的金属钠,加入速度以维持正常回流为宜。金属钠加完后,继续搅拌至金属钠完全溶解。油浴加热物料至其回流,并在搅拌下通过恒压滴液漏斗向反应瓶中滴加丙二酸二乙酯(滴加时间控制在 15min 左右);丙二酸二乙酯加完后,再继续回流 20min;将油浴温度降至 75～80℃后,再慢慢由恒压滴液漏斗向反应瓶中滴加 3-氯丙烯,加入速度以使反应平缓地回流为宜(通常约需要 0.5h);3-氯丙烯加完后,再继续回流 1h。将反应液转移至蒸馏瓶中,并在旋转蒸发器上进行减压蒸馏以蒸除过量的乙醇(乙醇需尽可能蒸除充分,否则会影响产物的收率)和未反应的 3-氯丙烯。

减压蒸馏后的物料冷却至室温后,再向其中加入 30～40mL 的蒸馏水,并充分搅拌;将反应液转移至分液漏斗中,并用乙酸乙酯萃取三次并分液(每次用乙酸乙酯 30mL);合并有机层,并用饱和氯化钠溶液洗涤有机层两次(每次用饱和氯化钠溶液约 25mL)后,再用少量蒸馏水洗涤一次;分出有机层,并用无水硫酸钠干燥,直至溶液变澄清;过滤,并将得到的滤液用旋转蒸发器在水浴加热条件下进行减压蒸馏以蒸除并回收溶剂乙酸乙酯后,再在油浴加热条件下进行减压蒸馏,并收集 116～124℃/2.67kPa 的馏分,得到烯丙基丙二酸二乙酯。

2. 水解反应

向装有搅拌器及回流冷凝管的三颈烧瓶中加入蒸馏水和氢氧化钾,并搅拌使氢氧化钾完全溶解形成均一溶液;搅拌下向反应瓶中慢慢滴加烃化反应制备得到的烯丙基丙二酸二乙酯,加完后再回流 1h;将反应装置改成蒸馏装置,并在蒸去乙醇后将物料冷却至室温;向反应物料中加入质量分数为 15%～20% 的盐酸溶液,至物料 pH 达 3 左右;酸化后的物料用乙酸乙酯萃取三次(每次用 20～25mL),并将得到的有机相合并;有机相用饱和氯化钠溶液洗涤两次后,再用少量蒸馏水洗涤一次并分液。将分离出的有机相转移至具塞白口瓶或广口瓶中,加入无水硫酸钠干燥过夜;过滤,并将得到的滤液用旋转蒸发器在水浴加热条件下进行减压蒸馏以蒸除并回收溶剂乙酸乙酯;减压蒸除溶剂后的物料用苯重结晶,并经过滤、真空干燥,即得到烯丙基丙二酸。

真空干燥后的固体经称重后计算收率。

用熔点测定仪测定干燥后固体的熔点,折光率测定仪测定中间产物烯丙基丙二酸二乙酯的折光率,高效液相色谱测定仪分别测定中间产物烯丙基丙二酸二乙酯和最终产物烯丙基丙二酸的含量,用红外光谱分析仪分别对中间产物烯丙基丙二酸二乙酯和最终产物烯丙基丙二酸的结构进行表征。

注意事项

1. 烃化反应时所用的仪器必须充分干燥,冷凝管上口必须装有氯化钙干燥管,所用的试剂必须经无水处理。

2. 切金属钠时必须小心且不能遇水;切后的金属钠需用滤纸吸尽表面的煤油后再加入反应瓶中。

3. 切金属钠时形成的金属钠碎片不能丢入水槽或废液缸中,以免发生危险。

五、思考题

1. 本实验所用药品及仪器为什么必须无水?

2. 烯丙基二酸二乙酯用氢氧化钾水解后,为什么要先蒸去乙醇再用盐酸酸化?

3. 为什么要用饱和氯化钠溶液洗涤有机层?

4. 用无水硫酸钠干燥液体有机物时,无水硫酸钠的量如何选择?

5. 高效液相色谱分析有机化合物含量的特点是什么? 如何判断高效液相色谱分析条件的优劣?

实验三　乙酰氨基丙二酸二乙酯的制备

一、实验目的与要求

1. 学习活泼亚甲基化合物进行亚硝化反应的特点、原理及一般操作方法。
2. 掌握锌-冰醋酸还原亚硝基成氨基的方法及其特点。
3. 了解氨基酰化的原理及其实现方法。

二、实验原理

乙酰氨基丙二酸二乙酯是一种白色结晶粉体,可溶于热乙醇,微溶于醚和热水,熔点为95～98℃。作为医药中间体,主要用于色氨酸和丝氨酸等氨基酸的合成,同时在生物成分的分析鉴定中也有应用。

三、实验仪器与药品

循环水泵、鼓风干燥箱、旋转蒸发仪、三用紫外分析仪、熔点测定仪、制冰机、红外光谱分析仪。

原料名称	规格	用量
丙二酸二乙酯	化学纯	16.2g
冰醋酸	化学纯	100mL
亚硝酸钠	化学纯	20.0g
锌粉	化学纯	26.1g
醋酐	化学纯	30.0g

四、实验方法与步骤

1. 异亚硝基丙二酸二乙酯的制备

向 250mL 三颈烧瓶中加入 18.3mL(0.32mol)冰醋酸和 16.2g(0.1mol)丙二酸二乙酯,搅拌并用冰浴冷却至 10℃以下后,再向反应瓶中缓缓滴入由 20.9g(0.3mol)亚硝酸钠溶于30mL 水中构成的亚硝酸钠溶液,并控制滴加速度以保持反应物料温度不超过 10℃(滴加时间约需 1h);亚硝酸钠溶液滴加完毕后,移去冰浴以让物料自然升温至室温;待反应液温度达到室温并不再升高时,再用热水浴加热,并使反应液保持在 30～35℃下反应 4h。

将反应液转移至分液漏斗中,并静置分层(如有可能,放置过夜);分出上层油状物(约30g)即得亚硝基丙二酸二乙酯粗油。得到的亚硝基丙二酸二乙酯粗油可以不经过纯化就直接用于下一步还原反应。

2. 乙酰基丙二酸二乙酯的制备

将自制的亚硝基丙二酸二乙酯粗油置于 250mL 三颈烧瓶中,在加入 70mL 冰醋酸后,再在搅拌下分批加入 26.1g(0.4mol)锌粉,并控制锌粉加入速度以使整个反应过程物料的温度维持在 30～35℃之间;锌粉加完后,再继续在 30～35℃温度下搅拌 20min;用冰水将反应液冷至 20℃以下后,滴加 30.0g(0.29mol)醋酐,并控制反应温度为 20～25℃(醋酐加入时间约需 15min);醋酐加完后,再继续搅拌 40min;对反应液过滤,并用少量冰醋酸洗涤滤饼一次;合并滤液及洗涤液,再用旋转蒸发器在水浴加热条件下减压蒸尽乙酸;将蒸除乙酸后剩余固体物用 30mL 左右蒸馏水加热溶解,过滤并用冰水冷却滤液以析出结晶;待结晶完全后,再经过滤分出结晶物(略带黄绿色),并用冰水洗涤固体一次(如固体物颜色较深,可用热水重结晶一次);得到的固体经干燥后称重,并计算收率。纯净的乙酰氨基丙二酸二乙酯为白色或略带黄绿色的晶体,熔点为 93～96℃。

注意事项

1. 亚硝酸钠溶液滴加不能过快,以尽可能降低氧化反应发生的程度。
2. 锌粉应是呈粉末状的,如已结块,需要粉碎后再使用。
3. 粗乙酰氨基丙二酸二乙酯颜色太深时,可用活性炭进行脱色。

五、思考题

1. 亚硝化反应为何需要在低温下进行?
2. 亚硝化反应与硝化反应比较,有何相同之处和不同之处?
3. 亚硝基丙二酸二乙酯粗油含水量的多少对下面的反应有何影响?是对还原反应的影响大,还是对氨基乙酰化反应的影响大?
4. 亚硝基丙二酸二乙酯粗油在测定干燥的情况下,还原反应与乙酰化反应能否同时进行?为什么?

实验四 1-苯基-3-甲基吡唑酮-5 的制备

一、实验目的与要求

1. 学习重氮化反应进行的原理,掌握重氮化反应的操作方法。
2. 掌握苯胺等有毒化学药品的使用方法。
3. 掌握反应 pH 的控制方法,熟悉 pH 计的使用。
4. 熟悉氢核磁共振谱图及其解析。

二、实验原理

1-苯基-3-甲基吡唑酮-5,也简称为吡唑酮,是一种淡黄色结晶粉末,难溶于冷水,较易溶于热水,在 20℃水中溶解度约为 3g/L,易溶于酸、碱及有机溶剂中,微溶于醇和苯,熔点为 127～131℃。作为重要中间体,1-苯基-3-甲基吡唑酮-5 主要用于安乃近的合成。1-苯基-3-甲基吡唑酮-5 的合成一般是以苯胺为起始原料,经重氮化、还原、水解、中和等反应制得苯肼后,再与乙酰基乙酰胺缩合、环化得到,具体反应式如下:

三、实验仪器与药品

电动搅拌器、三用紫外仪、熔点测定仪、红外光谱分析仪、高效液相色谱分析仪、核磁共振分析仪。

原料名称	规格	用量
苯胺	化学纯或分析纯	19g(0.2mol)
盐酸	化学纯或分析纯	57g(0.47mol)
亚硝酸钠	化学纯	16g(0.21mol)
亚硫酸氢铵	化学纯	34mL(0.206mol)
亚硫酸铵	由亚硫酸氢铵溶液通氨气配制	用量按注意事项3计算
硫酸	化学纯或分析纯	27.5g(0.26mol)
乙酰基乙酰胺	化学纯	110g(0.22mol)

四、实验方法与步骤

1. 重氮化反应

将50mL水和57g质量分数为30%的盐酸(相对密度为1.15)放置到600mL烧杯中,搅拌并在温度为20~30℃之间缓慢加入19g苯胺(因反应放热,为防止温度过高,可用冰水冷却反应物料,或直接加少量干净的碎冰以调节反应物料温度)。将制得的纯净苯胺盐酸盐溶液转移至三颈烧瓶中,并用冰盐水浴冷却至0℃以下备用。

16g亚硝酸钠用40mL水溶解后,再经滴液漏斗将其缓慢滴入盛有苯胺盐酸盐溶液的三颈烧瓶中(滴加过程中用冰水冷却反应物料,以确保料液温度在0~5℃之间)。在滴加亚硝酸钠溶液过程中,需不断搅拌并观察料液颜色(加入亚硝酸钠溶液后物料将呈橙黄色)。在亚硝酸钠溶液加入量达到总量的3/4后,蘸取少量反应液用刚果红试纸检测(应显深蓝色),用淀粉-KI试纸检测应在1.5s内显紫色。继续滴加亚硝酸钠溶液,并在加完后继续搅拌5min。取少量反应液滴至淀粉-KI试纸上,若呈现微蓝色,即表示反应终点已到。

重氮化反应结束后,反应液的体积应为所加苯胺体积的10倍左右;冰盐水冷却反应物料并使其温度仍保持在5℃以下。重氮化后的反应液需立即用于后续反应。

2. 还原、水解反应

向装有搅拌器、温度计和二氧化硫吸收装置(二氧化硫用氢氧化钠溶液或碳酸钠溶液吸收)的 500mL 三颈烧瓶中投入 83mL 水和 34mL 亚硫酸氢铵溶液(亚硫酸铵浓度约为 50g·L^{-1})及 Xg 亚硫酸铵,搅拌并形成均匀溶液;用冰水浴冷却,待该溶液至 10℃ 左右时再慢慢倒入重氮盐溶液,并注意控制温度在 30℃ 以下;搅拌 1h 后,再加热并于 1h 内逐步升温至 70℃ 左右,继续搅拌并保温 2h。通过滴液漏斗缓缓向还原液中加入 27.5g 硫酸以进行水解反应(硫酸滴加时间约为 40min)。硫酸滴加完毕后,再升温至 100℃ 左右,并保温 1h,即得到苯肼硫酸盐溶液。

3. 中和、环合反应

将制得的苯肼硫酸盐溶液移入 800mL 烧杯中,并加入浓度为 20% 的氨水进行中和,中和时需使温度不超过 70℃;待料液 pH 至 2.5 左右(此时硫酸含量应在 3.5%～4%),将料液温度降至 48～52℃,并在搅拌下由滴液漏斗加入乙酰基乙酰胺溶液 110g(滴加速度开始需缓慢,如液面有油花出现,应停止加料直至油花消失后再继续加料;当有吡唑酮固体开始析出时,可逐渐加快加料速度)。乙酰基乙酰胺溶液加料完毕后,再继续搅拌 40min。搅拌下向反应料液中加入氨水以进行第二次中和反应(中和反应温度需控制在 48～52℃ 之间),待料液 pH 在 4～4.5 之间,停止加入氨水。中和后的物料用冰水冷却使其温度降至 30℃ 左右,以析出吡唑酮。待吡唑酮析出完全后,再对物料进行过滤,并用 60℃ 温水 100mL 洗涤滤饼两次;抽干物料,并将所得固体放在 80℃ 左右的烘箱里烘干至恒重。称量并计算产品收率,同时测定其熔点(合格熔点为 127～128℃),并用高效液相色谱分析仪测定产品中吡唑酮含量、红外光谱和氢核磁共振谱表征其结构。

注意事项

1. 苯胺有毒,应避免接触皮肤,如有接触应立即用肥皂水冲洗。

2. 滴加亚硝酸钠溶液的滴液漏斗的管口应插入液面,以避免生成的亚硝酸分解并放出二氧化氮有害气体。

3. 还原剂的配制根据亚硫酸氢铵的实测浓度配制。

按 n(苯胺):n(亚硫酸铵):n(亚硫酸氢铵)＝1:1.7:1.03 加入亚硫酸铵,反应物料中还原剂总含量为 570～600g·L^{-1}。

4. 浓硫酸有强腐蚀性,使用时应戴手套;若接触皮肤,应立即用大量清水冲洗。

5. 二氧化硫为有毒气体,应用碱液吸收,避免外逸室内。

6. 硫酸酸化时会有大量二氧化硫气体放出,因此需控制酸的加入速度,以防止形成过多气体而导致物料从反应瓶中溢出。

五、思考题

1. 在苯胺重氮化反应中,为什么需采用过量的盐酸?

2. 还原剂亚硫酸铵的用量如何计算和配制?

3. 在缩合周环反应中,pH、温度和乙酰基乙酰胺滴加速度对成品质量和收率有何影响?

4. 如何确定吡唑酮的高效液相色谱分析条件?

实验五　消炎痛的制备

一、实验目的与要求

1. 通过本实验学习并掌握重氮化反应的原理及其操作方法。
2. 掌握从重结晶溶液中得到所需晶形化合物的方法。
3. 学习消炎痛的定性定量分析方法。

二、实验原理

消炎痛是 1963 年合成的性能较为优良的消炎镇痛药,化学名称为 1-对氯苯甲酰-2-甲基-5-甲氧基吲哚-3-醋酸。其制备一般是以对甲氧基苯胺为起始原料,经重氮化反应生成重氮盐后,再用亚硫酸钠处理生成对甲氧基重氮磺酸钠,随后用锌粉还原以生成对甲氧基苯肼磺酸钠,然后与对氯苯甲酰氯缩合生成 N-对氯苯甲酰-对甲氧基苯肼(简称苯肼),最后与 3-乙酰丙酸环合生成消炎痛。

三、实验仪器与药品

电动搅拌器、三用紫外分析仪、熔点测定仪、红外光谱仪、高效液相色谱仪。

原料名称	规格	用量
对甲氧基苯胺	化学纯	10g
盐酸	分析纯	20mL
亚硝酸钠	化学纯	5.7g
亚硫酸钠	化学纯或分析纯	13.5g
锌粉	化学纯或分析纯	7.5g
醋酸	化学纯或分析纯	15g
氢氧化钠	分析纯	适量
乙醇	分析纯	45mL

续表

原料名称	规格	用量
对氯苯甲酰氯	化学纯或分析纯	10mL
硫酸	化学纯或分析纯	2.3mL
3-乙酰丙酸	化学纯或分析纯	10.5mL
氯化锌	化学纯或分析纯	6.8g

四、实验方法与步骤

1. 对甲氧基苯肼磺酸钠的制备

将 10g 对甲氧基苯胺、20mL 盐酸和 43mL 水加入装有搅拌器、温度计和滴液漏斗的 250mL 三颈烧瓶中,搅拌下稍加热以使物料溶解,然后用冰水浴冷却至 5℃ 以下;在 0～5℃ 内向反应瓶中滴加亚硝酸钠水溶液(5.7g 亚硝酸钠溶于 13mL 蒸馏水中配成),约需 20min 滴加完;用淀粉-KI 试纸检测并确定反应是否达到终点;反应到达反应终点后,继续搅拌 15min,再在 8℃ 以下缓缓滴加液碱以调节反应液 pH 至 6 左右;在反应料液温度在 10℃ 左 右向反应物料中迅速加入 13.5g 亚硫酸钠,并在 20～25℃ 搅拌 0.5h 后,再升温至 55℃;向 反应物料中缓缓加入 15mL 冰醋酸,再将 7.5g 锌粉分少量多次加入;锌粉加完后,在 80～ 85℃ 搅拌反应 0.5h;向反应物料中加入 15mL 水后趁热过滤,滤液置于冰水浴中冷却以使结 晶析出完全;过滤,用少量冰水洗涤固体后再抽干,即得到对甲氧基苯肼磺酸钠(湿物料质量 约为 20g)。

制备对甲氧基苯肼磺酸钠时注意事项:①亚硝酸钠水溶液滴加速度不宜过快,以免亚硝 酸钠损失;②锌粉不可一次性地加入,否则易出现料液溢出现象,且重氮盐还原不完全;③得 到的对甲氧基苯肼磺酸钠产品因杂质存在,具有不稳定性,需浸泡在水中。

2. N-对氯苯甲酰-对甲氧基苯肼(简称氯肼)的制备

在装有搅拌器、温度计的 250mL 三颈烧瓶中,加入对甲氧基苯肼磺酸钠(抽干的湿品) 和 70mL 水,搅拌下加热至 40～50℃,使其完全溶解后,再加入 45mL 乙醇;待物料冷却至 20℃ 后,再加入对氯苯甲酰氯 10mL,然后在 30℃ 下搅拌反应 0.5h;加热物料,并在 1h 内缓 缓升温至 70～80℃ 后,再搅拌反应 1h;反应后的物料冷却至 60℃ 以下后,再滴加液碱并调节 其 pH 至 10～11,然后在 60～65℃ 搅拌反应 15min;将物料冷却至 20℃ 后过滤,并用冰水清 洗至滤液呈中性;物料经抽干后干燥,即得氯肼(约 15g);称重并测熔点,计算前两步反应的 收率。

氯肼制备时注意事项:在向反应物料中加入对氯苯甲酰氯后,反应的初始温度要控制在 不超过 30℃,以防止对氯苯甲酰氯在反应中出现分解。

3. 消炎痛的制备

在装有搅拌器和温度计的 250mL 三颈烧瓶中,依次加入 11mL 水、2.3mL 硫酸、 10.5mL 3-乙酰丙酸,搅拌混合后再加入 6.8g 氯化锌;加热使物料温度升至 45℃ 后,再加入 氯肼 15g;继续升温至 80～85℃(此过程中固体物料会逐渐溶解),并搅拌反应 3h;反应结束 后,向反应物料中加入 23mL 水,并用冰水冷却物料;搅拌待反应料液冷却至 20℃ 后再过滤, 用水洗涤固体至流出液呈现中性、75% 乙醇洗至固体物呈微黄白色粉末,得消炎痛粗品

（湿物料质量约15g）；粗品用50mL 95％乙醇加热溶解后，再加入活性炭脱色并过滤，滤液冷却至10℃以下以析出结晶；过滤并将得到的固体用50mL 95％乙醇重结晶，将重结晶液冷却到10℃以下后再过滤，得到白色颗粒结晶；用少量75％乙醇洗涤结晶后再抽干并干燥，即得到消炎痛精品（约10g）。称重并计算收率，并测产物的熔点。

消炎痛制备时注意事项：消炎痛有两种晶形，一种是絮状物，其熔点低、溶解度大；另一种是颗粒状物，其熔点高、溶解度小。在重结晶过程中，如得到絮状物，应再溶解重新结晶；如得到两种晶体的混合物，可控制加热温度和时间，使絮状物溶解，留下颗粒状物结晶作晶种。

五、思考题

1. 滴加亚硝酸钠溶液时，加料管插入反应液有什么好处？

2. 在制备氯肼的过程中，加碱调节 pH 至 10～11，在 60～65℃反应 15min 的目的是什么？

3. 如何用淀粉-KI 试纸检测并确定重氮化反应是否达到终点？重氮化反应液中过量的亚硝酸钠如何除去？

4. 重结晶时向达到饱和状态的溶液中加入晶种对结晶过程有什么影响？

实验六　氯霉素的制备

一、实验目的与要求

1. 了解并熟悉《中国药典》中对氯霉素原料药的要求与规格。

2. 学习异丙醇铝-异丙醇还原、水解、中和与拆分、二氯乙酰化等反应的原理及操作要点。

二、实验原理

氯霉素，化学名称为 D(-)-苏-1-硝基苯-2-二氯乙酰氨基-1,3-丙二醇，为白色或微黄绿色的针状或长片状结晶或粉末，味苦，易溶于甲醇、乙醇、丙酮、丙二醇，微溶于水，熔点为 149～153℃，质量分数为 5％的氯霉素无水乙醇溶液的比旋光度为＋18.5°～＋21.5°。

实验中采用对硝基 α-乙酰氨基-β-羟基苯丙酮（简称缩合物）为原料，在无水异丙醇介质中用异丙醇铝进行还原，然后将还原物及过量的异丙醇铝水解并减压除去异丙醇，酸性条件下水解脱去乙酰基，再经中和得到 DL-苏-1-对硝基苯-2-氨基-1,3-丙二醇（简称混旋氨基物），最后经拆分和二氯乙酰化得到氯霉素。

1. 异丙醇铝的制备

$$6(CH_3)_2CHOH + 2Al \xrightarrow[CCl_4]{AlCl_3} 2[(CH_3)_2CHO]_3Al + 3H_2 \uparrow$$

2. 羰基还原反应

$$O_2N-\overset{NHCOCH_3}{\underset{OAl[OCH(CH_3)_2]_2}{C_6H_4-CHCHCH_2OH}} \quad + \quad CH_3COCH_3$$

3. 水解反应

$$O_2N-\overset{NHCOCH_3}{\underset{OAl[OCH(CH_3)_2]_2}{C_6H_4-CHCHCH_2OH}} \xrightarrow{3H_2O} O_2N-\overset{NHCOCH_3}{\underset{OH}{C_6H_4-CHCHCH_2OH}} + (CH_3)_2CHOH$$

4. 脱乙酰化反应

$$O_2N-\overset{NHCOCH_3}{\underset{OH}{C_6H_4-CHCHCH_2OH}} \xrightarrow{HCl/H_2O} O_2N-\overset{NH_2}{\underset{OH}{C_6H_4-CHCHCH_2OH}}$$

5. 二氯乙酰化反应

$$O_2N-\overset{NH_2}{\underset{OH}{C_6H_4-CHCHCH_2OH}} \xrightarrow[CH_3OH]{Cl_2CHCO_2CH_3} O_2N-\overset{NHCOCHCl_2}{\underset{OH}{C_6H_4-CHCHCH_2OH}}$$

三、实验仪器与药品

电动搅拌器、三用紫外分析仪、熔点测定仪、红外光谱分析仪、高效液相色谱分析仪、旋光度测定仪。

1. 还原、水解及中和反应

名称	规格	用量
铝	工业品	3.5g
异丙醇	分析纯	70mL
缩合物	工业品	16g
三氯化铝	化学纯或分析纯	2.9g
盐酸	化学纯或分析纯	75mL
氢氧化钠	化学纯或分析纯	

2. 混旋氨基物的拆分

名称	规格	用量
混旋氨基物	mp:139℃以上,质量分数>98%	38.2g
左旋氨基物	mp:155℃以上,质量分数>92%	3.17g
盐酸	分析纯	4.034g(100%)
精制左旋氨基物	自制	12g

名称	规格	用量
二氯乙酸甲酯	化学纯或分析纯	9.12g
甲醇	化学纯或分析纯	15.6mL
活性炭	化学纯或分析纯	少许

四、实验方法与步骤

1. 还原、水解及中和反应

在装有搅拌器、带有氯化钙干燥管的回流冷凝管和滴液漏斗的 250mL 三颈烧瓶中,投入剪细的铝片条 3.5g,然后加入 10～15mL 异丙醇和少许三氯化铝,油浴加热引发反应(反应开始时有明显气泡产生),再滴加剩下的异丙醇(如果反应过于激烈,可暂时停止油浴加热)。异丙醇加完后,继续加热并保持回流,至铝片全部溶解为止(一般完全溶解约需 2h)。

用温度计替换滴液漏斗,并使反应瓶中物料(异丙醇铝-异丙醇)温度稳定在 35～37℃;搅拌下向反应物料中加入 2.9g 三氯化铝,让物料自然升温至 44～47℃,并在此温度下保温 1h;分三次(每隔 10min)向反应瓶中加入 16g 对硝基 α-乙酰氨基-β-羟基苯丙酮(缩合物),并控制温度在 58～60℃;缩合物加完后,再在 60～62℃保温反应 3h。反应结束后,先加含水异丙醇(20～25mL 异丙醇加 7mL 水配成)进行水解,然后再加 43mL 水于 60～65℃反应 2h,减压回收异丙醇。

向减压蒸馏后的物料中加入 40mL 左右的去离子水,并搅拌成浆状物后,再用冷水冷却物料使其温度在 25℃以下;向反应物料中滴加 75mL 质量分数为 36%～38%的盐酸,并控制滴加过程中物料的温度不超过 45℃。盐酸滴加完毕后,再在 70～75℃反应 2h;缓慢搅拌使物料温度慢慢降至 40℃后,再将其放置于温水浴中过夜;将反应物料温度冷却至 3℃下并保温 1h 后过滤,用冷却至 5℃以下的质量分数为 20%的少量盐酸洗涤固体物料两次,得还原物盐酸盐。

将 30mL 水加入还原物盐酸盐中,并加热至 45℃左右使其溶解后,再用 15%氢氧化钠溶液小心中和其中的游离酸,最终控制物料的 pH 在 7.2～7.8 之间,此时用溴麝香草酚蓝指示液(pH6.0～7.6 黄→蓝)检测将呈绿色。向中和后的物料中加入少许活性炭,并于 58～62℃保温脱色,40min 后趁热过滤,滤渣用 80℃少量热水洗涤;滤液再复测一次 pH(控制在 7.2～7.8),于 35～40℃慢慢用 15%氢氧化钠溶液小心中和至 pH 为 9.5(酚酞呈红色,麝香草酚酞呈浅蓝色)。中和后的物料置冰箱中冷却到 5℃以下后保温 1h;过滤,并用 5℃以下饱和食盐水洗涤得到的固体物数次后再抽干,并将固体物料置于 80℃以下干燥箱中干燥,即得 DL-苏-1-对硝基苯-2-氨基-1,3-丙二醇。称重并计算收率后测定熔点(熔点应在 139℃左右,收率应在 80%左右)。

2. 混旋氨基物的拆分

向 250mL 三颈烧瓶中加入蒸馏水 90mL,再在搅拌下投入折算为干混旋氨基物质量为 31.7g 的混旋氨基物及 3.17g 左旋氨基物,待全溶后再加入 40mL 蒸馏水;测旋光度 α 并确定其符合母液要求(α 约为 0.14,单旋体含量约 240.0g·L^{-1})后,再在搅拌下加入折干混旋氨基物 6.0g、盐酸 0.02mL,并加热至温度不低于 55℃,观察物料溶解情况(加热温度不宜太高,一般在65℃左右会全溶)。物料全溶后,再保温15min;降温并使物料温度冷却至55℃以下,并仔细观察降温过程中物料开始析出对应的温度(一般为45~47℃,不超过51℃);物料冷却至35~36℃时再保温5min(降温时间控制在70~100min内)。用35℃左右的热风吹热过滤器后过滤,并用少许90℃以上蒸馏水洗涤固体物料两次,得湿精制左旋氨基物。同时测定滤液的旋光度,如仍符合要求,则继续进行分析。

左旋氨基物用酸碱法进行精制,精制后的左旋氨基物熔点应大于159.5℃,含量在90％以上。

3. 氯霉素的合成

在装有搅拌器、回流冷凝管和温度计的100mL三颈烧瓶中加入15.6mL甲醇及9.12g二氯乙酸甲酯,搅拌下加入精制后的左旋氨基物后再加热(当温度达到40℃时,可看到自然升温现象);将物料于60~68℃保温反应1h后,再向反应瓶中加入少量用1mL甲醇调湿的活性炭粉,并用2mL左右甲醇洗瓶壁一次;保温脱色0.5h后,再趁热过滤(抽滤时因甲醇失去较多,因此需适当补加一些甲醇)。滤液在60~65℃下保温并缓慢加入15mL蒸馏水至初析;室温养晶10min后,再加30mL蒸馏水并升温至45℃;搅拌并使物料缓慢冷却至3~5℃;物料经保温15min后过滤,并用10mL 5℃以下的蒸馏水洗涤两次,最后抽干物料并将得到的固体于60~70℃干燥。

注意事项

1. 用异丙醇铝-异丙醇为还原剂还原对硝基α-乙酰氨基-β-羟基苯丙酮,可以选择性地得到苏型构型的左旋体。

2. 异丙醇铝化学性质非常活泼,遇水立即水解而失去还原活性,因此实验所用的仪器药品都必须经过严格的干燥处理。

3. 还原反应中要严格控制反应温度,如果温度太高,则易产生"红油"等副产物。

附注

1. 氯霉素的鉴别

(1) 取10mg氯霉素样品并用1mL 50％乙醇溶解后,再加入3mL1％的氯化钙溶液和50mg锌粉;将物料置于水浴上加热10min后倾取上层清液(必要时可加适量稀盐酸使上层溶液澄清),并加0.1g无水醋酸钠与2滴氯化苯甲酰,然后立即猛烈振动1min后再加0.5mL三氯化铁试液,观察料液颜色(应该呈现紫棕色)。按上述方法进行不加锌粉的试验,观察料液颜色(应该不显色)。

(2) 取0.1g氯霉素样品,用10mL水洗涤数次后,再加乙醇-氢氧化钾试液2mL;将料液在水浴上加热15min,使其溶解形成均一溶液(加热过程中需防止乙醇挥发散失)。得到的溶液应显氯化物的各种特殊反应。

2. 氯霉素的含量测定

取氯霉素样品约0.5g(精密称量),置于250mL烧瓶中,加锌粉2g,水20mL及体积比为1:2的盐酸20mL,在水浴上加热15min(85℃以上)使其反应完全后,放置冷却至室温;过滤,用水40mL分四次洗涤滤饼后,将洗涤液与滤液合并,并加盐酸10mL与溴化钾2g;搅拌下用0.1mol/L的亚硝酸钠溶液进行快速滴定(滴定温度宜控制在27℃以下),滴加至近终点时,用细玻璃棒蘸取少许溶液并划过涂有含锌淀粉-KI提示液的白瓷板上,即显蓝色划痕,停止滴定;3min后,再蘸少许划过一次,如仍显蓝色,即为终点(每消耗1mL 0.1mol/L

亚硝酸钠溶液相当于 32.31mg 的氯霉素）。

3. 基本分析

干燥失重，取本品在 105℃ 干燥 2h，质量减少量不得超过 0.5％；炽灼残渣不得超过 0.1％；按标准方法进行重金属检测，其浓度不得超过 0.001％。

4. 根据药典要求，干燥品中氯霉素含量不得少于 98.5％。

五、思考题

1. 制备异丙醇铝时加入少量氯化铝的作用是什么？对氯化铝的质量有什么要求？
2. 异丙醇铝-异丙醇还原体系有何特点？如何提高其还原效率？
3. 用亚硝酸钠溶液进行快速滴定以测定产物中氯霉素的含量，其原理是什么？
4. 在合成氯霉素时，用甲醇作为溶剂对反应过程有什么影响？

实验七　D-对羟基苯甘氨酸的制备与拆分

一、实验目的与要求

1. 学习 D-对羟基苯甘氨酸的典型合成方法及其所遵循的原理。
2. 了解非对映异构体结晶拆分的方法、原理及操作要点。
3. 学习旋光仪的使用及其在测定手性化合物比旋光度中的应用。
4. 学习 HPLC 法的原理及其在有机化合物成分定量分析中的应用。

二、实验原理

β-内酰胺类抗生素是发展最早、临床应用得最广、品种数量最多和近年来研究最活跃的一类抗生素，主要包括典型 β-内酰胺类抗生素和非典型 β-内酰胺类抗生素。目前这类抗生素产品均是半合成或全合成产品。

D-对羟基苯甘氨酸（4-hydroxyphenylglycine）是阿莫西林（Amoxicillin）的 6-β 位侧链和头孢羟氨苄（Cephadroxil）的 7-β 位侧链构成物。D-对羟基苯甘氨酸可以通过化学法合成，其过程是先合成得到 DL-对羟基苯甘氨酸，然后再通过拆分得到 D-对羟基苯甘氨酸。

工业生产中主要是采用乙醛酸-苯酚路线合成对羟基苯甘氨酸，反应式如下：

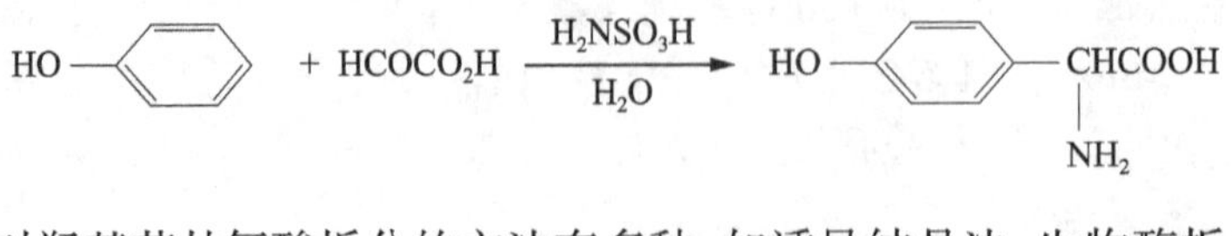

用于 DL-对羟基苯甘氨酸拆分的方法有多种，如诱导结晶法、生物酶拆分法、化学拆分法。实验中选用化学拆分法，其原理如下：

三、实验仪器与药品

搅拌器、真空干燥箱、三用紫外分析仪、熔点测定仪、制冰机、高效液相色谱分析仪、旋光度测定仪。

试剂名称	规格	投料量
乙醛酸(40%)	工业品	13mL
苯酚	化学纯或分析纯	9.4g
氨基磺酸	化学纯或分析纯	14.6g
D-酒石酸	分析纯	10.3g
甲醇	分析纯	246mL
浓硫酸	分析纯	13mL
氨水	分析纯	30mL
苯甲醛	化学纯或分析纯	4.7g
苯	化学纯或分析纯	30mL

四、实验方法与步骤

1. 对羟基苯甘氨酸外消旋体的合成

向三颈烧瓶中依次加入 20mL 水、14.6g 氨基磺酸、9.4g 苯酚、1mL 硫酸,搅拌下加热升温至 60℃;待固体全溶后,再缓慢滴加 13mL 质量分数为 40% 的乙醛酸水溶液;乙醛酸水溶液滴加完毕后,再在 70℃ 保温反应约 5h,并用薄层层析法检测反应终点。反应结束后,将反应液倒入烧杯中,用 25% 的氨水调节使 pH=7,并冷却至室温以析出固体;过滤,滤饼分别用适量水和甲醇洗涤三次,抽干并干燥后,即得白色 DL-对羟基苯甘氨酸固体,称量后计算收率,测定熔点。

2. 外消旋体的化学拆分

在装有机械搅拌、温度计和回流冷凝管的 250mL 三颈烧瓶中,依次加入 DL-对羟基苯甘氨酸 15g、甲醇 60mL、硫酸 12mL,加热回流 3h 后,再冷却至室温(25℃左右);用氨水中和至 pH 为 7～7.5 后过滤,并用冷水洗涤滤饼;滤饼烘干后即得白色针状 DL-对羟基苯甘氨酸甲酯晶体(熔点应在 181～182℃,收率约 93.5%)。

向 250mL 三颈烧瓶中依次加入 DL-对羟基苯甘氨酸甲酯 12.7g、D-酒石酸 10.3g、甲醇 100g(126mL);加热至溶液变澄清后,再加入 4.7g 苯甲醛的苯溶液,慢慢冷却至 55℃;向物料中加入少量 D-(一)-对羟基苯甘氨酸甲酯-(+)-酒石酸盐晶种,冷却至 25℃ 并搅拌 50h 后过滤,滤饼用 2×30mL 甲醇洗涤两次后再真空干燥,得白色针状晶体 D-(一)-对羟基苯甘氨酸甲酯-(+)-酒石酸盐。测比旋光度(文献值[α]=−61.7°,水溶液)。

向 250mL 烧瓶中加入质量分数为 25% 的氢氧化钠溶液 35mL,搅拌下慢慢加入拆分得到的 D-(一)-对羟基苯甘氨酸甲酯-(+)-酒石酸盐,保持温度不超过 50℃,至反应液变为澄清透明溶液后再过滤,滤液用 2mol·L^{-1} 盐酸中和至 pH=6.6 后再冷却;过滤并用冷水洗涤滤饼后,再将滤饼置于真空干燥箱中干燥即得白色 D-[一]-对羟基苯甘氨酸晶体。测定熔点(文献值为 223℃,分解)、比旋光度(文献比旋光度[α]=−157.9°,1mol/L 盐酸)。

注意事项

1. 薄层层析法检测反应终点时,需认真选择展开剂的类型,以确保反应物料中的成分在层析时能够分开。

2. 测定比旋光度时,溶液需精确配制。

3. 制备 DL-对羟基苯甘氨酸甲酯时,硫酸需慢慢滴加入反应瓶中。

4. 由 DL-对羟基苯甘氨酸甲酯制备 D-(一)-对羟基苯甘氨酸甲酯-(+)-酒石酸盐时,在冷却结晶过程中降温速度要慢。

五、思考题

1. 对羟基苯甘氨酸有哪些不同的合成方法? 各有什么特点?

2. 对羟基苯甘氨酸还可采用哪些方法进行拆分?

3. 如何评价产品的光学纯度?

4. 拆分外消旋体时加入苯甲醛有何作用?

实验八　奥氮平的制备

一、实验目的与要求

1. 学习通过半微量实验制备精细化学品的技术和方法。

2. 学习奥氮平的结晶晶形的研究方法。

3. 学习 X 射线衍射研究晶体结构的方法。

二、实验原理

奥氮平(Olanzapine),化学名为2-甲基-4-(4-甲基-1-哌嗪基)-10H-噻吩并[2,3-b][1,5]苯并二氮杂䓬,英文名为2-methyl-4-(4-methyl-1-piperzinyl)-10H-thieno[2,3-b][1,5]benzodiazepine。作为一种非典型抗精神分裂症药物,奥氮平主要用于治疗精神分裂症的阳性症状,同时也对阴性症状有部分疗效。奥氮平是在前一代治疗药物氯氮平的基础上研制的,1996年获得美国联邦食品和药品管理局(FDA)的批准正式上市销售,其结构式为

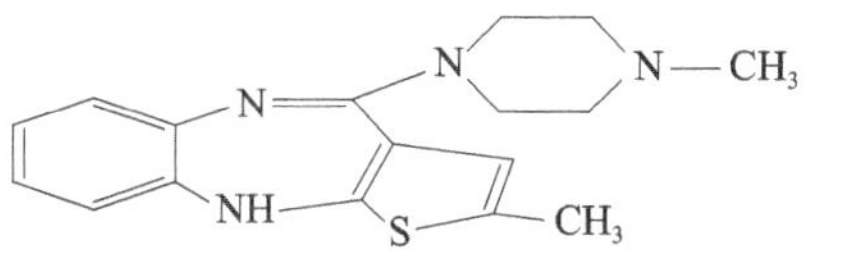

奥氮平可以通过以下过程生成:首先以丙二腈、丙醛和硫为原料,在三乙胺存在下缩合得到2-氨基-3-氰基-5-甲基噻吩,再通过2-氨基-3-氰基-5-甲基噻吩与邻氟硝基苯缩合制得2-(邻硝基苯胺基)-3-氰基-5-甲基噻吩,用氯化亚锡还原2-(邻硝基苯胺基)-3-氰基-5-甲基噻吩后再环合制得2-甲基-4-氨基-10H-噻吩并[2,3-b]苯二氮杂䓬,最后与哌嗪缩合后再甲基化即得到奥氮平。具体反应式如下:

1. 制备2-氨基-3-氰基-5-甲基噻吩的反应式

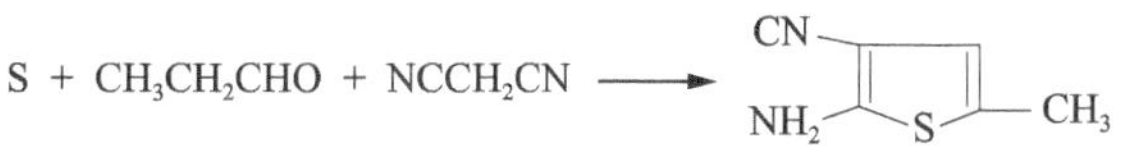

2. 制备2-(邻硝基苯胺基)-3-氰基-5-甲基噻吩的反应式

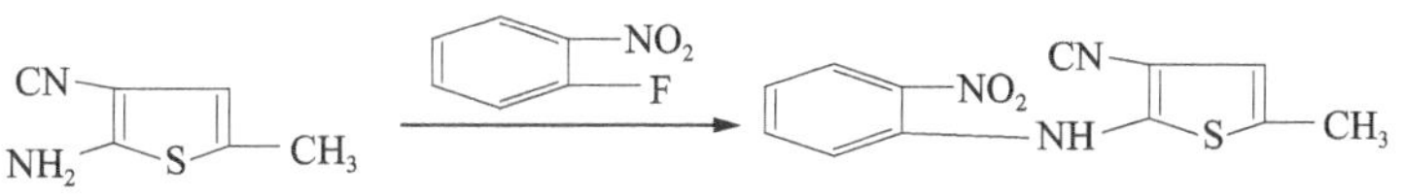

3. 制备2-甲基-4-氨基-10H-噻吩并[2,3-b]苯二氮杂䓬的反应式

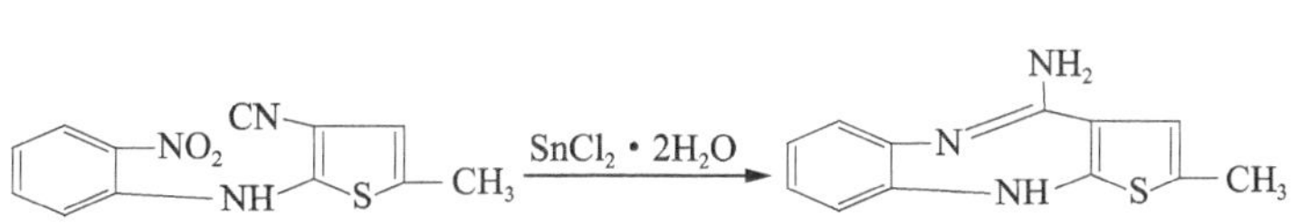

4. 制备2-甲基-4-(4-甲基-1-哌嗪基)-10H-噻吩并[2,3-b][1,5]苯并二氮杂䓬的反应式

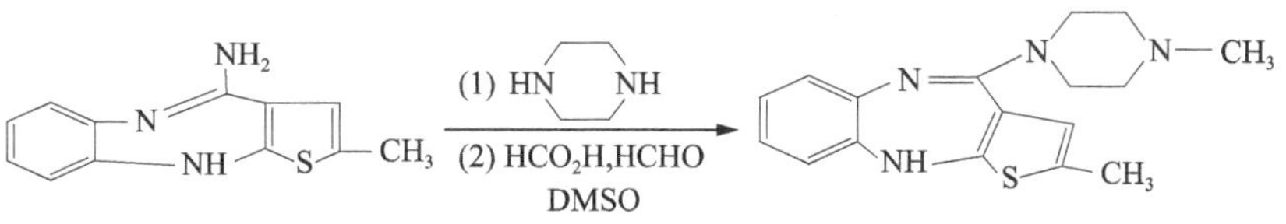

三、实验仪器与药品

1. 2-氨基-3-氰基-5-甲基噻吩的制备原料与试剂

原料名称	规格	用量	物质的量
丙二腈	CP	4.5g	68mmol
硫	AR	2.18g	68mmol
丙醛	CP	4.73g	81mmol
三乙胺	CP	5.8mL	41mmol
DMF	CP	23mL	

2. 2-(邻硝基苯胺基)-3-氰基-5-甲基噻吩制备原料与试剂

原料名称	规格	用量	物质的量
2-氨基-3-氰基-5-甲基噻吩		2.76g	20mmol
邻氟硝基苯	CP	2.82g	20mmol
氢化钠	50%CP	1.44g	30mmol
无水四氢呋喃	工业级	30mL	
二氯甲烷	CP	150mL	

3. 2-甲基-4-氨基-10H-噻吩并[2,3-b]苯二氮杂䓬制备原料与试剂

原料名称	规格	用量	物质的量
2-(邻硝基苯胺基)-3-氰基-5-甲基噻吩		3.0g	11mmol
二水氯化亚锡	CP	8.5g	37mmol
乙醇	CP	30mL	
盐酸	6mol/L CP	30mL	

4. 2-甲基-4-(4-甲基-1-哌嗪基)-10H-噻吩并[2,3-b][1,5]苯并二氮杂䓬制备原料与试剂

原料名称	规格	用量	物质的量
2-甲基-4-氨基-10H-噻吩并[2,3-b]苯二氮杂䓬		1g	3.8mmol
无水哌嗪		4g	4.6mmol
DMSO	CP	15mL	
甲苯	CP	5mL	
甲醛	37%CP	0.296g	3.6mmol
甲酸	98%CP	0.17g	3.6mmol

5. 主要仪器

循环水泵、鼓风干燥箱、真空干燥箱、三用紫外仪、熔点仪、制冰机或冰柜、高效液相色谱仪、红外光谱仪。

四、实验方法与步骤

1. 2-氨基-3-氰基-5-甲基噻吩的制备

在装有搅拌器、温度计、冷凝管、滴液漏斗的 100mL 反应瓶中,加入硫 2.18g、丙醛 4.73g 和 N,N-二甲基甲酰胺 14mL,搅拌并在 5~10℃下滴加三乙胺 5.18mL,约 0.5h 加完;再在 18~20℃下反应 1h,然后在此温度于 1h 内滴加含 4.5g 丙二腈的 N,N-二甲基甲酰胺溶液 9mL(约 1h 加完);在 20℃下反应 1h 后,再将反应液倾入冰水中,有黄色沉淀产生;静置、过滤并用水洗涤所得固体,70~75℃真空干燥得黄色固体(熔点应为 99~100℃)。

2. 2-(邻硝基苯胺基)-3-氰基-5-甲基噻吩制备

在装有温度计、冷凝管、滴液漏斗的 100mL 反应瓶中,加入氢化钠 1.44g 和 5mL 无水四氢呋喃,开启氮气保护并在 25℃、磁力搅拌条件下滴加邻氟硝基苯 2.82g 和 2-氨基-3-氰基-5-甲基噻吩 2.76g 的 25mL 溶液;反应 24h 后,将反应液倒入碎冰中,并用二氯甲烷(3×50mL)提取;萃取液分别用 2mol/L 盐酸 10mL、水(3×20mL)洗涤后,再用无水硫酸镁干燥;减压浓缩并回收溶剂,残留物用乙醇重结晶,得到黄色结晶(熔点应为 99~101℃)。

3. 2-甲基-4-氨基-10H-噻吩并[2,3-b]苯二氮杂䓬制备

向 100mL 反应瓶中投入含 3.0g 2-(邻硝基苯胺基)-3-氰基-5-甲基噻吩的乙醇溶液 30mL,于 50℃搅拌并在 10min 内加入含 8.5g 二水氯化亚锡的盐酸(6mol/L)溶液 30mL;回流 1h 后,减压蒸除乙醇,冷却结晶,过滤,用少量水和丙酮分别洗涤所得固体,烘干得黄色固体(熔点>250℃)。

4. 2-甲基-4-(4-甲基-1-哌嗪基)-10H-噻吩并[2,3-b][1,5]苯并二氮杂䓬制备

将 2-甲基-4-氨基-10H-噻吩并[2,3-b][1,5]苯并二氮杂䓬 1g、无水哌嗪 4g、二甲基亚砜 5mL 和甲苯 5mL 投入 100mL 反应瓶中,加热回流 20h;将反应物料冷却至 50℃后,倒入 200mL 冰水中,过滤、水洗、干燥得黄色固体。将黄色固体投入 100mL 反应瓶中,加入二甲基亚砜 10mL,37%甲醛 0.296g 和 98%甲酸 0.17g,于 80℃搅拌 2h 后,再倒入冰水中,过滤后再用水洗涤所得固体;固体经干燥、乙醇重结晶,得到 2-甲基-4-(4-甲基-1-哌嗪基)-10H-噻吩并[2,3-b][1,5]苯并二氮杂䓬纯品 0.8g(熔点应为 193~195℃)。

五、思考题

1. 缩合环合反应的机理是什么?

2. 第二步反应中是否可以用邻硝基氯苯替代邻硝基氟苯?是否可以用其他碱替代氢化钠?

3. 第三步反应中是否可以采用其他的还原剂?

实验九　美沙拉嗪的制备

一、实验目的与要求

1. 学习目标化合物的合成方法。
2. 比较合成目标化合物时不同方法的各自特点。
3. 根据有机合成的原理及目标化合物的特点,选择、设计实验方案。
4. 掌握硝化、还原反应的一般操作要求。

二、实验原理

美沙拉嗪,化学名称为 5-氨基-2-羟基苯甲酸,也称为马沙拉嗪、5-氨基水杨酸,是一种上市的用于治疗溃疡性结肠炎的药物。美沙拉嗪的合成方法有多种,其中一种为水杨酸硝化还原法。

反应方程式如下:

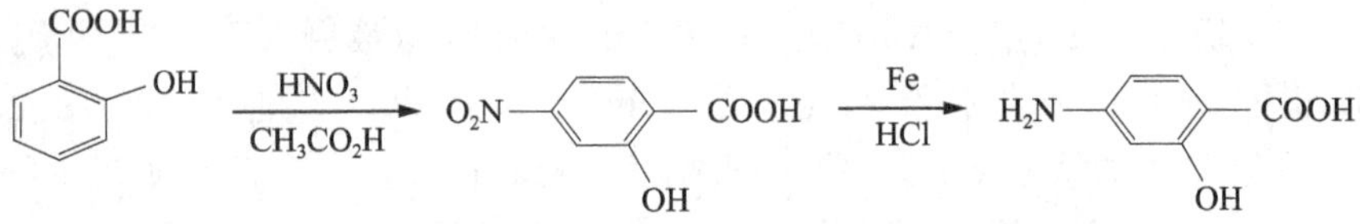

三、实验仪器与药品

搅拌器、循环水泵、鼓风干燥箱、真空干燥箱、三用紫外仪、熔点测定仪、制冰机或冰柜、红外分光光谱仪。

试剂名称	用量	物质的量
水杨酸	13.8g	0.1mol
质量分数为 68% 的硝酸	18mL	0.3mol
冰醋酸	1.8mL	

其他试剂包括:浓盐酸、硫酸、铁粉、亚硫酸氢钠、保险粉。

四、实验方法与步骤

1. 中间体 5-硝基水杨酸的制备

向三颈烧瓶中依次加入 13.8g 水杨酸和 35mL 水及 7mL 冰醋酸,加热搅拌至 50℃ 以使固体全溶,如果水杨酸不能全部溶解,可再加不超过 15mL 的水,直至 50℃ 下全溶为止。搅拌下,缓慢滴加由 18mL 质量分数为 68% 的硝酸和 1.8mL 冰醋酸组成的混合液。混合液滴加完毕后,使物料升温至 70～80℃(需控制物料温度不超过 80℃,否则氧化反应发生程度会明显提高,且物料色泽也明显加深),反应约 2h 后停止反应;将反应液倒入 120mL 水中,在 5℃ 放置 4h 以析出固体;过滤,滤饼用热水重结晶后再干燥,得到的淡黄色固体即为 5-硝基水杨酸。

2. 5-氨基-2-羟基苯甲酸的制备

在三颈烧瓶中投入 3mL 浓盐酸和 35mL 水,加热至 60℃,加铁粉 2.3g,加热回流 3～4min。投入 5-硝基水杨酸(6.1g)约 $\frac{1}{4}$ 的量,剧烈搅拌 5min 后,将剩余的 5-硝基水杨酸及 6.7g 铁粉分三批加入,每次间隔 5min。铁粉加完后,使物料升温至 100℃并反应 1.5h;停止反应,趁热用 50%氢氧化钠溶液调节 pH 至 11～12 以析出固体。抽滤,滤饼用水冲洗两次。合并滤液,并向滤液中加入保险粉 0.67g,用 40%硫酸酸化至 pH＝4;冷却析出固体,抽滤干燥即得含 5-氨基-2-羟基苯甲酸的粗品。将粗品溶于 350mL 热水中,加入亚硫酸氢钠 0.33g,活性炭 0.67g,加热回流 5min 后趁热过滤,合并滤液和洗液。迅速冷却至 5℃,保温 1h 后取出过滤,冰水冲洗两次后再干燥,得白色针状结晶。测熔点,计算收率。

注意事项

1. 实验中使用混酸硝化,反应剧烈,滴加混酸的速度不宜太快。
2. 各组根据实际得到的 5-硝基水杨酸的量计算各自所需的反应投料。

五、思考题

1. 含氨基、羟基等活性反应基团的有机化合物用混酸硝化时需注意什么问题?
2. 如何控制和选择硝化反应的条件?
3. 硝基还可以采用哪些还原方法还原? 不同的还原方法各自有什么特点?

实验十　对羟基苯甲腈的制备

一、实验目的与要求

1. 学习由醛和盐酸羟胺制备腈类化合物的方法。
2. 掌握从反应液中分离产物并对其进行重结晶的方法。
3. 学习固体有机物熔点、含量等的测定方法。
4. 学习薄层色谱(TLC)在有机合成中的应用。

二、实验原理

对羟基苯甲腈,亦称为对氰基苯酚,是合成杀虫剂杀螟腈、除草剂溴苯腈和碘苯腈、牛羊抗肝片吸虫药硝碘酚腈的重要中间体,在香料、缓蚀剂及液晶材料的生产中也有广泛应用。

在 N,N-二甲基甲酰胺(DMF)存在的情况下,通过对羟基苯甲醛与盐酸羟胺间的亲核加成及缩合反应得到对羟基苯甲醛肟;再通过对羟基苯甲醛肟分子内的脱水反应,生成对羟苯甲腈。反应式如下:

$$OHC-\!\!\!\bigcirc\!\!\!-OH + H_2NOH \cdot HCl \longrightarrow HON=HC-\!\!\!\bigcirc\!\!\!-OH + H_2O$$

$$HON=HC-\!\!\!\bigcirc\!\!\!-OH \xrightarrow{-H_2O} HC-\!\!\!\bigcirc\!\!\!-OH$$

三、实验仪器与药品

1. 主要实验仪器:数显熔点测定仪、三用紫外分析仪、红外光谱分析仪、气相色谱仪、搅拌器。

2. 主要药品和原料:对羟基苯甲醛、盐酸羟胺、N,N-二甲基甲酰胺(DMF)、活性炭、无水乙醇、GF254 硅胶涂板、2,4-二硝基苯肼、乙酸乙酯、石油醚、氯化钠。

四、实验方法与步骤

1. 对羟基苯甲腈的合成

在装有电动搅拌器、温度计和回流冷凝管的 100mL 三颈烧瓶中,依次加入对羟基苯甲醛 6.11g(约 0.05mol),盐酸羟胺 4.17g(约 0.06mol)和 50mL N,N-二甲基甲酰胺(DMF)。开动搅拌,并用电热套加热以使物料温度在 110~120℃。TLC 跟踪反应至对羟基苯甲醛转化完全(约需 5h),结束反应。

将反应液转移到 100mL 蒸馏瓶中,减压蒸馏并回收大部分溶剂(40mL 左右);搅拌下将蒸馏后的反应料液倒入冰水中,至冰完全熔化,再调节溶液 pH 为 5~6;抽滤,得对羟基苯甲腈粗品。

2. 对羟基苯甲腈的精制

将对羟基苯甲腈溶于无水乙醇中,再加入少量活性炭并加热回流 15min,然后趁热抽滤;在旋转蒸发仪上对滤液进行旋蒸至有少量固体析出为止;旋蒸后的物料冷却至室温(必要时可适当冷冻),再抽滤,并将得到的固体置于真空干燥器中干燥。

3. 熔点测定和结构表征及含量分析

用数字熔点仪测定产品的熔点,红外光谱分析仪表征产物的结构,气相色谱仪分析产品中对羟基苯甲腈的含量。

注意事项

1. TLC 分析时所用的展开剂由乙酸乙酯和石油醚按体积比 1∶1 构成,并用 2,4-二硝基苯肼显色。

2. 反应温度需严格控制不超过 130℃。

3. 减压蒸馏脱溶剂时需防止暴沸。

五、思考题

1. 以对羟基苯甲醛和盐酸羟胺为原料制备对羟基苯甲腈时,为什么选择盐酸羟胺适当过量?

2. TLC 法如何确定反应进行的程度?

3. 为什么在反应完成后需将大部分 DMF 蒸出后才可以将反应物料倒入冰水中?减压蒸馏回收 DMF 还有什么作用?

4. 通过类似方法如何合成邻羟基苯甲腈?

实验十一　阿司匹林(乙酰水杨酸)的合成

一、实验目的与要求

1. 通过本实验,掌握阿司匹林的性状、特点和化学性质。
2. 熟悉和掌握酯化反应的原理和实验操作。
3. 进一步巩固和熟悉重结晶的原理和实验方法。
4. 了解阿司匹林中杂质的来源和鉴别。

二、实验原理

在反应过程中,阿司匹林会自身缩合,形成一种聚合物。利用阿司匹林结构中的酸性基团可以和碱反应生成可溶性钠盐的性质,从而与聚合物分离。

在阿司匹林产品中的另一个主要的杂质是水杨酸,其来源可能是酰化反应不完全的原料,也可能是阿司匹林的水解产物。水杨酸可以在最后的重结晶中加以分离。

三、原料规格及配比

原料名称	规格	用量	物质的量
水杨酸	药用	10.0g	0.075mol
醋酐	CP	25mL	0.25mol
蒸馏水		适量	
乙酸乙酯	CP	10～15mL	
浓硫酸	CP	25 滴(约 1.5mL)	

四、实验方法与步骤

1. 阿司匹林的合成

在 500mL 锥形瓶中,放入水杨酸 10.0g,醋酐 25.0mL,用滴管滴加浓硫酸,并缓慢旋摇锥形瓶,使水杨酸溶解。

将锥形瓶放在水浴上加热至 85～95℃,维持此温度 10min。因为此反应是保温反应,也是一个简单的酰化反应。

然后将锥形瓶从热源上取下,使其在室温下慢慢冷却,在冷却过程中阿司匹林会渐渐析出,若室温下无法结晶析出,可采用冰浴充分冷却以使结晶完全。

形成的阿司匹林结晶粗品中成分为:①水杨酸;②聚合物;③阿司匹林;④没反应的醋酐。加入水 250mL,然后将该溶液放入冰浴中冷却。因为加了水后有放热现象,可能会使阿司匹林溶解,但随着水加入得越来越多,阿司匹林会析出。因此有这样的现象发生:阿司匹林先溶解后析出,同时会产生醋酸蒸气。

待在冰浴中充分冷却后,大量固体析出,抽滤得到固体,冰水洗涤,并尽量压紧抽干,得到阿司匹林粗品。粗品的成分:①阿司匹林;②水杨酸;③聚合物。

2. 阿司匹林的提纯

将阿司匹林粗品放在烧杯中,加入饱和的碳酸氢钠 125mL,搅拌到没有二氧化碳放出。有不溶的固体存在,真空抽滤,除去不溶物,并用少量水清洗得到的固体,并合并滤液和洗涤液。

另取烧杯一只,放入浓盐酸 17.5mL(用来使阿司匹林析出,因为之前溶于碳酸氢钠)和水 50mL。将得到的滤液慢慢分多次倒入烧杯中,边倒边搅拌,这时候阿司匹林从溶液中析出。

将烧杯放入冰浴中冷却以尽可能多地析出晶体,然后抽滤固体,并用冷水洗涤。这时粗品成分:①水杨酸;②阿司匹林。

最后利用重结晶法分离水杨酸和阿司匹林。

将所得到的阿司匹林粗品加入反应瓶中,加入少量热的乙酸乙酯(不超过 15mL),在水浴中缓缓不断加热至固体溶解,自然冷却至室温,或接近室温后再用水浴冷却,然后阿司匹林渐渐析出,抽滤得到阿司匹林晶体。

注意事项

1. 加热的热源可以是蒸汽浴、电加热套、电热板,也可以是烧杯加水的水浴。若加热的介质为水时,要注意不要让水蒸气进入锥形瓶中,以防止酸酐和生成的阿司匹林水解。

2. 倘若在冷却过程中,阿司匹林没有在反应液中析出,可用玻璃棒或不锈钢刮勺,轻轻摩擦锥形瓶的内壁,也可同时将锥形瓶放入冰浴中冷却,促使结晶生成。

3. 加水时要注意,一定要等结晶充分形成后才能加入,加水时要慢慢加入,并有放热现象,产生醋酸蒸气,须小心,最好在通风橱中进行。

4. 当碳酸氢钠水溶液加入阿司匹林中时,会产生大量气泡,注意分批少量加入,一边加一边搅拌,以防气泡产生过多,引起溶液外溢。

5. 如果将滤液加入盐酸后,仍没有固体析出,测一下溶液的 pH 是否呈酸性。如果不是,再补加盐酸,至溶液 pH=2 左右时,会有固体析出。

6. 此时应有阿司匹林从乙酸乙酯中析出,若没有固体析出,可加热将乙酸乙酯挥发一些,再冷却,重复操作。

7. 纯度检查:取两支干净试管,分别放入少量水杨酸和阿司匹林精品。加入乙醇各 1mL,使固体溶解。然后分别在每支试管中加入几滴 10%氯化铜溶液,盛水杨酸的试管中有红色或紫色出现,盛阿司匹林精品的试管应是无色的。

五、思考题

1. 在阿司匹林的合成过程中,要加入少量的浓硫酸,其作用是什么?除浓硫酸外,是否可以用其他酸代替?

2. 产生聚合物是合成中的主要副产物,生成的原理是什么?除聚合物外,是否还会有其他可能的副产物?

3. 药典中规定,成品阿司匹林中要监测水杨酸的量,为什么?本实验中采用什么方法测定水杨酸?试简述其基本原理。

实验十二 磺胺醋酰钠的合成

一、实验目的与要求

1. 通过本实验掌握磺胺类药物的一般理化性质,并掌握如何利用其理化性质的特点来达到分离提纯产品之目的。
2. 通过本实验操作,掌握乙酰化反应的原理。
3. 熟悉药物化学中磺胺类药物的结构特点及其理化性质。
4. 了解有机化学中,由胺类化合物和醋酐反应制备酰胺的基本原理。
5. 熟悉有机化学中趁热抽滤、重结晶的实验操作。

二、实验原理

磺胺醋酰钠,又名磺胺乙酰钠、磺醋酰胺钠,英文名为 Sulphacetamide Sodium,为一种白色结晶性粉末;无臭,味微苦,在水中易溶,在乙醇中微溶。磺胺醋酰钠为短效磺胺类药物,具有广谱抑菌作用。因与对氨基苯甲酸竞争细菌的二氢叶酸合成酶,使细菌叶酸代谢受阻,无法获得所需嘌呤和核酸,致细菌生长繁殖受抑制。本品对大多数革兰氏阳性和阴性菌有抑制作用,尤其对溶血性链球菌、肺炎双球菌、痢疾杆菌敏感,对葡萄球菌、脑膜炎球菌及沙眼衣原体也有较好的抑菌作用,对真菌也有一定作用,主要用于结膜炎、角膜炎、泪囊炎、沙眼及其他敏感菌引起的眼部感染的治疗。磺胺醋酰钠的合成反应式如下:

$$H_2N-\underset{}{\bigcirc}-SO_2NH_2 \xrightarrow[\text{NaOH}]{(CH_3CO)_2O} H_2N-\underset{}{\bigcirc}-SO_2N-COCH_3 \xrightarrow{H^+}$$
$$\underset{Na}{|}$$

$$H_2N-\underset{}{\bigcirc}-SO_2NHCOCH_3 \xrightarrow{NaOH} H_2N-\underset{}{\bigcirc}-SO_2N-COCH_3 \cdot H_2O$$
$$\underset{Na}{|}$$

三、实验方法与步骤

1. 磺胺醋酰(SA)的制备

1)原料规格及配比

原料名称	规格	用量	物质的量
磺胺	CP	17.2g	0.1mol
醋酐	CP	13.6mL	0.142mol
氢氧化钠	22.5%	22mL	0.1125mol
氢氧化钠	77%	12.5mL	0.1925mol

2)操作

在装有搅拌、温度计和回流冷凝管的三颈烧瓶中投入磺胺(SN)17.2g 及 22.5%氢氧化钠溶液 22mL 和磁力搅拌子。然后开动搅拌器,本实验所用的是磁力搅拌器,把反应瓶放在水浴中加热至50℃左右,本实验控制的是内温,搭装置时,让反应瓶贴紧水浴锅底,将水浴锅放在磁力搅拌器上。待物料完全溶解后,滴加醋酐3.6mL,5min后滴加77%的氢氧化钠2.5mL,并保持反应液pH在12～13之间,随后每隔5min交替滴加醋酐和氢氧化钠,滴加时从瓶口中滴入不要流到瓶壁上。每次2mL,加料期间反应温度维持在50～55℃及pH=12～13,要交替滴加五次。加料完毕后,继续保温搅拌反应30min。将反应液转入10mL烧杯中,加水20mL稀释。用浓盐酸调pH至7,一点一点地滴加浓盐酸,然后在冰浴中放置30～40min,冷却析出固体。抽滤固体,用适量冰水洗涤。洗液与滤液合并后用浓盐酸调pH至4～5,析出磺胺醋酰(SA)和磺胺双醋酰(ASA)。滤取沉淀,压干,称重,沉淀用过量10%盐酸溶解,至pH约为1,放置10min,然后抽滤除去不溶物,此不溶物为ASA,取滤液。滤液加适量活性炭脱色后,用40%的氢氧化钠溶液调pH至5,析出磺胺醋酰,然后抽滤。

3) 附注

(1) 本实验中使用氢氧化钠溶液有多种不同的浓度,在实验中切勿用错,否则会导致实验失败。

(2) 滴加醋酐和氢氧化钠溶液是交替进行的,每滴完一种溶液后,让其反应5min后,再滴入另一种溶液。滴加是用玻璃吸管加入的,滴加速度以液滴一滴一滴地滴下为宜。

(3) 反应中保持反应液pH在12～13之间很重要,否则收率将会降低。

(4) 在pH=7时析出的固体不是产物,应弃去。产物在滤液中,切勿搞错。

(5) 在pH=4～5析出的固体是产物。

(6) 在本实验中,溶液pH的调节是反应能否成功的关键,应小心注意,否则实验会失败或收率降低。

2. 磺胺醋酰钠的制备

1) 原料规格及配比

原料名称	规格	用量	物质的量
磺胺醋酰	自制	上步得量	
氢氧化钠溶液	20%	适量	

2) 操作

将以上所述的磺胺醋酰投入50mL烧杯中,于水浴上加热至90℃,用大烧杯套小烧杯,两个烧杯中加水,小烧杯中放很少的水,约0.5mL,放在电炉上加热至90℃,此操作不要用水浴锅,两个烧杯之间放温度计,来测量水温,滴加20%氢氧化钠溶液至恰好溶解,溶液pH为7,此时碱不能太强,否则酰胺键会断开,若有不溶物则需趁热抽滤,趁热抽滤时需把布氏漏斗和抽滤瓶先预热,然后滤液转至小烧杯中析晶,若无不溶物,则放置冷却析出晶体,抽滤,干燥得到钠盐。

3) 加入水的量应使磺胺醋酰略湿即可。0.5mL较难掌握,可适当多加入一些,再蒸发去一些水分。

4) 若趁热过滤,漏斗应先预热。若滤液放置后,较难析出晶体,可置电炉上略加热,使其挥发一些水分,放置冷却结晶。

四、思考题

1. 磺胺类药物有哪些理化性质? 在本实验中,是如何利用这些性质进行产品纯化的?

2. 反应液处理时,pH＝7 时析出的固体是什么? pH＝5 时析出的固体是什么? 在 10％盐酸中不溶物是什么? 为什么?

3. 反应过程中,调节 pH＝12～13 是非常重要的。若碱性过强,其结果是磺胺较多,磺胺醋酰次之,磺胺双醋酰较少;碱性过弱,其结果是磺胺双醋酰较多,磺胺醋酰次之,磺胺较少,为什么?

实验十三　苯乐来(扑炎痛)的合成

一、实验目的与要求

1. 了解拼合原理在药物合成中的应用,了解酯化反应在药物化学结构修饰中的应用。
2. 通过本实验,熟悉酯化反应的方法,掌握无水操作的技能。
3. 通过本实验,掌握反应中产生有害气体的吸收方法。

二、实验原理

三、实验方法

1. 原料规格及配比

原料名称	规格	用量	物质的量
阿司匹林	药用	9g	0.05mol
氯化亚砜	bp. 78℃,$d_4^{20}=1.638$	6mL	0.05mol
吡啶	CP	1 滴	
扑热息痛	药用	8.6g	0.57mol
氢氧化钠	CP	3.3g	0.078mol
丙酮	AR bp. 56.5℃	6mL	

2. 操作

（1）在装有回流冷凝管（上端附有氯化钙干燥管，排气导管通入氢氧化钠溶液中吸收），温度计的四颈烧瓶（空心塞塞住一个口），加入助沸剂（如沸石），阿司匹林 9g，$SOCl_2$ 25mL，滴加吡啶一滴作催化剂，置于油浴上缓缓加热（油浴锅可放在升降台上，有利于以后控制温度）。约在 50min 升至 75℃，维持 70～75℃，至无气体逸出（2h）。

（2）第一步反应完毕后，改成减压蒸馏装置，用水泵减压，除去过量 $SOCl_2$，这一步要防止倒吸，先拔管，再关泵，抽气约 20min。

（3）冷却，得到乙酰水杨酰氯，然后加入无水丙酮 6mL。注意用干燥的小量筒量取丙酮，先加 4mL，振摇，转移到恒压滴液漏斗中，再加 2mL，摇晃四颈烧瓶，并快速将四颈烧瓶内液体转入恒压滴液漏斗中，将漏斗盖塞紧备用。

（4）在装有机械搅拌恒压滴液漏斗温度计的 150mL 四颈烧瓶中，加入扑热息痛 8.6g，加水 50mL，搅拌，于 10～15℃缓慢加入氢氧化钠溶液 18mL（3.3g 氢氧化钠加水至 18mL），冷却至 8～12℃，如果温度不降，可在水浴中加适量水或冰块以促进物料温度下降。然后慢慢地加上述制得的乙酰水杨酰氯无水丙酮液体，并在约 20min 内滴完；调节物料 pH 为 9～10（若 pH 就在 9～10 属正常操作，无需调节；若 pH＜9～10，应及时加氢氧化钠，但注意不能多加）。将物料温度升至 20～25℃后，再继续搅拌保温反应 1.5～2h。

温度升至 20～25℃（内温），搅拌 1.5～2h（保温反应）。

（5）反应完毕，抽滤，并用滤液反复冲洗瓶壁，最后用水洗涤得到的固体至流出液呈中性，压干滤饼，得到粗品，称重。

（6）精制：通过重结晶方法实现扑炎痛粗品的精制，过程如下。

首先，扑炎痛粗品置于锥形瓶中，再按 $m_{扑炎痛粗品}$：$V_{95\%乙醇}=1g$：5mL 向锥形瓶中缓缓倒入质量分数为 95％乙醇并加热至沸腾（加热时需加少许沸石以防止暴沸）；如果溶液颜色较深，则需加入少许活性炭进行脱色。然后，将热的溶液用加热过的布氏漏斗快速抽滤以抽去活性炭和沸石，并迅速将滤液转至烧杯中，同时用冷水冷却以使烧杯中能大量析出固体；最后对物料进行抽滤，并用冰蒸馏水洗涤得到固体后，再将其置于烘箱中干燥。

附注

1. 本反应是无水操作，所用仪器必须事先干燥，这是关系到本实验是否能成功的关键。在酰氯化反应中，氯化亚砜作用后，放出氯化氢和二氧化硫气体，刺激性和腐蚀性较强，若不吸收，污染空气，损害健康，应用碱液吸收。

2. 为了便于搅拌，观察内温，使反应更趋完全，可适当增加氯化亚砜用量至 6～7mL。

3. 吡啶只起催化作用，用量不得过多，否则影响产品的质量和产量。

4. 在反应过程中，注意控制反应温度在 70～75℃为佳，不宜超过 80℃。反应温度太低，不利于反应进行；温度太高，氯化亚砜易挥发。

5. 在减压除氯化亚砜时，应注意观察以防水泵压力变化引起水倒吸。若发现水倒吸进接收瓶，应立即将接收瓶取下，放入水槽中，用大量水冲洗稀释。切勿将接收瓶密塞，因为氯化亚砜见水后分解放出大量氯化氢和二氧化硫气体。

6. 分析纯丙酮加入无水硫酸钠干燥后即可。

四、思考题

1. 由羧酸制备酰氯常用哪些方法？

2. 在由羧酸和氯化亚砜反应制备酰氯时,为什么要加少量吡啶? 吡啶量若加多了,会造成什么后果? 为什么?

3. 什么叫拼合原理? 在药物合成中有什么意义?

实验十四 对硝基苯乙腈及对硝基苯乙酸制备

一、实验目的与要求

1. 掌握硝化反应的原理和方法。
2. 通过本实验进一步强化重结晶的操作过程。

二、实验原理

对硝基苯乙腈是合成 β-肾上腺素能受体阻滞剂阿替洛尔和抗抑郁药文拉法新(Venlafxine)的重要中间体,也用于制备液晶及农用化学品。

三、原料与试剂

(1) 苯乙腈　　10g(0.085mol)

浓硝酸　　27.5mL(0.43mol,$d_4^{20}=1.42$)

浓硫酸　　27.5mL(0.19mol,$d_4^{20}=1.84$)

(2) 对硝基苯乙腈　　5.5g(自制)

浓硫酸　　15mL(0.27mol,$d_4^{20}=1.84$)

四、实验方法与步骤

在装有滴液漏斗和搅拌器的 250mL 圆底烧瓶中,放入由 27.5mL(0.43mol)浓硝酸($d_4^{20}=1.42$)和 27.5mL(0.49mol)浓硫酸($d_4^{20}=1.84$)所组成的混合物。在冰浴中冷却至 10℃,再慢慢入 10g(0.085mol)苯乙腈(其中不含乙醇和水)调节加入的速度使温度保持在 10℃左右,并且不超过 20℃。待苯乙腈都已加完后(约 1h),移去冰浴,将混合物搅拌 1h,然后倒入 120g 碎冰中。这时有糊状物质慢慢分离出来,其中一半以上是对硝基苯乙腈,其他成分为邻硝基苯乙腈和油状物,但没有二硝基化合物的生成。用吸滤法过滤,并压榨产物,尽可能除去其中所含的油状物,然后再把产物溶解在 50mL 沸腾的 95% 乙醇中,在冷却时,对硝基苯乙腈就结晶出来。用 55mL 80% 的乙醇($d_4^{20}=0.86\sim0.87$)对分离得到的固体进行重结晶,得到熔点为 115~116℃的产物 7.0~7.5g(理论产量的 50%~54%)。

产物在大多数的用途中是适用的,有时必须除去产物中所含微量的邻位化合物,在这种情形下应当再从 80% 乙醇中结晶,这时产物的熔点为 116~117℃。

在 100mL 圆底烧瓶中放 5.5g 对硝基苯乙腈(自制),将 15mL(0.54mol)浓硫酸($d_4^{20}=1.84$)和 14.0mL 水混合成溶液,把这个溶液的 2/3 倒在对硝基苯乙腈上。充分摇动混合物,直到所有的固体都被酸润湿为止。然后用剩下来的酸把黏在容器壁上的固体洗到液体中,装置回流冷凝器,加热到沸腾继续煮沸 15min。

反应混合物用等体积的冷水冲淡,并冷却至 0℃或 0℃以下。过滤溶液,所得沉淀用冰水洗涤数次,然后把它溶解在 80mL 沸水中,趁热过滤,放置冷却,抽气过滤干燥得对硝基苯乙酸为白色或淡黄色长针状结晶,熔点为 151～152℃,产率为理论量的 92%～95%。

五、思考题

1. 在苯乙腈合成对硝基苯乙腈时,如果没有控制低温反应,可能会得到什么产物?

2. 在对硝基苯乙腈水解生成对硝基苯乙酸的过程中,如果以乙醇为溶剂,加入少量的质子酸进行反应,会得到何产物?

3. 苯环上不同的取代基团对苯环的亲电加成反应的位置以及反应的活性具有不同的影响,那么哪些取代基是邻对位定位?哪些是间位定位?哪些具有活化效应?哪些具有钝化效应?

实验十五 维生素 K3 的合成

一、实验目的与要求

1. 了解亚硫酸氢钠加成物在药物结构修饰中的作用。
2. 了解维生素 K3 的制备方法。
3. 掌握氧化和加成的特点。

二、实验原理

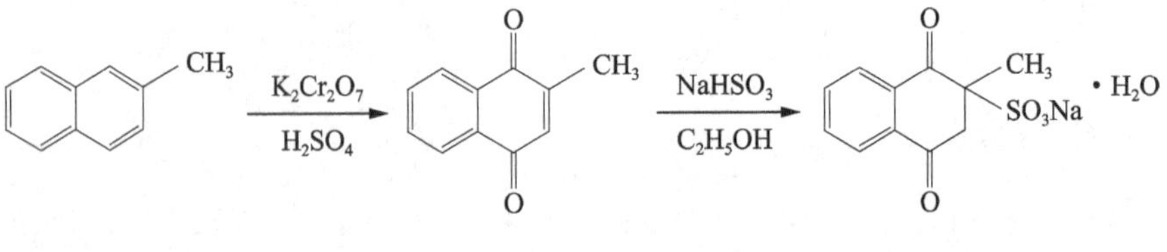

三、原料与试剂

(1) 重铬酸钾　35g

　　亚硫酸氢钠　4.4g

　　甲基萘　7g

(2) 浓硫酸　42g(22.8mL)

　　乙醇　11mL

　　丙酮　15g(19mL)

四、实验方法与步骤

在配有温度计、冷凝管、滴液漏斗的 250mL 三颈烧瓶中,投入甲基萘 7g,丙酮 15g(19mL),搅拌至溶解。将重铬酸钾 35g 溶于 52mL 水中,与浓硫酸 42g(22.8mL)混合后,于 38～40℃慢慢滴加至三颈烧瓶中,滴加完毕后于 40℃维持反应 30min,然后升高水浴温度至

60℃反应 45min。趁热将反应物倒入大量水中,甲萘醌析出,过滤,沉淀用水洗涤,压紧,抽干。

在装有回流冷凝管的 100mL 三颈烧瓶中,向反应瓶中加入甲萘醌湿品,亚硫酸氢钠 4.4g(溶于 7mL 水中),于 38~40℃搅拌均匀,再加入乙醇 11mL,搅拌 30min,反应液倒入烧杯中,自然冷却至室温,再冷却至 10℃以下,析出晶体,过滤,结晶用少许冷乙醇洗涤,抽干,得维生素 K3 粗品。

维生素 K3 粗品,放入锥形瓶中加 4 倍量 95％乙醇及 0.5g 亚硫酸氢钠,在 70℃以下溶解,加入粗品量 1.5％的活性炭。水浴 68~70℃保温脱色 15min,趁热过滤,滤液冷却至 10℃以下,析出结晶,过滤,结晶用少量冷乙醇洗涤,抽干,干燥,得维生素 K3 纯品,熔点为 105~107℃。

注意事项

1. 混合氧化剂时,需将浓硫酸缓慢加入重铬酸钾的水溶液中并不断搅拌。
2. 氧化剂加入反应液中保持温度在 38~40℃。
3. 反应完毕的母液倒入大量水中(一般为母液 10 倍体积)时,慢慢加入,并不断搅拌。

五、思考题

1. 氧化反应中温度高了对产物产生何影响?
2. 加成反应一步,加入乙醇的目的是什么?
3. 药物合成中常用的氧化剂有哪些?

第三章 药物分析实验基础 与典型实验

第一节 药物分析实验基础

要检验已知药物及药物中间体的纯度,可以把该药物及药物中间体的熔点、沸点、旋光度(如果物质有旋光性的话)或折射率,以及光谱数据(IR、UV、NMR 等)与文献报道的值进行比较。气相色谱、薄层色谱和高压液相色谱(HPLC)不但适合鉴定以及少量杂质的检测,而且还特别适合至今尚无文献记载的新合成化合物的纯度检验。

此外,用全去偶^{13}C NMR 光谱,容易推测一个化合物是否是相同的。这种方法也适合于非对映体中杂质的检测。和理论值一致的元素分析值也是纯度标准确定的补充。

一、熔点

物质的熔点是其固态与熔融态相平衡时的温度。纯粹固体的熔点是很清晰的。纯粹固体有机化合物一般都有固定的熔点,即在一定压力下,固液两相间的变化是非常敏锐的,自初熔至全熔(这范围称为熔程),温度一般不超过 0.5~1℃。如果物质中含有杂质,则其熔点往往比纯粹者低,熔程也较长。这对于鉴定纯粹的固体有机化合物具有很大的价值,而根据熔程长短也可定性地看出该化合物的纯度大小。

很多有机化合物在熔化的同时发生分解,分解一般表现为样品的变色和放出气体。分解点通常并不是很明显,它取决于加热速度(快速加热导致较高的分解点),故不能精确重复。有许多物质,当强烈加热时直至炭化,没有特征性的突变点。

物质的熔点与分子结构之间存在着一定的关系。粗略地说,分子对称的化合物的熔点要比非对称的化合物的高。对立体异构化合物而言,反式化合物通常具有较高的熔点。缔合度对物质的熔点存在影响,一般情况下熔点随化合物的缔合度的增加而上升。

熔点的测定主要有毛细管法测熔点和显微镜法测熔点。毛细管法测熔点主要应注意加热速度的掌握。开始时升温速度可以较快,到距离熔点 10~15℃时,调节火焰使每分钟上升1~2℃,越接近熔点,升温速度应越慢,掌握升温速度是准确测定熔点的关键。样品开始塌落并有液相(俗称"出汗")产生时的温度为初熔点,固体完全消失时的温度为全熔点,两者的差值即为该化合物的熔程。

熔点测定应至少要有两次重复的数据,且每次测定样品的熔点都必须用新的熔点管另装样品。不能用已测过熔点的毛细管重新装样或使其中的样品固化后再进行第二次测定,因为有时某些物质在测定过程中会出现部分分解,有些会转变成具有不同熔点的其他结晶形式。测定易升华的物质熔点时,应将熔点管的开口端烧熔封闭,以免升华。

如果要测未知物的熔点,应先粗测样品一次以确定大致的熔点范围后(此时加热速度可适当快些),待知道了该物质的大致熔点范围后,再使浴温冷却至熔点以下约30℃,并取另一根毛细管装样品进行精密的熔点测定。

熔点测好后,温度计的读数需对照温度计较正图进行校正。

毛细管熔点测定法只能用肉眼观察,容易产生误差。为了克服毛细管熔点测定法的缺点可利用显微熔点测定仪。显微熔点测定仪主要由电加热系统、显微镜和熔点显示系统组成。用显微熔点测定仪测熔点可避免毛细管熔点测定法人为产生的误差。使用显微熔点测定仪测熔点的另外一个优点是样品用量少,可以测高熔点(350℃以上)的样品,在加热过程中可以观察到样品的变化。

二、沸点

液体的沸点是物质重要的物理常数之一,通过测定液体沸点和沸程的宽窄可粗略判断液体纯度。

与熔点相反,外界压力对沸点有明显的影响。测量沸点的方法有常量法和微量法两种。常量法测沸点的装置和操作方法与简单蒸馏方法相同。微量法测沸点的优点是样品用量少,只要1~2滴液体。采用Siwoloboff沸点测量法也可测定液体的沸点。

在蒸馏时,通常将所观察的沸腾温度作为物质的沸点,但蒸气的过热,或蒸馏装置不正确(如温度计放置的位置不当),都可能影响沸点测定的准确性。温度计未校正或所测的压力不准也是导致误差的原因。因此,尽管是同一个化合物,文献上都常常出现不同的沸点数据。

杂质对沸点的影响与杂质的性质关系很大。比如,当样品中含有挥发性的溶剂杂质时,沸点的变化相当大;而如果向样品中加入沸点相同的物质,对样品的沸点可能一点也没有影响。一般说来,少量杂质的存在对沸点的影响不如对熔点那么显著。因此,对于物质的鉴定和作为纯度的标准来说,沸点的意义不如熔点那么大。

沸点实质上取决于分子的大小和分子间的相互作用。比如,从 C_4 到 C_{12} 的正烷烃,每增加1个碳原子,沸点上升大约20~30℃。支链化合物沸点通常比相应的直链化合物低。在具有同数碳原子的醚-醛-醇系列中,醇的沸点最高,这是由于分子间的作用(缔合)随着这个顺序增大的缘故(醇分子间有氢键)。

三、旋光度

一种物质的旋光度是指光学活性物质使偏振光的振动平面旋转的角度。旋光度的测定对于研究具有光学活性的分子的构型及确定某些反应机理具有重要的作用。在给定条件下,将测得的旋光度通过换算,即可得知光学活性物质特征的物理常数比旋光度,后者对鉴定旋光性化合物是不可缺少的,并且可计算出旋光性化合物的光学纯度。

定量测定溶剂或液体旋光程度的仪器叫作旋光仪。常用的旋光仪主要由光源、起偏镜、样品管和检偏镜几部分组成。某些化合物在受到线性偏振光的透射时,呈现"光学活性",它们能将光线的振动平面旋转一定的角度 α，当化合物的分子具有不对称结构时，它便表现出光学活性来。

偏振面的旋转既可能向右（＋），也可能向左（－）。旋转的角度 α 取决于样品的浓度 c(g/100mL)、光线所穿过的液层厚度 L(dm)、温度 t 及波长 λ。在一定的波长和温度下，存在如下的关系式：

$$[\alpha]_\lambda^t = \frac{100\alpha}{cL}$$

$[\alpha]_\lambda^t$ 被称为比旋光度，一般是用钠光的 D 线于 20℃或 25℃进行测定，测定的结果写成 $[\alpha]_\lambda^t$ 的形式，比如 $[\alpha]_D^{20}$。这样测出的角度＋α 可以相当于向右旋转了 α 度（或 $\alpha+180°$），也可以相当于向左旋转了 $180°-\alpha$（或 $360°-\alpha$），所以旋转的方向必须经过第二次测量才能确定。第二次测量是将液层的厚度减半，或溶液的浓度减半之后进行的。如果此时测得的数值为 $\alpha/2$（或 $\alpha/2+90°$），则证明旋转是向右的，而如果测得的数值变为 $90°-\alpha/2$（或 $180°-\alpha/2$），则证明旋转是向左的。由于比旋光度对温度的依赖关系并不很大，通常不必使旋光管处于恒温器中，但在精确测定时则必须将旋光管处于恒温器中。

由于溶质与溶剂的相互作用，溶剂对于诸如缔合和离子化等现象的影响，以及其他一些尚未明了的因素，比旋光度与溶剂的关系很密切，在某些情况下也显著地受到浓度的影响。因此对所测出的数值必须标出溶剂和浓度，比如 $[\alpha]_D^{25}=27.3°$，在水中（$c=0.130$g/mL）。

四、折射率

折射率是液体有机化合物的重要特性数据之一，由折光仪测定。常用的折光仪是阿贝折光仪，它能精确测量出液体有机化合物的折射率。折光率的测定多用于以下几方面：①通过测定所合成的已知液体有机化合物的折射率，并与文献值进行对照，可作为鉴定有机化合物纯度的标准之一，且作为液体物质纯度的评价标准，折射率对应的结果要比沸点更为可靠；②对于合成的未知化合物，经过结构分析、化学分析确证后，测得的折射率可作为该物质的一个物理常数进行记录；③折射率可以作为检测原料、溶剂、中间体及最终产品纯度的依据之一。

物质的折射率与它的结构和入射光线的波长、温度、压力等因素密切相关，所以折射率的表示需注明所用的光线和测定时的温度，常用 n_D^t 表示，其中 D 是以钠光灯的 D 线（589.3nm）作光源，t 是与折射率相对应的温度。例如 $n_D^{20}1.3320$ 表示，在 20℃下该介质对钠光灯的 D 线折射率为 1.3320。由于通常大气压的变化对折射率的影响不显著，所以只有在很精密的工作中才考虑大气压的影响。

温度对液体有机化合物的折射率有显著影响。一般地讲，当温度增高 1℃时，液体有机化合物的折射率就减小 $3.5\times10^{-4}\sim5.5\times10^{-4}$。某些液体，特别是测定折射率的温度与该液体的沸点相近时，其温度系数可达 7×10^{-4}。对于要求不是非常高的情况，为便于计算，一般可采用 4×10^{-4} 为温度变化系数进行粗略计算，虽然此时会带来误差，但对于确定有机液体化合物的纯度却有参考价值。实际应用中，从准确性方面考虑，一般折光仪都应配有恒温装置，并且温度的变化幅度一般不超过 ±0.02℃，或在 25℃的条件下进行折射率的测定。对于低熔点的固体，可将测定温度控制得恰好比它的熔点略微高一些再进行折射率的测定。

因为折射率与浓度有关,故折射法亦可用来测定溶液的浓度,用作纯度试验和用以检查分离过程,比如分析蒸馏操作的分离效果。在蒸馏两种或两种以上液体混合物,且当各组分的沸点比较接近时,那么就可以利用折射率来确定馏分的组成。因为当组分的结构相似和极性小时,混合物的折射率和物质的组成之间呈线性关系,利用这一线性关系求得馏分的组成。

应注意折光仪的使用和保养,应避免仪器的损坏。最后还应指出,阿贝折光仪不能在高温下使用,对于易挥发和易吸水样品的测量有些困难。

五、自动元素分析

自动元素分析是进行物质纯度评价的重要方法之一,也是构成药物及其中间体分析的重要组成部分。自动元素分析主要有两个作用:一是确定化合物的元素组成,二是确定化合物的纯度。自动元素分析一般用元素分析仪测定完成。用元素分析仪进行元素分析时仅需极少量的样品,且可在短时间内一次性自动完成被测物质中各元素的定量分析,并由计算机计算出各种元素的百分率和输出分析结果。

第二节 药物及药物中间体的波谱分析

对药物及药物中间体进行结构测定,是为了从分子水平更好地认识药物及药物中间体。作为基本手段,对药物及药物中间体进行结构测定已经成为药物研究的重要组成部分。对药物及药物中间体的结构、性质和合成进行的研究帮助了人们对药物及药物中间体结构的认识,而对药物及药物中间体结构的深入了解又会对药物及药物中间体性质和合成的研究有促进作用。过去,主要依靠化学方法进行有机化合物的结构测定,即主要从有机化合物的化学性质和合成过程来获得对结构的认识。对于比较复杂的药物及药物中间体等精细有机化合物的分子结构来说,需要通过多种化学反应才能对其结构有一定程度的了解,并且所进行的实验工作也比较繁复,需要的用于进行分析的样品的数量较多,耗费的时间也比较长。例如鸦片中吗啡碱的结构测定,先后用了 50 多年才完全阐明。

近年来,运用物理方法、现代仪器分析方法进行药物及其中间体的分析,使用的样品用量可少至数微克甚至更少,分析所耗费的时间也大大缩短,这使得快速、准确地测定药物及其中间体的分子结构成为可能。

在有关现代仪器分析方法对药物及其中间体进行分析的方法中,红外光谱、紫外光谱、核磁共振谱及质谱方法的使用更为普遍。

一、红外光谱(IR)

红外光谱是分子对不同波长的红外区域电磁波吸收量的图示。红外区域是指波长为 $2.5\sim15\mu m$ 的区域,即波数为 $650\sim4000cm^{-1}$ 电磁波。红外光谱是用红外光谱仪测量波长和吸收光的量之间关系,最后画出的光谱图。

红外光谱主要用于迅速鉴定分子结构中含有哪些官能团,以及鉴别两个有机化合物是否相同。用红外光谱和其他几种波谱技术结合,可以在较短的时间内完成一些复杂的未知物结构的测定。

药物及药物中间体,作为有机化合物,其结构中的各种官能团在红外光谱中都有特征吸收峰。当用一束红外光照射某一物质时,该物质就能吸收一部分光能,并将其转变为分子的振动能量和转动能量,透过的光经单色器色散后,得到一条谱带。此时,以波长(波数)为横坐标,以透射比为纵坐标,将谱带记录下来,即得到该物质的红外光谱图。

液、固体样品均可进行分析,通常仅需几毫克样品量。液体样品进行 IR 分析的最简便的是液膜法,其过程是将一滴样品夹在两个盐片之间并使之成为极薄的液膜后,再进行测定。固体样品的测定有两种方法:一种是石蜡油研糊法,另一种是溴化钾压片法。需要指出,所有用作红外光谱分析的试样,都必须保证无水并有高的纯度,否则,由于杂质和水的吸收,使得到的光谱图变得无意义。特别强调的是,水不仅在 $3710cm^{-1}$ 和 $1630cm^{-1}$ 有吸收,而且对金属卤化物做的样品池也有腐蚀作用。

红外光谱对证明羟基、氨基、羧酸、羰基、氰基、双键、芳香环上氢及脂肪族氢、苯环上的取代程度均十分有效。解析药物及药物中间体的红外光谱图,是进行 IR 测定后的一项重要工作。为了便于图谱解析,通常把红外光谱分为两个区域,即官能团区和指纹区。波数 $1400\sim4000cm^{-1}$ 的频率为官能团区,吸收主要是由分子的伸缩振动引起的,常见的官能团在这个区域内一般都有特定的吸收峰。低于 $1400cm^{-1}$ 的区域称为指纹区,其间吸收峰的数目较多,是由化学键的弯曲振动和部分单键的伸缩振动引起的。吸收带的位置和强度随被分析的化合物不同而有所差异,如同人的指纹一样彼此不同。许多结构类似的化合物,在指纹区仍可找到它们之间的差异,因此指纹区对鉴定药物及药物中间体有着非常重要的作用,如果在未知物的红外光谱图中的指纹区的吸收峰与某一标准样品的吸收峰相同,就可以确定它与标准样品是同一化合物。

在进行 IR 谱图分析时,一般遵循以下原则:先看 $1500cm^{-1}$ 以上的官能团区峰,后看指纹区峰;先看高频区峰,后看低频区峰;先看强峰,后看弱峰,即先在官能团区找到最强的峰的归属,再在指纹区找出相关峰的归属。需要注意的是,对许多官能团来说,往往不是存在一个而是存在一组彼此相关的峰,这也就要求进行 IR 谱图归属时,除了要有主证,还需要有佐证,这样才能证实相应官能团的存在。

红外光谱应用在定性方面主要是用于辨别官能团的变化及去留以及未知纯样品与标准纯物质光谱的分析对照。在定量方面,它与紫外光谱一样,也是基于在某一定波长的光下,某一物质吸光度与其浓度呈线性关系。根据测定吸收峰尖处的吸光度 A 来进行定量分析,依次配制一系列不同浓度的标准样品溶液,在同样波长下测定吸光度,绘制关联曲线,即用 A 与浓度 c 的关联工作曲线或方程求含量。

目前人们已把已知化合物的红外光谱图陆续汇集成册(如 Sadtler 红外光谱数据库等),这给鉴定未知物带来了极大的方便。应该指出的是,红外光谱只能确定一个分子所含的官能团类型或化合物的类型,还不能确定分子的准确结构。如需准确确定其结构,还需借助其他波谱甚至化学方法的配合。

二、紫外光谱(UV)和荧光光谱

紫外光谱(UV)是指波长在 $200\sim400\,\mathrm{nm}$ 的电磁吸收光谱,对于具有大 π 电子云系统的化合物分析适用。并不是所有的有机化合物都能给出它们的紫外吸收光谱,只有具有共轭双键结构的化合物和芳香族化合物才能给出光谱。只有一个双键(或非共轭的几个孤立双键)的化合物,其吸收波长小于 $200\,\mathrm{nm}$,这样波长的紫外光因能被空气中的氧吸收,只能在真空中进行它们的 UV 分析,因而也被称为真空紫外。由于真空紫外的测定操作不便,而且仪器复杂,在实际测定工作中不常使用。如果用紫外和可见光照射含有共轭的不饱和化合物溶液,可以看到一部分光线被吸收了,就说明该化合物具有紫外活性。一个化合物紫外活性的大小或吸收光线的多少,取决于入射光的波长和化合物的结构。如果以波长(nm)为横坐标,以某一化合物对紫外、可见光的吸光度 A 为纵坐标(有时也用消光系数 E 或摩尔吸收系数 ε)作图,就可得到该化合物的紫外-可见光谱图。在进行有机化合物的 UV 分析时,常用饱和烃和乙醇作溶剂。

进行紫外测试的化合物的浓度一般是在 $10^{-5}\,\mathrm{mol/L}$ 左右。最大吸收波长 $\lambda_{\max}$ 和摩尔吸收系数 ε 值和吸光度是反映检定物质的常用参数。具有共轭双键的化合物,不管这个结构是全由碳组成还是夹有杂原子,在近紫外光谱中均出现 ε 值很高的 $\pi\rightarrow\pi^*$ 吸收峰。有些结构其 $\lambda_{\max}$ 值与结构的关系可由经验规律得出,如 Woodward Fieser 规则。

紫外光谱对鉴定化合物的结构远没有红外光谱重要。但紫外光谱也有其特点,一方面,对测定化合物中的共轭系统很有帮助,只有存在共轭体系的化合物才能产生紫外吸收光谱,而红外光谱则几乎对所有化合物都有吸收光谱。另一方面,具有共轭体系的化合物,虽然从紫外光谱的波形和吸收峰值可以辨别属于哪个类型,但无法像红外光谱那样进行更深入的辨别。紫外光谱可与红外光谱及其他光谱互相补充,在化合物的结构分析中发挥其重要作用。

(1) 发现化合物中具有共轭系统和芳香结构,这对确定新化合物和天然化合物的化学结构是重要的一环。如果一个未知化合物在近紫外光区是"透明"的($\varepsilon<10$),则不存在共轭系统、芳香结构或 $n\rightarrow\pi^*$,$n\rightarrow\sigma^*$ 等易于跃迁的基团。如果有吸收光谱,则根据其图形,有些可通过经验计算规律在各种可能的结构中推测出是哪一种;有些可与已发表的紫外光谱比较,观察与哪一类型的化合物相似,推测其可能具有相同或相似的结构部分。

(2) 对化合物的纯度进行鉴定。由于一般能吸收紫外光的物质,其 ε 值都很高,所以对一些近紫外透明的溶剂或化合物,如其中的杂质能吸收近紫外光的,只要其 $\varepsilon>2000$,检查的灵敏度便能达到 0.005%,这也表明这种方法在检查非紫外活性的化合物中是否存在杂质时十分方便和灵敏。例如乙醇在紫外和可见光区域没有吸收带,若含有少量苯时,则在 $255\,\mathrm{nm}$ 处便有吸收峰出现,因此就可以用这一方法进行乙醇中是否含有苯的分析。

(3) 对一些物质进行定量测定。一个有紫外吸收的化合物,其紫外吸光度与浓度 c 之间呈线性关系($A=\varepsilon c$)。由于一般具有紫外光谱的化合物的 ε 值都很高,且重复性好,因此用作定量分析,要比红外光谱法灵敏和准确。对于单组分物质,通常先测物质的吸收光谱,然后选择最大吸收波长 $\lambda_{\max}$ 进行定量测量。一个物质若有几个吸收峰,为保证灵敏度及准确性,可选择吸收峰较高,在此吸收峰处吸光度随波长变化小,且无其他杂质吸收的波长作为测定波长,并按一系列不同浓度的样品测定一系列吸光度,做出定量关联关系或方程进行定量分析。对于混合物,若各组分的最大吸收峰位置互不干扰,可按单组分定量;若各组分的最大吸收峰位置存在干扰,需按 A 与 εc 间关系方程求出含量,因为在两个峰有重叠处测得的 A 值是两者在此处的加和值。

共轭、刚性多环芳香化合物大都具有荧光,荧光测试的最低检测浓度在 10^{-9} mol/L 左右,因此荧光测试特别适用于微量、痕量分析,并且具有检测快速、试样用量少的特点。最大荧光发射波长、荧光强度或荧光量子产率是检定物质的常用参数。

定性分析中,激光光谱和发射光谱是荧光物质的特征光谱,确定两个物质是否一致,必须看两谱是否一致。定量分析中,低浓度下荧光强度与浓度间的近似线性关系是定量依据,关键在于强度,它们间的比例常数 $K(F=Kc)$,对单组分或多组分化合物的定量类似于紫外光谱分析。

三、核磁共振谱(NMR)

核磁共振谱是一类特殊类型的吸收光谱,它是由于磁性的原子核处于静态的外磁场中吸收了电磁辐射而产生。近几十年来,核磁共振仪的发展在测定分子结构上起了难以估量的作用,特别是对于碳架上的不同氢原子,用它可以准确地测定它们在化合物结构中的位置和数目。随着对化合物结构认识要求的提高,碳核的核磁共振谱也越来越显示它的重要性。

许多原子核具有核自旋的特性,如 ^{1}H、^{13}C、^{15}N、^{19}F、^{31}P 等,其中化学家最感兴趣的是 ^{1}H 和 ^{13}C。当这种具有核自旋特性的核在磁场中自旋时会产生磁矩,且它的磁矩相对于外加磁场有两种排列,一种是稳定的与外加磁场同向的低能区,另一种是反向的高能区。两种自旋状态的能量差 ΔE 与外加磁场的强度成正比:

$$\Delta E = rh/(2\pi) \times H_0$$

式中,r 为质子特征常数;h 为普朗克常数;H_0 为外加磁场强度。

与外加磁场方向相同的自旋吸收能量后可以跃迁到较高能级,变为与外磁场方向相反的自旋。电磁辐射可以有效地提供能量,当辐射能恰好等于跃迁所需的能量时,即 $E_{辐} = \Delta E$,就会发生这种自旋取向的变化,即核磁共振,此时用核磁共振仪进行测定时将产生吸收信号,将这种信号用记录器记下来就得到核磁共振谱。从理论上讲,无论是改变外加磁场的强度或者是改变辐射的无线电波的频率,都会达到质子翻转的目的。

测定有机化合物的核磁共振谱一般用液体样品或在溶液中进行。当所要测定的是 ^{1}H NMR 时,所使用的溶剂本身应不含氢原子,常用的溶剂有 D_2O、$CDCl_3$、$(CD_3)_2CO$、$(CD_3)_2SO$、CD_3CO_2D、CD_3CN 等,其中 $CDCl_3$ 能就所测样品的结构、组成、空间位置给出最多的信息。进行核磁共振谱分析时,通常需样品 5~10mg(氢谱),或 25~50mg(碳谱),氘代溶剂需 0.4~0.5mL。需要注意,进行核磁共振谱测定时,样品中活泼氢易被重氢交换掉,因此这些质子的信号常不出现。三氟醋酸是一种很好的溶剂,能溶解很多强酸性的样品,但对含很多羟基的化合物要引起脱水反应或其他副反应。

氢核在核磁共振谱中是最常见的也是最有用的核。这是因为几乎所有的有机化合物都含有氢原子,同时利用 ^{1}H NMR 谱图还可以得到以下三方面有用的信息:

(1) 信号经过积分而得到的吸收峰面积与样品中产生此信号的质子的数量成简单的

正比；

（2）谱图中吸收峰的位置（化学位移）决定于质子所连的原子或原子团；

（3）由于在外磁场的作用下，相邻质子的自旋产生了不同的局部磁场，于是使吸收信号裂分为若干峰，而裂分产生的峰的数目和裂分的距离与相邻质子数目及主体化学结构有关。

根据以上信息，可以推导出所分析的分子的可能结构。

^{13}C 核与 ^1H 核一样，具有自旋性和磁矩，能发生核磁共振。近几年由于进行核磁共振分析仪器的持续进步，^{13}C 核磁共振已逐渐变为有机化学家进行结构分析的常规手段之一。由于 ^{13}C 同位素含量极少（只有总碳量的 1.1%），以及 ^{13}C 的磁矩低等原因，^{13}C 的信号要比 ^1H 的信号弱 6000 倍。随着电子技术和计算机的发展，采用带有傅里叶变换的核磁共振仪（简称 F. T. NMR）可以成功地对有机化合物做常规测定，从而逐渐使 ^{13}C NMR 在有机结构测定上与 ^1H NMR 占有同等重要的位置。^{13}C NMR 分析技术有多种操作方法，最普通的一种是质子去偶的方法，也称宽带去偶。采用宽带去偶可以去掉 ^1H 核对 ^{13}C 核的自旋偶合，得到分子中不同环境碳的简单谱图，通过该法测得的谱图可以帮助确定化合物中碳的种类数，提供分子中各碳所处环境的报告，特别可以用于推测分子的对称性。另一常用的操作方法是偏共振去偶。偏共振去偶可获得与碳相连的氢与该碳偶合的谱图。因与碳相间的氢核偶合很弱，因此该法可以消除这种偶合的干扰。偏共振去偶可以给出更详细的报告。

四、质谱（MS）

分子的质谱是有机化学家进行有机化合物结构分析的另一种非常有用的手段。近年来发展起来的气相色谱-质谱联用仪（GC - MS 系统）和液相色谱-质谱联用仪（LC - MS 系统），使质谱的应用得到了更广泛的重视。这些联用仪不仅能分析单一的有机样品，还可以分析组成复杂的混合物样品。电子计算机技术的发展，使电子计算机已经成功地用于解析质谱数据，并构成了色谱-质谱-数据系统联用仪（GC - MS - DS 或 LC - MS - DS）。近年来，质谱正向着快速、高分辨、多功能和自动化方向发展。

在有机化合物的定性方面，质谱仪具有它独特的优点：样品需要量少，可直接进行混合物样品的分析测定。质谱可以测定有机化合物的相对分子质量、元素组成及分子结构。有机物分子在质谱仪中受到电子轰击，或以其他方式提供的能量达到该分子的电离能时，便失去一个电子，它在质谱图中表现出来的峰就称为分子离子峰。如果所供给的能量大大地超过了该电离能时，则过剩的能量将导致分子离子中某些键进一步断裂，并碎片化为碎片离子，而这些碎片离子在质谱图中表现出来的峰称为碎片离子峰。有机分子的碎片化规律直接受该有机分子结构特征的制约，因此质谱图中碎片离子的质量数和丰度可作为鉴定分子结构的"指纹"信息之一。

进行质谱分析时，一般都是用中性的无腐蚀性的溶剂，其中进行 GC - MS 分析时常用丙酮、正己烷，进行 LC - MS 分析时常用甲醇、水。

分辨率是质谱仪的主要性能指标，根据其高低，质谱仪分为高分辨率质谱仪和低分辨率质谱仪两类。单聚集质谱仪属低分辨率质谱仪，它仅可分开相对分子质量相差 1 的峰。双聚焦质谱仪属高分辨率质谱仪，可精确测定相对分子质量小数点后几位。凡能测得相对分子质量小数点后四位以上者可高效率地用于有机化合物的化学结构分析。

质谱分析主要测定的内容有：①相对分子质量；②分子式，分子式可利用氮规律、卤素取代物同位素规律、Beynon 同位素丰度法予以确定；③分子结构，此可由分子断裂规律予以推理确定。

色谱-质谱联用是一种很好的先分离，后定性成分分析的组合，它可在仪器上看到在特定操作条件下的具有多个组分峰的色谱图，如需知道某一组分峰的分子结构或相对分子质量，只需计算出此峰，查阅对应的质谱分析数据图，并通过与图库中的谱图对照或进行谱图的分析完成。

第三节　药物及药物中间体含量分析方法

药物及药物中间体的含量会直接影响到它们的质量，因此对药物及药物中间体进行含量分析非常重要。可用于药物及药物中间体的含量进行测定的方法有多种，如滴定法、液相色谱法、可见-紫外分光光度法、气相色谱法、柱层析法、折光率测定法、试纸法、红外光谱分析法和燃烧法等，其中用得最为广泛的是液相色谱法、可见-紫外分光光度法和气相色谱法等仪器分析方法。

一、气相色谱法

1. 气相色谱仪分析原理及其性能特点

气相色谱仪是一种多组分混合物的分离、分析工具，它是以气体为流动相，采用冲洗法的柱色谱技术。运行时，可以根据被分析试样中各组分在色谱柱中的流动相和固定相间的分配系数的不同，使汽化后的试样被载气带入色谱柱并在其中的两相间进行反复多次的分配（吸附-脱附-放出）而被分离。根据气相色谱仪固定相的差异，可以将气相色谱仪分为两类：一类是气固色谱仪，另一类是气液分配色谱仪。这两类色谱仪所分离的固定相不同，但仪器的结构是通用的。

实际分析时，待分析的样品在色谱柱顶端注入流动相，流动相带着样品进入色谱柱，故流动相又称为载气。载气在分析过程中是连续地以一定流速流过色谱柱的；而样品则只是一次一次地注入，每注入一次得到一次分析结果。样品在色谱柱中得以分离是基于热力学性质的差异。固定相与样品中的各组分具有不同的亲和力（对气固色谱仪是吸附力不同，对气液分配色谱仪是溶解度不同）。当载气带着样品连续地通过色谱柱时，亲和力大的组分在色谱柱中移动速度慢，亲和力小的则移动快。例如，由 A、B、C 三个组分组成的混合物样品，在载气刚将它们带入色谱柱时，三者是完全混合的；但经过一定时间，即载气带着它们在柱中走过一段距离后，三者开始逐渐分离。随着载气的继续前进，A、B、C 三个组分可被完全分离开。如果固定相对它们的亲和力是 A＞B＞C，那么移动速度将是 C＞B＞A。此时，走在最前面的组分 C 将首先进入紧接在色谱柱后的检测器，而后 B 和 A 也依次进入检测器。检测器对每个进入的组分都给出一个相应的信号，产生的信号经放大后并在记录器上描绘出各组分的色谱峰。将从样品注入载气为计时起点，到各组分经分离后依次进入检测器，检测器给出对应于各组分的最大信号(常称峰值)所经历的时间称为各组分的保留时间 t_R。实践证明,在条件(包括载气流速、固定相的材料和性质、色谱柱的长度和温度等)一定时,不同组分的保留时间 t_R 也是一定的。这样就可以依据试样中各组分保留时间(出峰位置)进行定性分析,或依据响应值(峰高或峰面积)对试样中各组分进行定量分析。

气相色谱仪主要有以下几方面性能特点:①高效能。可以分析沸点十分相近的组分和极为复杂的多组分混合物;②高选择性。通过选用高选择性的固定液可对性质极为相似的组分进行有效分离;③高灵敏度。配置高灵敏度的检测器可检测出 $10^{-13} \sim 10^{-11}$ g/mL 的物质,可用于痕量分析;④分析速度快。一次分析周期可为几分钟或十几分钟,某些快速分析几秒可以分析若干组分;⑤应用范围广。可以分析气体和易挥发的或可以转化为易挥发的液体和固体。

2. 色谱柱的类型和选择

气相色谱仪实际使用的固定相种类繁多,极性各不相同,而色谱柱对混合样品的分离能力往往取决于固定相的极性。常用的固定相有烃类、聚硅氧烷类、醇类、醚类、酯类以及腈和腈醚类等。与固定相相对应的是流动相。流动相是一种与样品和固定相都不发生反应的气体,一般为氮或氢气。

色谱柱(包括固定相)和检测器是气相色谱仪的核心部件。气相色谱柱有多种类型,可按色谱柱的材料、形状、柱内径的大小和长度、固定液的理化性能等进行分类。色谱柱使用的材料通常有玻璃、石英玻璃、不锈钢和聚四氟乙烯等,根据所使用的材质分别称之为玻璃柱、石英玻璃柱、不锈钢柱和聚四氟乙烯管柱等。在毛细管色谱中目前普遍使用的是玻璃柱和石英玻璃柱,后者应用范围最广。对于填充柱色谱,大多数情况下使用不锈钢柱,其形状有 U 形和螺旋形,使用 U 形柱时柱效较高。按照色谱柱内径的大小和长度,又可分为填充柱和毛细管柱。前者的内径在 $2 \sim 4$ mm,长度为 $1 \sim 10$ m 左右;后者内径在 $0.2 \sim 0.5$ mm,长度一般为 $25 \sim 100$ m。在满足分离度的情况下,为提高分离速度,现在也有人使用高柱效、薄液膜的 10 m 短柱。根据固定相的化学性能,色谱柱可分为非极性、极性与手性色谱分离柱等。手性色谱分离柱作为一类新近发展的色谱柱,其使用的手性固定相主要有手性氨基酸衍生物、手性金属配合物、冠醚、杯芳烃和环糊精衍生物等,其中以环糊精及其衍生物为色谱固定相的手性色谱分离柱,用于分离各种对映体十分有效,也是近年来发展极为迅速且应用前景相当广阔的一种手性色谱分离柱。

需要强调的是,进行气相色谱分析时,色谱柱的选择是至关重要的因素。同时,实际分析时,不仅要考虑被测组分性质和实验条件(例如柱温、柱压的高低),还应注意和检测器的性能相匹配。

3. 气相色谱仪的基本组成

气相色谱仪的基本构造有两部分,即分析单元和显示单元。前者主要包括气源及控制计量装置、进样装置、恒温器和色谱柱,后者主要包括检测系统和自动记录仪。气相色谱仪的主要组成部分有以下几方面:

(1) 载气系统　气相色谱仪中的气路是一个载气连续运行的密闭管路系统,它包括气源、气体净化、气体流速控制阀门和压力表等。整个载气系统要求载气纯净、密闭性好、流速稳定及流速测量准确。

(2) 进样系统　包括进样器、气化室(将液体样品瞬间气化为蒸气)等,其功能是把气体或液体样快速而定量地加到色谱柱上端。

（3）分离系统　包括色谱柱和柱温控制装置（色谱柱箱）等，其核心是色谱柱，它的作用是将多组分样品分离为单个组分。

（4）检测系统　包括检测器，控温装置等。检测器的作用是把被色谱柱分离的样品组分根据其特性和含量转化成电信号，经放大后由记录仪记录成色谱图。

（5）信号记录或微机数据处理系统　包括放大器、数据处理系统（色谱工作站）等。近年来气相色谱仪主要采用色谱数据处理机。色谱数据处理机可打印记录色谱图，并能在同一张记录纸上打印出处理后的结果，如保留时间、被测组分质量分数等。

（6）温度控制系统　用于控制和测量色谱柱、检测器、气化室的温度，是气相色谱仪的重要组成部分。

（7）操作系统　包括显示器、触摸式参数输入键盘等。

4. 常见检测器类型

（1）热导检测器

热导检测器（TCD）属于浓度型检测器，即检测器的响应值与组分在载气中的浓度成正比。它的基本原理是基于不同物质具有不同的热导系数，几乎对所有的物质都有响应，是目前应用最广泛的通用型检测器。由于在检测过程中样品不被破坏，因此可用于制备和其他联用鉴定技术。

（2）氢火焰离子化检测器

氢火焰离子化检测器（FID）利用有机物在氢火焰的作用下化学电离而形成离子流，借测定离子流强度进行检测。该检测器灵敏度高、线性范围宽、操作条件不苛刻、噪声小、死体积小，是有机化合物检测常用的检测器。但是检测时样品被破坏，一般只能检测那些在氢火焰中燃烧产生大量碳正离子的有机化合物。

（3）电子捕获检测器

电子捕获检测器（ECD）是利用电负性物质捕获电子的能力，通过测定电子流进行检测的。ECD具有灵敏度高、选择性好的特点。它是一种专属型检测器，是目前分析痕量电负性有机化合物最有效的检测器，元素的电负性越强，检测器灵敏度越高，对含卤素、硫、氧、羰基、氨基等的化合物有很高的响应。电子捕获检测器已广泛应用于有机氯和有机磷农药残留量、金属配合物、金属有机多卤或多硫化合物等的分析测定。它可用氮气或氩气作载气，最常用的是高纯氮。

（4）火焰光度检测器

火焰光度检测器（FPD）对含硫和含磷的化合物有比较高的灵敏度和选择性。其检测原理是，当含磷和含硫物质在富氢火焰中燃烧时，分别发射具有特征的光谱，透过干涉滤光片，用光电倍增管测量特征光的强度。

（5）质谱检测器

质谱检测器（MSD）是一种质量型、通用型检测器，其原理与质谱相同。它不仅能给出一般 GC 检测器所能获得的色谱图（总离子流色谱图或重建离子流色谱图），而且能够给出每个色谱峰所对应的质谱图。通过计算机对标准谱库的自动检索，可提供化合物分析结构的信息，故是 GC 定性分析的有效工具。常被称为色谱-质谱联用（GC - MS）分析，是将色谱的高分离能力与 MS 的结构鉴定能力结合在一起。

二、高效液相色谱法

1. 高效液相色谱仪分析原理及其性能特点

高效液相色谱法(High Performance Liquid Chromatography,HPLC)又称高压液相色谱、高速液相色谱、高分离度液相色谱、近代柱色谱等,是在经典色谱法的基础上,通过引进气相色谱理论发展起来的一种分析技术。高效液相色谱法是色谱法的一个重要分支,它以液体为流动相,采用高压输液系统,将具有不同极性的单一溶剂或不同比例的混合溶剂、缓冲液等流动相泵入装有固定相的色谱柱,在柱内各成分被分离后,进入检测器进行检测,从而实现对试样的分析。该方法已成为化学、医学、工业、农学、商检和法检等学科领域中重要的分离分析技术。

高效液相色谱法有"四高一广"的特点:

(1) 高压:液相色谱法以液体为流动相(称为载液),液体流经色谱柱,受到阻力较大,为了迅速地通过色谱柱,必须对载液施加高压。一般可达$(150\sim350)\times10^5$Pa。

(2) 高速:分析速度快、载液流速快。流动相在柱内的流速较经典色谱快得多,一般可达$1\sim10$mL/min。高效液相色谱法所需的分析时间较之经典液相色谱法少得多,通常分析一个样品在$15\sim30$min,有些样品甚至在5min内即可完成,一般小于1h。

(3) 高效:分离效能高。可选择固定相和流动相以达到最佳分离效果,比工业精馏塔和气相色谱的分离效能高出许多倍。

(4) 高灵敏度:高效液相色谱已广泛采用高灵敏度的检测器,进一步提高了分析的灵敏度。如紫外检测器灵敏度可达0.01ng/mL,荧光检测器灵敏度可达$10\sim3$ng/mL。用样量小,一般进样量在μL数量级。

(5) 应用范围广:气相色谱法与高效液相色谱法的比较:气相色谱法虽具有分离能力好、灵敏度高、分析速度快、操作方便等优点,但是受技术条件的限制,沸点太高的物质或热稳定性差的物质都难以应用气相色谱法进行分析。而高效液相色谱法,只要求试样能制成溶液,而不需要气化,因此不受试样挥发性的限制。对于高沸点、热稳定性差、相对分子质量大(大于400以上)的有机物(这些物质几乎占有机物总数的75%~80%),原则上都可应用高效液相色谱法来进行分离、分析。据统计,在已知化合物中,能用气相色谱分析的约占20%,而能用液相色谱分析的约占70%~80%。

此外高效液相色谱还有色谱柱可反复使用、样品不被破坏、易回收等优点。但高效液相色谱也有缺点,如存在"柱外效应";在从进样到检测器之间,除了柱子以外的任何死空间(进样器、柱接头、连接管和检测池等)中,如果流动相的流型有变化,被分离物质的任何扩散和滞留都会显著地导致色谱峰的加宽,柱效率降低;高效液相色谱检测器的灵敏度不如气相色谱。因此,高效液相色谱与气相色谱相比各有所长,实际应用中应做到相互补充。

2. 高效液相色谱的类型

高效液相色谱有吸附色谱(Absorption Chromatography)、分配色谱(Partition Chromatography)、离子色谱(Ion Chromatography)、分子排阻色谱/凝胶色谱(Size Exclusion Chromatography)、键合相色谱(Bonded-Phase Chromatography)和亲和色谱(Affinity Chromatography)等。

(1) 吸附色谱　吸附色谱常叫作液-固色谱(Liquid-Solid Chromatography,LSC),它是基于在溶质和用作固定固体吸附剂上的固定活性位点之间的相互作用。可以将吸附剂装填于柱中、覆盖于板上或浸渍于多孔滤纸中。吸附剂是具有表面积大的活性多孔固体,例如硅胶、氧化铝和活性炭等。活性点位例如硅胶的表面硅烷醇,一般与待分离化合物的极性官能团相互作用。分子的非极性部分(例如烃)对分离只有较小影响,所以液-固色谱十分适合于分离不同种类的化合物(例如醇类与芳香烃)的分离分析。

(2) 分配色谱　利用固定相与流动相之间对待分离组分溶解度的差异来实现分离。分配色谱的固定相一般为液相的溶剂,依靠涂布、键合、吸附等手段分布于色谱柱或者担体表面。分配色谱过程本质上是组分分子在固定相和流动相之间不断达到溶解平衡的过程。

(3) 离子色谱　是分析阴离子和阳离子的一种液相色谱方法。狭义而言,离子色谱是以低交换容量的离子交换树脂为固定相对离子性物质进行分离,用电导检测器连续检测流出物电导变化的一种色谱方法。一般是将改进后的电导检测器安装在离子交换树脂柱的后面,以连续检测色谱分离的离子。在离子交换树脂上分离离子,实质上取决于样品离子、移动相、离子交换官能团三者之间的关系。

(4) 分子排阻色谱/凝胶色谱　又称空间排阻色谱(SEC),是利用多孔凝胶固定相的独特性产生的一种,主要根据凝胶孔隙的孔径大小与高分子样品分子的线团尺寸间的相对关系而对溶质进行分离的分析的方法。分子排阻色谱又叫凝胶色谱。其分离性能主要取决于凝胶的孔径大小与被分离组分分子尺寸之间的关系,与流动相的性质没有直接的关系。样品分子与固定相之间不存在相互作用,色谱固定相是多孔性凝胶,仅允许直径小于孔径的组分进入,这些孔对于溶剂分子来说是相当大的,以致溶剂分子可以自由地扩散出入。样品中的大分子不能进入凝胶孔洞而完全被排阻,只能沿多孔凝胶粒子之间的空隙通过色谱柱,首先从柱中被流动相洗脱出来;中等大小的分子能进入凝胶中一些适当的孔洞中,但不能进入更小的微孔,在柱中受到滞留,较慢地从色谱柱洗脱出来;小分子可进入凝胶中绝大部分孔洞,在柱中受到更强的滞留,会更慢地被洗脱出;溶解样品的溶剂分子,其相对分子质量最小,可进入凝胶的所有孔洞,最后从柱中流出,从而实现具有不同分子大小样品的完全分离。

(5) 键合相色谱　是由液-液色谱法即分配色谱发展起来的。键合相色谱法将固定相共价结合在载体颗粒上,克服了分配色谱中由于固定相在流动中有微量溶解,及流动相通过色谱柱时的机械冲击,固定相不断损失,色谱柱的性质逐渐改变等缺点。键合相色谱法可分为正常相色谱法和反相色谱法。

(6) 亲和色谱　是将相互间具有高度特异亲和性的两种物质之一作为固定相,利用与固定相不同程度的亲和性,使成分与杂质分离的色谱法。可用于分离活体高分子物质、过滤性病毒及细胞。

3. 高效液相色谱仪的组成

高效液相色谱仪主要有进样系统、输液系统、分离系统、检测系统和数据处理系统等。

(1) 进样系统　一般采用隔膜注射进样器或高压进样间完成进样操作,进样量是恒定的。这对提高分析样品的重复性是有益的。

(2) 输液系统　该系统包括高压泵、流动相贮存器和梯度仪三部分。高压泵的一般压强为$(1.47\sim4.4)\times10^7\,Pa$,流速可调且稳定,当高压流动相通过层析柱时,可降低样品在柱中的扩散效应,可加快其在柱中的移动速度,这对提高分辨率、回收样品、保持样品的生物活性等都是有利的。流动相贮存器和梯度仪,可使流动相随固定相和样品的性质而改变,包括改变洗脱液的极性、离子强度、pH 值,或改用竞争性抑制剂或变性剂等。这就可使各种物质(即使仅有一个基团的差别或是同分异构体)都能获得有效分离。

(3)分离系统　该系统包括色谱柱、连接管和恒温器等。色谱柱一般长度为 10~50cm(需要两根连用时,可在两者之间加一连接管),内径为 2~5mm,由优质不锈钢或厚壁玻璃管或钛合金等材料制成,柱内装有直径为 5~10μm 粒度的固定相(由基质和固定液构成)。固定相中的基质是由机械强度高的树脂或硅胶构成的,它们都有惰性(如硅胶表面的硅酸基因基本已除去)、多孔性和比表面积大的特点,加之其表面经过机械涂渍(与气相色谱中固定相的制备一样),或者用化学法偶联各种基因(如磷酸基、季胺基、羟甲基、苯基、氨基或各种长度碳链的烷基等)或配体的有机化合物。因此,这类固定相对结构不同的物质有良好的选择性。

另外,固定相基质粒小,柱床极易达到均匀、致密状态,极易降低涡流扩散效应。基质粒度小,微孔浅,样品在微孔区内传质短。这些对缩小谱带宽度、提高分辨率是有益的。根据柱效理论分析,基质粒度小,塔板理论数 N 就越大,从而有利于提高分辨率。再者,高效液相色谱的恒温器可使温度从室温调到 60℃,通过改善传质速度,缩短分析时间,就可增加层析柱的效率。

(4)检测系统　高效液相色谱常用的检测器有紫外检测器、示差折光检测器和荧光检测器三种。其中紫外检测器适用于对紫外光(或可见光)有吸收性能样品的检测;其特点表现在使用面广(如蛋白质、核酸、氨基酸、核苷酸、多肽、激素等均可使用)、灵敏度高(检测下限为 10^{-10} g/mL)、线性范围宽、对温度和流速变化不敏感、可检测梯度溶液洗脱的样品。示差折光检测器可适用于所有与流动相折光率不同的样品组分的检测,其特点为通用性强、操作简单,但灵敏度低(检测下限为 10^{-7} g/mL),流动相的变化会引起折光率的变化,因此,它既不适用于痕量分析,也不适用于梯度洗脱样品的检测;目前糖类化合物的检测大多使用此检测系统。荧光检测器只适用于具有荧光的有机化合物(如多环芳烃、氨基酸、胺类、维生素和某些蛋白质等)的测定,其灵敏度很高(检测下限为 10^{-14} ~ 10^{-12} g/mL),痕量分析和梯度洗脱作品的检测均可采用。

(5)数据处理系统　该系统可对测试数据进行采集、贮存、显示、打印和处理等操作,使样品的分离、制备或鉴定工作能正确开展。

实际操作时,高压泵将贮液罐的流动相经进样器送入色谱柱中,然后从检测器的出口流出,这时整个系统就被流动相充满。当欲分离样品从进样器进入时,流经进样器的流动相将其带入色谱柱中进行分离,分离后不同组分依先后顺序进入检测器,记录仪将进入检测器的信号记录下来,得到液相色谱图。

三、基本术语

色谱图(Chromatogram):样品流经色谱柱和检测器,所得到的信号-时间曲线,又称色谱流出曲线(Elution Profile)。

基线(Base Line):经流动相冲洗,柱与流动相达到平衡后,检测器测出一段时间的流出曲线。一般情况下基线应平行于时间轴。

噪声(Noise)：基线信号的波动。通常因电源接触不良或瞬时过载、检测器不稳定、流动相含有气泡或色谱柱被污染所致。

漂移(Drift)：基线随时间的缓缓变化。主要由于操作条件如电压、温度、流动相及流量的不稳定所引起，柱内的污染物或固定相不断被洗脱下来也会产生漂移。

色谱峰(Peak)：组分流经检测器时响应的连续信号产生的曲线。流出曲线上的突起部分。正常色谱峰近似于对称形正态分布曲线(高斯曲线)。不对称色谱峰有两种：

前延峰(Leading Peak)和拖尾峰(Tailing Peak)。前者少见。

峰底：基线上峰的起点至终点的距离。

峰高(Peak Height, h)：峰的最高点至峰底的距离。

峰宽(Peak Width, W)：峰两侧拐点处所作两条切线与基线的两个交点间的距离。$W = 4\sigma$。

半峰宽(Peak Width at Half-height, $W_{h/2}$)：峰高一半处的峰宽。$W_{h/2} = 2.355\sigma$。

峰面积(Peak Area, A)：峰与峰底所包围的面积。

保留时间(Retention Time, t_R)：从进样开始到某个组分在柱后出现浓度极大值的时间。

理论塔板数(Theoretical Plate Number, N)：用于定量表示色谱柱的分离效率(简称柱效)。

分离度(Resolution, R)：相邻两峰的保留时间之差与平均峰宽的比值。也叫分辨率，表示相邻两峰的分离程度。$R \geqslant 1.5$ 称为完全分离。《中国药典》规定 R 应大于 1.5。

拖尾因子(Tailing Factor, T)：$T = W_{0.05h}/2d_1$(式中 $W_{0.05h}$ 为 5％峰高处的峰宽，d_1 为峰顶点至峰前沿之间的距离)。拖尾因子主要用以衡量色谱峰的对称性，也称为对称因子(Symmetry Factor)或不对称因子(Asymmetry Factor)。《中国药典》规定 T 应为 $0.95\sim1.05$。

第四节　典型药物及药物中间体分析实验

实验一　葡萄糖中一般杂质检查

一、实验目的与要求

1. 掌握目视比色法和比浊法进行杂质检查的方法和原理；
2. 掌握杂质限度试验的概念和计算方法；
3. 熟悉进行药物中一般杂质检查的手段、目的与意义。

二、实验原理

1. 鉴别试验

醛基或活泼酮基有还原性，能在碱性酒石酸铜(即 Fehling 试液)中将铜转化为砖红色氧化亚铜。无水葡萄糖、葡萄糖注射液、葡萄糖氯化钠注射液均可用此法鉴别。

2. 氯化物检查法

氯化物在含硝酸的酸性溶液中与硝酸银反应生成氯化银白色混浊液，与一定量标准氯化钠溶液和硝酸银在相同条件下产生的氯化银混浊程度比较,测定供试样品中氯化物的限量。

$$Cl^- + AgNO_3 \longrightarrow AgCl\downarrow + NO_3^-$$

3. 硫酸盐检查法

药物中微量的硫酸盐在稀盐酸酸性条件下与氯化钡反应,生成硫酸钡微粒显白色混浊,与一定量标准硫酸钾溶液在相同条件下产生的硫酸钡混浊程度比较,确定其硫酸盐量。

$$SO_4^{2-} + BaCl_2 \longrightarrow BaSO_4\downarrow + 2Cl^-$$

4. 亚硫酸盐与可溶性淀粉

葡萄糖加碘试液应显黄色,如有亚硫酸盐存在碘会褪色,如有可溶性淀粉,则呈蓝色。

5. 蛋白质检查

蛋白质为两性物质,在酸性环境中因构成蛋白质的氨基酸带正电荷,而磺基水杨酸根带负电荷,可与蛋白质结合沉淀而显示液体中有蛋白存在。磺基水杨酸能够使液体呈酸性,从而促使两者结合。

6. 钡盐检查法

药物中微量的钡离子在稀盐酸的酸性条件下与稀硫酸反应,生成硫酸钡微粒而显白色混浊,通过与一定量标准钡离子溶液在相同条件下产生的硫酸钡混浊程度比较确定钡盐限量。

$$Ba^{2+} + H_2SO_4 \longrightarrow BaSO_4\downarrow + 2H^+$$

7. 钙盐检查法

药物中微量的钙离子能与草酸铵试液反应,生成草酸钙微粒而显白色混浊,通过与一定量标准钙溶液在相同条件下产生的草酸钙混浊程度比较确定钙盐限量。

$$Ca^{2+} + C_2O_4^{2-} \longrightarrow CaC_2O_4\downarrow$$

8. 铁盐检查法

三价铁盐在酸性溶液中与硫氰酸铵生成红色可溶性硫氰酸铁配位离子,与一定量标准铁溶液用同法处理后所显的颜色进行比色,判断供试样品中铁盐是否超过标准。

$$Fe^{3+} + 6SCN^- \longrightarrow [Fe(SCN)_6]^{3-}（红色）$$

酸性条件主要是为了防止铁盐水解,加入过硫酸铵可使样品中 Fe^{2+} 氧化为 Fe^{3+},并能防止光线使硫氰酸铁还原或分解褐色。在有些样品(如葡萄糖)中,需使用硝酸氧化其中的 Fe^{2+} 为 Fe^{3+},则不需要加入过硫酸铵和盐酸。但是,由于硝酸中可能含有能与硫氰酸根显色的亚硝酸,因此加硝酸的样品溶液需加热煮沸以除去氧化氮。

9. 重金属检查法

重金属是指在实验条件下能与 S^{2-} 作用生成硫化物而显色的金属杂质,如银、铅、汞、铜、镉、铋、砷、锑、锡、锌、钴、镍等。在药品生产中常遇到的重金属是铅,而铅又会在体内累积中毒,因此药物中重金属检查时常以铅为代表。由于硫代乙酰胺在弱酸性(pH=3.5)条件下能水解产生硫化氢,可与重金属生成黄色至棕黑色的硫化物混悬液,与一定量标准铅溶液经同法处理后所呈颜色比较,判定供试品中重金属是否符合限量规定,因此在药物中重金属检查时常用硫代乙酰胺法。

$$CH_3CSNH_2 + H_2O \longrightarrow CH_3CONH_2 + H_2S$$
$$Pb^{2+} + H_2S \longrightarrow PbS\downarrow + 2H^+$$

本方法的适宜目视比色范围为 27mL 溶液中含铅 10～20μg，相当于标准铅溶液 1～2mL。实际检查中应根据规定含重金属的限量确定供试样品的取用量。

10. 砷盐检查法

常用古蔡氏法进行砷盐检查。其原理是金属锌与酸作用产生新生态的氢,新生态的氢与药物中微量砷盐反应,生成具有挥发性的砷化氢气体,砷化氢气体遇溴化汞(或氯化汞)试纸产生黄色至棕色的砷斑,通过与一定量标准砷溶液在同样条件下生成的砷斑比较,来判定药物中砷盐的含量。其反应式如下。

$$AsO_3^{3-}+3Zn+9\,H^+ \longrightarrow AsH_3+3Zn^{2+}+3H_2O$$
$$AsH_3+2HgBr_2 \longrightarrow 2\,HBr+AsH(HgBr)_2(黄色)$$
$$AsH_3+3HgBr_2 \longrightarrow 3\,HBr+As(HgBr)_3(棕色)$$

实验过程中,由于五价砷的反应较慢,可通过加入碘化钾及酸性氯化亚锡将其还原为三价砷后,碘化钾被氧化后生成的碘因被氯化亚锡还原而成为碘离子,使反应液中的碘化钾维持其还原性。

$$AsO_4^{3-}+2I^-+2H^+ \longrightarrow AsO_3^{3-}+I_2+H_2O$$
$$AsO_4^{3-}+Sn^{2+}+2H^+ \longrightarrow AsO_3^{3-}+Sn^{4+}+H_2O$$
$$I_2+\,Sn^{2+} \longrightarrow 2I^-+Sn^{4+}$$
$$4I^-+Zn^{2+} \longrightarrow [ZnI_4]^{2-}$$
$$Sn^{2+}+Zn \longrightarrow Sn+Zn^{2+}$$

溶液中的碘离子可与反应中产生的锌离子形成配合物,从而使生成砷化氢的反应不断进行。同时,氯化亚锡及碘化钾的存在可抑制锑化氢的生成,可避免锑化氢因与溴化汞(或氯化汞)作用生成锑斑对测定的干扰(在试验条件下 100μg 锑的存在不会干扰测定)。氯化亚锡又可与锌作用而在锌表面形成锌汞齐并起到去极化作用,从而可保证氢气能均匀而连续地发生。

需要注意的是,由于葡萄糖具有环状结构,有可能也与砷盐形成配合物,因此在进行砷检查前需加溴化钾-溴试液进行破坏,但溴是较强的氧化剂,所以在加入反应一段时间后必须除去残留的溴方可进行后续的操作,否则残留的溴可能氧化碘化钾并产生碘而干扰检查。

11. 酸度

葡萄糖是用淀粉为原料经无机酸或酶催化水解生成稀葡萄糖液,再经脱色和浓缩结晶得到,因此需要检查其酸性杂质的量。酸碱性杂质的检查可采用指示剂法、酸碱滴定法和pH 指示剂法。《中国药典》采用酸碱滴定法控制葡萄糖中酸性杂质,并规定在酚酞指示剂存在下,葡萄糖中酸性杂质消耗氢氧化钠标准滴定液(0.02mol/L)不得超过 0.20mL。

12. 乙醇溶液澄清度

因为葡萄糖能溶于热乙醇而糊精在乙醇中不溶,所以乙醇溶液澄清度可主要用于葡萄糖中的糊精量的控制与检测。

三、实验仪器与药品

水浴锅,比色管,量筒,烧杯,验砷仪;葡萄糖,硝酸,硝酸银,硫氰酸铵,醋酸盐缓冲液

(pH＝3.5),硫代乙酰胺,甘油,氢氧化钠,溴化钾,碘化钾,20 目[①]无砷锌粒,氯化亚锡,醋酸铅,溴化汞试纸,贝诺酯,对氨基酚,甲醇,碱性亚硝基铁氰化钠试验。

四、实验方法与步骤

1. 鉴别试验:取约 0.2g 供试样品,加水 5mL 溶解后,再缓缓滴入温热的碱性酒石酸铜试液中,观察红色氧化亚铜沉淀的生成情况。

2. 氯化物检查:取 0.60g 供试样品,加水溶解使成 25mL(溶液如显碱性,可滴加硝酸使其呈中性)溶液后,再加稀硝酸 10mL(如溶液不澄清,应进行过滤);将溶液置于 50mL 纳氏比色管中,并加水使成约 40mL,摇匀,即得供试液。另取标准氯化钠溶液(每 1mL 含相当于 $10\mu g$ 的 Cl)6.0mL,置于 50mL 纳氏比色管中,加稀硝酸 10mL,加水使成 40mL,摇匀,即得对照溶液。向供试溶液与对照溶液中分别加入硝酸银试液 1.0mL,用水稀释至 50mL,摇匀,在暗处放置 5min,同置于黑色背景上,从比色管上方向下观察并比较。

3. 硫酸盐检查:取 2.0g 供试样品,加水溶解成约 40mL 溶液(溶液如显碱性,可滴加盐酸使成中性;溶液如不澄清,应过滤);将溶液置于 50mL 纳氏比色管中,加 2mL 稀盐酸,摇匀,即得供试溶液。另取标准硫酸钾溶液(每 1mL 相当于 $100\mu g$ 的 SO_4^{2-})2.0mL,置于 50mL 纳氏比色管中,加水使成约 40mL,加稀盐酸 2mL,摇匀后即得对照溶液。向供试溶液与对照溶液中分别加入 25％氯化钡溶液 5mL,用水稀释至 50mL,充分摇匀,放置 10min 后同置于黑色背景上,从比色管上方向下观察并比较。

4. 亚硫酸盐与可溶性淀粉:取 1.0g 供试样品,加水 10mL 溶解后,加碘试液 1 滴,应立即显黄色。

5. 蛋白质检查:取 1.0g 供试样品,加水 10mL 溶解后,加磺基水杨酸溶液 3mL,观察是否有沉淀生成。

6. 钡盐检查:取 2.0g 供试样品,加水 20mL 溶解后,再将溶液分成两等份,一份中加稀硫酸 1mL,另一份中加水 1mL,摇匀,放置 15min,观察溶液澄清情况。

7. 钙盐检查:取 1.0g 供试样品,加水 10mL 溶解后,再加氨试液 1mL 与草酸铵试液 5mL,摇匀后放置 1h,观察混浊发生情况,并与标准钙溶液(精密称取碳酸钙 0.1250g,置于 500mL 量瓶中,加水 5mL 与盐酸 0.5mL 使其溶解,加水稀释至刻度,摇匀。每 1mL 相当于 0.1mg 的钙)1.0mL 制成的对照液比较。

8. 铁盐检查:取 2.0g 供试样品,加水 20mL 溶解后,再加硝酸 3 滴并缓慢煮沸 5min;放置冷却至室温后,再用水稀释制成 45mL 溶液,并加硫氰酸铵溶液 3.0mL,摇匀,观察显色情况并与 2.0mL 标准铁溶液用同一方法制成的对照液比较。

9. 重金属检查:取 25mL 纳氏比色管三支,甲管中加标准铅溶液(每 1mL 相当于 $10\mu g$ 的 Pb)2.0mL,醋酸盐缓冲液(pH＝3.5)2mL,加水稀释成 25mL;乙管中加供试样品 4.0g,加水适量溶解,加醋酸盐缓冲液(pH＝3.5)2mL,加水稀释成 25mL;丙管加供试样品 4.0g,加水适量溶解,加标准铅溶液(每 1mL 相当于 $10\mu g$ 的 Pb)2.0mL,加醋酸盐缓冲液(pH＝3.5)2mL,加水稀释成 25mL。各管分别加硫代乙酰胺试液 2mL,摇匀,再放置 2min 后同置白纸上,自上向下透视,当丙管中显出的颜色不浅于甲管时,再将乙管中显示的颜色与甲管

---

① 1 目为 1cm² 上具有的孔数。

比较。要求重金属含量不得超过 0.0005％。

10. 砷盐检查：取 2.0g 供试样品置于检砷瓶中,加水 5mL 溶解后,加稀硫酸 5mL 与溴化钾溴试液 0.5mL,置于水浴上加热约 20min,并使保持稍过量的溴存在(必要时再补加溴化钾溴试液适量,并随时补充蒸发的水分);将溶液放置冷却至室温后,再加盐酸 5mL 与适量水使成 28mL;加碘化钾试液 5mL 及酸性氯化亚锡试液 5 滴,在室温放置 10min 后,加锌粒 2g,迅速将瓶塞塞紧(瓶塞上已安放好装有醋酸铅棉花及溴化汞试纸的检砷管),保持反应温度在 25～40℃(视反应快慢而定,但不应超过 40℃);45min 后,取出溴化汞试纸,将生成的砷斑与标准砷斑比较。砷盐含量不得超过 0.0001％。

标准砷对照液的制备：精密量取标准砷溶液(每 1mL 相当于 1μg 的 As)2mL,置于检砷瓶中,分别加盐酸 5mL 与水 21mL,并按照供试样品的制备过程,加碘化钾试液 5mL 及酸性氯化亚锡试液 5 滴,在室温放置 10min 后,加锌粒 2g,迅速将瓶塞塞紧(瓶塞上已安放好装有醋酸铅棉花及溴化汞试纸的检砷管),保持反应温度在 25～40℃(视反应快慢而定,但不应超过 40℃);45min 后,取出溴化汞试纸,得到标准砷斑。

11. 酸度

取 2.0g 供试样品,加水 20mL 溶解后,加酚酞指示液 3 滴和 0.02mol/L 的标准氢氧化钠滴定液 0.20mL,如显示粉红色则说明符合要求。

12. 乙醇溶液澄清度

取 1.0g 供试样品,加入乙醇 20mL 后再水浴加热回流约 40min,溶液如保持澄清透明说明符合要求。

13. 干燥失重

将供试样品置于 105℃干燥箱中干燥至恒重,减少的重量应在 7.5％～9.5％之间。

14. 溶液的澄清度与颜色

取 5.0g 供试样品,加热水溶解后放置冷却后再用水稀释至 10mL。溶液如澄清无色即符合要求;如显混浊,与 1 号浊度标准液比较,不得更浓;如显色,与对照液(取比色用氯化钴液 3.0mL,比色用重铬酸钾液 3.0mL 与比色用硫酸铜液 6.0mL,加水稀释成 50mL)1.0mL 加水稀释至 10mL 比较,如不深于对照液,说明颜色符合要求。

注意事项

1. 试验比浊方法是将两管同置于黑色背景上,从上向下垂直观察;比色方法是将两管同置于白色背景上,从侧面或自上而下观察;而且所用比色管刻度高度应一致。

2. 亚硫酸盐与可溶性淀粉项,如存在亚硫酸盐时碘试液褪色,存在可溶性淀粉时溶液呈蓝色。

五、典型试液的配制与要求

1. 酚酞指示液：取酚酞 1g,加乙醇 100mL 使溶解。

2. 氢氧化钠滴定液：0.02mol/L。

3. 稀硝酸：取硝酸 10.5mL,加水稀释至 100mL,其中 HNO_3 质量分数为 9.5％～10.5％。

4. 稀盐酸：取盐酸 23.4mL,加水稀释至 100mL,其中盐酸质量分数为 9.5％～10.5％。

5. 硝酸银溶液(0.1mol/L)：称取 1.75g 硝酸银溶于 100mL 水中。

6. 标准氯化钠溶液(10μgCl/mL):称取氯化钠 0.165g 置于1000mL 容量瓶中,加水适量使其溶解并稀释至刻度,摇匀后作为储备液;精密量取储备液 10mL 置于 100mL 容量瓶中,加水稀释至刻度并摇匀。

7. 碘试液:取碘 13.0g,加碘化钾 36g 与水 50mL 溶解后,再加盐酸 3 滴和适量水使成 1000mL,摇匀后再用垂熔玻璃器过滤。

8. 硫氰酸铵溶液:取硫氰酸铵 30g,加水使溶解成 100mL。

9. 标准铁溶液(每 1mL 相当于 10μg 的 Fe):称取硫酸铁铵(FeNH$_4$(SO$_4$)$_2$·12H$_2$O) 0.863g,置于 1000mL 容量瓶中,加水溶解后,再加硫酸 2.5mL,用水稀释至刻度,摇匀后作为储备液;临用前,精密量取储备液 10mL 置于 100mL 容量瓶中,加水稀释至刻度并摇匀,即得。

10. (1)比色用重铬酸钾液:取重铬酸钾,研细后再在 120℃ 干燥至恒重;精密称取 0.40g 置于 500mL 容量瓶中,加适量水溶解并稀释至刻度并摇匀,即得1mL 溶液中含 0.800mg 的 K$_2$Cr$_2$O$_7$ 的溶液。

(2)比色用硫酸铜液:取硫酸铜约 32.5g,加适量的盐酸溶液使其溶解成 500mL 溶液;精密量取 10mL 溶液置于碘量瓶中,加水 50mL、醋酸 4mL 与碘化钾 2g,用硫代硫酸钠滴定液(0.1mol/L)滴定,至近终点时,加淀粉指示液 2mL,继续滴定至蓝色消失(每 1mL 硫代硫酸钠滴定液(0.1mol/L)相当于 24.97mg 的 CuSO$_4$·5H$_2$O)。根据上述测定结果,在剩余的原溶液中加适量的盐酸溶液,使每毫升溶液中适含 62.4mg 的 CuSO$_4$·5H$_2$O。

(3)比色用氯化钴液:取氯化钴约 32.5g,加适量的盐酸溶液使其溶解成 500mL 溶液;精密量取 2mL 溶液置于锥形瓶中,加水 200mL,摇匀,加氨试液至溶液由浅红色转变至绿色后,加醋酸-醋酸钠缓冲液(pH=6.0)10mL,加热至 60℃,再加二甲酚橙指示液 5 滴,用乙二胺四醋酸二钠滴定液(0.05mol/L)滴定至溶液显黄色(每毫升乙二胺四醋酸二钠滴定液(0.05mol/L)相当于 11.90mg 的 CoCl$_2$·6H$_2$O)。根据上述测定结果,在剩余的原溶液中加适量的盐酸溶液,使每毫升溶液中含 59.5mg CoCl$_2$·6H$_2$O。

六、思考题

1. 比色比浊操作应遵循什么原则?
2. 砷盐的检查中加入各种试剂起什么作用?
3. 进行葡萄糖的铁盐检查时,在加入显色剂之前应如何操作?为什么?
4. 本实验涉及的项目中,哪些属于一般杂质检查?哪些属于特殊杂质检查?

实验二　乙酰水杨酸和盐酸普鲁卡因注射液中特殊杂质检查

一、实验目的与要求

1. 熟悉乙酰水杨酸和盐酸普鲁卡因注射液等药物中的特殊杂质类型。
2. 掌握乙酰水杨酸和盐酸普鲁卡因注射液中特殊杂质检查的操作方法。

二、实验原理

1. 乙酰水杨酸中游离水杨酸的检查

乙酰水杨酸是以苯酚钠为原料经 Kolbe-Schmitt 反应生成水杨酸钠后,再经酸化和酚羟基乙酰化反应而制得。

乙酰水杨酸中的主要杂质是水杨酸。游离水杨酸是生产中未反应的原料或乙酰水杨酸贮存过程中的水解产物,它对人体有毒性,而且由于其分子中的酚羟基在空气中逐渐被氧化而成为淡黄到红棕甚至深棕色的一系列有色的醌型化合物,并使乙酰水杨酸变色。

检查原理:利用水杨酸具有酚羟基,可与高铁盐溶液作用形成紫蓝色,而乙酰水杨酸因无酚羟基而不呈此反应的特点进行检查。

本反应极为灵敏,可检出 $1\mu g$ 的游离水杨酸。

2. 盐酸普鲁卡因注射液中对氨基苯甲酸的检查

盐酸普鲁卡因分子中含酯键,因此盐酸普鲁卡因注射液在贮藏期间,普鲁卡因易水解。盐酸普鲁卡因注射液在贮存过程中的稳定性与溶液的 pH、贮存温度、容器玻璃质量、空气中氧以及光线照射等有密切关系。如 pH 为 6 的溶液,于 37℃放置 40 天后,分解率为 4.3%～4.6%;如溶液 pH 在 4.0～5.0 之间,久贮后仍较稳定,但保存不当和受空气及光线影响也仍会使溶液变黄。已变色的溶液或对氨基苯甲酸脱羧引起苯胺的生成,不仅疗效下降,且毒性增加。所以,对盐酸普鲁卡因注射液应严格控制其质量。我国药典规定盐酸普鲁卡因注射液的 pH 应为 3.5～5.0。

检查对氨基苯甲酸的方法曾采用溶剂抽提后再用比色法检查的方法,操作麻烦、费时。

《中国药典》1985 年版至 2005 年版则采用薄层色谱法检查。利用薄层色谱法的高分离效能，将对氨基苯甲酸与盐酸普鲁卡因等物质分离后，喷以对二甲氨基苯甲醛溶液，在冰醋酸存在下与对氨基苯甲酸缩合形成 Schiff 氏碱而呈有色斑点，并同时与对照品溶液的主斑点进行比较。

选用实际存在的待检杂质作为对照标准样进行药物中特殊杂质检查的方法较为理想，因为对照品与杂质系同一种物质，其色谱行为相同。

三、实验方法与步骤

1. 乙酰水杨酸中游离水杨酸的检查

取乙酰水杨酸 0.10g，加乙醇 1mL 溶解后，再加适量蒸馏水，并立即加新制的稀硫酸铁铵溶液 1mL，使溶液成 50mL 后摇匀，30s 内如显色，与对照液（精密量取标准水杨酸溶液 1mL，加乙醇 1mL，水 48mL 及新制的稀硫酸铁铵溶液 1mL，摇匀）比较，合格的乙酰水杨酸样品的颜色应不得更深于对照样。

稀硫酸铁铵溶液配制方法：取盐酸溶液 1mL，加硫酸铁铵指示液 2mL 后，再加水适量使其成 100mL 溶液。标准水杨酸溶液配制方法：精密称取水杨酸 0.10g，加水溶解后，再加冰醋酸 1mL 并摇匀，最后再加水使其成 1000mL 的均一溶液。

2. 盐酸普鲁卡因注射液中对氨基苯甲酸的检查

精密量取盐酸普鲁卡因注射液，加乙醇稀释使成每 1mL 中含盐酸普鲁卡因 2.5mg 的溶液，作为供试品溶液。另取对氨基苯甲酸（加乙醇制成每 1mL 含 30μg 的溶液）作为对照品溶液。按照薄层色谱法（《中国药典》2005 年版附录）试验，吸取上述两种溶液各 10μL，分别点于含有羧甲基纤维素钠为黏合剂的硅胶 H 薄层板上，用苯-冰醋酸-丙酮-甲醇（体积比为 14：1：1：4）为展开剂。展开后，取出晾干，用对二甲氨基苯甲醛溶液（2% 对二甲氨基苯甲醛乙醇溶液 100mL，加入冰醋酸 5mL 制成）喷雾显色。将供试溶液的显色情况与对照品相应的杂质斑点比较，比较主要斑点的颜色与对照品溶液的主斑颜色，如供试样品的颜色浅于对照品的斑点颜色，即认为符合要求。

四、思考题

1. 乙酰水杨酸中游离水杨酸检查的基本原理是什么？
2. 盐酸普鲁卡因注射液中为什么要检查对氨基苯甲酸？
3. 盐酸普鲁卡因注射液中对氨基苯甲酸与对二甲氨基苯甲醛显色的产物是什么？

实验三　双相滴定法测定水杨酸钠含量

一、实验目的与要求

1. 掌握双相滴定法的基本原理。
2. 掌握双相滴定法的基本操作。

二、实验原理

水杨酸钠为水杨酸的碱金属盐,易溶于水,可采用盐酸标准液定量滴定。但滴定产物游离水杨酸不溶于水,在滴定过程中妨碍终点的观察。因此,将精密称量的样品置于分液漏斗中,加水溶解后,以甲基橙为指示剂,加入有机溶剂(例如乙醚等),然后采用盐酸标准溶液滴定并同时用强力振摇,这样就可将滴定中生成的水杨酸不断萃取入有机溶剂中并同时降低水杨酸的离解。为使滴定完全,最后将有机层分出并用水洗涤,使可能混溶于有机层中的盐洗出,洗液并入水层,再另加入有机溶剂,继续以盐酸标准液滴定至水层显持续的橙红色。

$$
\text{(COONa, OH)} + HCl \rightleftharpoons \text{(COOH, OH)} + NaCl
$$

指示剂除用甲基橙外,也可用溴酚蓝,终点变化较为明显。

三、实验方法与步骤

精密称取约 1.5g 水杨酸钠$(C_7H_5O_3Na)$样品置于 250mL 分液漏斗中,加蒸馏水约 25mL 溶解后,再加入 35mL 乙醚与一滴甲基橙指示液,用标准盐酸溶液(0.5mol/L)滴定,并边滴边用强力振摇,至水层显橙红色,分出水层,并置于 250mL 带磨口塞的锥形瓶中;用 5mL 蒸馏水洗涤乙醚层,并将洗液并入锥形瓶中,同时加 10mL 乙醚并继续用盐酸溶液(0.5mol/L)滴定,边滴边用强力振摇,至水层显持续的橙红色。每 1mL 的标准盐酸液(0.5mol/L,需标定)相当于 80.05mg 的 $C_7H_5O_3Na$。

含量计算公式:

$$
\omega(C_7H_5O_3Na) = \frac{T \cdot V_{HCl} \cdot f}{\text{样品量}} \times 100\%
$$

式中,T 为滴定度;V_{HCl} 为消耗滴定液体积;f 为滴定液浓度校正因子。

四、思考题

1. 水杨酸钠的含量测定,采用盐酸标准溶液直接滴定时,有什么缺点?
2. 双相滴定操作关键是什么?
3. 双相滴定法还能适用于哪些药物的含量测定?

实验四 固体药物制剂的常规检查

一、实验目的与要求

1. 熟悉固体药物制剂中片剂和胶囊剂的常规检查项目。
2. 掌握片剂的常规检查操作方法。
3. 掌握胶囊剂的常规检查操作方法。
4. 掌握干燥失重测定的操作技能。

二、实验原理

1. 片剂的常规检查

（1）重量差异检查

片剂的重量差异指按规定称量方法测定每片的重量与平均片重之间的差异程度。

《中国药典》(2010 年版)规定片剂重量差异不得超过下表限度的规定。

片剂的重量差异限度要求

平均片重或标示片重	重量差异限度
0.30g 以下	±7.5%
0.30g 及 0.30g 以上	±5%

（2）崩解时限检查

崩解指固体制剂在检查时限内全部崩解溶散或成碎粒,除不溶性包衣材料或破碎的囊壳外,应通过筛网。

测定时使固体制剂在液体介质中,随着崩解仪器吊篮的上下移动,发生崩解成碎粒、溶化或软化的现象,以供试样品通过筛网或软化的时间来控制。

2. 胶囊剂的常规检查

（1）装量差异检查

胶囊剂的装量差异指按规定称量方法测定每粒胶囊的内容物的装量与平均装量之间的差异程度。

《中国药典》(2010 年版)规定胶囊剂装量差异不得超过下表限度的规定。

胶囊剂的装量差异限度要求

平均装量	重量差异限度
0.30g 以下	±10%
0.30g 及 0.30g 以上	±7.5%

（2）崩解时限检查

检查方法与片剂相同。

3. 干燥失重测定法

干燥失重是指药物在规定条件下,经干燥后所减失的重量。根据所减失的重量和取样量计算供试品干燥失重的百分率。干燥失重检查法主要控制药物中的水分,也包括其他挥发性物质(如乙醇等)。

三、试剂与器材

1. 材料

维生素 B1 片(规格 10mg),对乙酰氨基酚片(规格 0.5g),诺氟沙星胶囊(规格 0.1g)。

2. 器材

烧杯(1000mL 2 只),电子天平,崩解时限测定仪,电热恒温干燥箱,温度计(2 根),研钵,扁形称量瓶(8 只),培养皿(4 个),干燥器(1 只)。

四、实验方法与步骤

1. 性状

观察维生素 B1 片的性状,合格品应为白色片。

观察对乙酰氨基酚片的性状,合格品应为白色片。

观察诺氟沙星胶囊的性状,合格品的内容物应为白色至淡黄色颗粒或粉末。

2. 片剂的常规检查

(1) 重量差异检查

分别取维生素 B1 片 20 片、对乙酰氨基酚片 20 片,精密称定总重量,求得平均片重后,再分别精密称定每片的重量,每片重量与平均片重相比较,按表中的规定,超出重量差异限度的不得多于 2 片,并不得有 1 片超出限度 1 倍。

(2) 崩解时限检查

将吊篮通过上端的不锈钢轴悬挂于金属支架上,浸入 1000mL 烧杯中,烧杯内盛有温度为(37±1)℃的水,调节吊篮位置使其下降时筛网距烧杯底部 25mm,并调节水位高度使吊篮上升时筛网在水面下 15mm 处,同时使升降的金属支架上下移动距离为(55±2)mm,往返频率为每分钟 30~32 次。

取维生素 B1 片 6 片、对乙酰氨基酚片 6 片,分别置于上述吊篮的玻璃管中,启动崩解仪进行检查,各片均应在 15min 内全部崩解。如有 1 片不能完全崩解,应另取 6 片复试,均应符合规定。

3. 胶囊剂的常规检查

(1) 装量差异检查

取诺氟沙星胶囊 20 粒,分别精密称定重量后,倾出内容物(不得损失囊壳),再分别精密称定囊壳重量,求得每粒内容物的装量与平均装量。将每粒的装药量与平均装量药相比较。按表中的规定,超出装量差异限度的不得多于 2 粒,并不得有 1 粒超出限度 1 倍。

(2) 崩解时限检查

取诺氟沙星胶囊 6 粒,按片剂的装置与方法(如胶囊漂浮于液面,可加挡板)检查。硬胶囊应在 30min 内全部崩解。如有 1 粒不能完全崩解,应另取 6 粒复试,均应符合规定。

4. 干燥失重

取已检查过重量差异的对乙酰氨基酚片 8 片,研细后取粉末约 1.0g,置于 105℃ 干燥箱中干燥至恒重的扁形称量瓶中,精密称定。将供试样品平铺于瓶底,同时将称量瓶放入洁净的培养皿中,取下瓶盖并置于称量瓶旁边后,再将其放入恒温干燥箱内,调节温度至 105℃(±2℃),干燥 2～4h。取出后迅速盖好瓶盖,置于干燥器内放冷至室温,迅速精密称重。计算减失重量。

注意事项

1. 片剂的重量差异限度和胶囊剂装量差异限度的判断,首先应确定片剂(或胶囊剂)的平均片重(或平均装量)是 0.3g 以上还是以下,再根据要求计算出片重(或装量)的允许上限和下限,把精密称定的 20 片(或 20 粒)的重量与这个上、下限比较,做出判断。

2. 干燥失重试验时,供试品颗粒较大或结块,应研细后干燥;称量时应尽量缩短称量时间,防止供试品吸收空气中的水分,特别是空气中湿度较大时,更须注意。

五、思考题

1. 平均重量在 0.3g 以上和 0.3g 以下的胶囊剂,装量差异限度分别为多少?

2.《中国药典》(2010 年版)规定,凡检查含量均匀度的制剂,不再做哪一项检查?凡规定检查溶出度、释放度或融变时限的制剂,不再做哪一项检查?

实验五　甲硝唑片的鉴别和含量测定

一、实验目的与要求

1. 掌握甲硝唑片的鉴别原理及方法。

2. 熟悉紫外分光光度法测定甲硝唑片含量的基本原理、操作方法及其相关计算。

3. 了解排除片剂中常用辅料干扰的操作方法。

二、实验原理

1. 鉴别

甲硝唑结构中的咪唑环显碱性,在酸性条件下可与某些试液(如三硝基苯酚试液等)生成有色沉淀,可用于鉴别;甲硝唑在酸碱溶液中加热时呈不同的颜色,可用于鉴别(此为芳香性硝基化合物的一般反应);甲硝唑结构中的咪唑环为共轭体系,在一定的紫外光区有特征吸收,可供鉴别。

甲硝唑结构:

2. 含量测定

根据甲硝唑能产生紫外吸收的性质,将甲硝唑样品用盐酸溶液配成稀溶液,并用紫外-可见分光光度计测定其最大吸收波长。在甲硝唑的最大吸收波长处测定其吸收度,根据吸收度与浓度的关系,用紫外分光光度法中的吸收系数法计算含量。

含量测定时,可利用甲硝唑能溶于盐酸溶液中,而片剂中的赋形剂不溶,通过过滤消除赋形剂对测定的干扰。

三、试剂与器材

1. 材料

甲硝唑片(规格 0.2g)

2. 试剂

(1)氢氧化钠试液:取氢氧化钠 4.3g,加 100mL 水使其溶解成均一溶液;(2)稀盐酸:取盐酸 234mL,加水稀释至 1000mL;(3)三硝基苯酚试液:三硝基苯酚的饱和水溶液;(4)硫酸溶液:取硫酸 3.0mL,加水稀释至 100mL;(5)盐酸溶液:取盐酸 9.0mL,加水稀释至 1000mL。

3. 器材

量筒(100mL 1 个);刻度吸管(5mL 2 支、10mL 2 支);容量瓶(100mL 1 个;200mL 1 个);移液管(2mL 1 支、5mL 1 支);烧杯(50mL 3 只);试管(25mL 2 支、50mL 2 支);量杯(1000mL 1 只);研钵;分光光度计;电子天平;电炉。

四、实验方法与步骤

1. 性状

观察甲硝唑片的性状,合格品应为白色或类白色片。

2. 鉴别

(1)取甲硝唑片的细粉适量(约相当于甲硝唑 10mg),加氢氧化钠试液 2mL 并微热,即得紫红色溶液;滴加稀盐酸使成酸性,应变成黄色,再滴加过量氢氧化钠试液即变成橙红色。

(2)取甲硝唑片的细粉适量(约相当于甲硝唑 0.2g),加硫酸溶液 4mL,振摇使甲硝唑溶解,过滤并向滤液中加入三硝基苯酚试液 10mL,放置后即生成黄色沉淀。

(3)取用含量测定项下的溶液,按照紫外-可见分光光度法测定,在 277nm 的波长处有最大吸收(可用带全扫描的紫外可见分光光度计测定)。

3. 含量测定

取甲硝唑片 10 片,精密称定,研细;精密称取适量的样品(约相当于甲硝唑 50mg)置于 50mL 容量瓶中,加约 40mL 盐酸溶液,微温使甲硝唑溶解后,再加盐酸溶液并稀释至刻度;摇匀并用干燥滤纸滤过,精密量取滤液 1.25mL 置于 50mL 容量瓶中,并加盐酸溶液稀释至刻度,摇匀。取该溶液置于 1cm 厚的石英吸收池中,以相同盐酸溶液为空白,在 277nm 的波长处测定吸收度,按 $C_6H_9N_3O_3$ 的吸收系数为 377 计算,即得甲硝唑片的含量。《中国药典》(2010 年版)规定甲硝唑片中甲硝唑($C_6H_9N_3O_3$)的质量分数为标示量的 93.0%~107.0%。

五、含量计算

在紫外分光光度法测定片剂时,根据朗伯-比尔定律:$A=EcL$,有

$$c=\frac{A}{E\times L}=\frac{A}{377\times L}$$

上式表示 100mL 供试溶液中所含甲硝唑的量(g),则 1mL 中所含甲硝唑的量(g)为

$c=\dfrac{A}{377 \times L} \times \dfrac{1}{100}$。故每片含甲硝唑的量为

$$\dfrac{\dfrac{A}{377L} \times \dfrac{1}{100} \times V \times D \times 平均片重}{W}$$

式中，V 为供试溶液原始体积(mL)；D 为稀释倍数；W 为称取供试样品的量(g)。

甲硝唑片占标示量的百分数可按下式求得：

$$标示量\% = \dfrac{\dfrac{A}{377L} \times \dfrac{1}{100} \times V \times D \times 平均片重}{W \times 标示量} \times 100\%$$

六、思考题

1. 测定甲硝唑片中甲硝唑含量时，用什么方法除去辅料对测定结果的干扰？
2. 试述甲硝唑片鉴别试验的原理。

实验六　紫外分光光度法测定布洛芬片含量

一、实验目的与要求

1. 掌握紫外-可见分光光度计的测量原理和使用方法。
2. 掌握用紫外分光光度法测定药物含量的操作方法及要求。

二、实验原理

具有不饱和结构的有机化合物(如芳香族化合物等)，在紫外区(200～400nm)有特征吸收，可为化合物的鉴定提供有用的信息。布洛芬分子结构中含有苯环，在 264nm 和 272nm 处有明显吸收，但因 272nm 处吸收度值小，而 264nm 处吸收度值在 0.3～0.7 之间，故选 264nm 作为测定波长。

布洛芬为消炎镇痛药，主要用于关节痛、肌肉痛、神经痛、头痛、牙痛等的治疗。在《中国药典》收载的用于其原料与片剂含量测定的方法是以中性乙醇为溶剂的中和滴定法，操作较为烦琐。本实验以氢氧化钠溶液为溶解介质，采用紫外分光光度法测定布洛芬片的含量。与《中国药典》收载的方法相比，本实验具有方法简便、结果准确的特点。

三、实验仪器与药品

紫外-可见分光光度计，1cm 带盖石英吸收池。
布洛芬对照品、布洛芬药片、分析纯氢氧化钠。

四、实验方法与步骤

1. 标准溶液的制备

精密称取布洛芬对照品 500mg 置于 100mL 容量瓶中，加 0.4% 的氢氧化钠溶液溶解并稀释至刻度，摇匀，过滤。精密量取滤液 2mL、4mL、5mL、8mL、10mL 分别置于 100mL 容量瓶中，并加 0.4% 的氢氧化钠溶液稀释至刻度，摇匀后即得到质量体积浓度分别为

$0.10mg \cdot mL^{-1}$、$0.20mg \cdot mL^{-1}$、$0.25mg \cdot mL^{-1}$、$0.40mg \cdot mL^{-1}$ 和 $0.50mg \cdot mL^{-1}$ 的标准溶液。

2. 选择测定波长

选取 $0.25mg \cdot mL^{-1}$ 的溶液,按照紫外-可见分光光度法,以 0.4% 的氢氧化钠溶液为参比溶液,用 1cm 石英吸收池测定布洛芬溶液在 $200 \sim 400nm$ 内的吸收光谱,从而确定布洛芬溶液的最大吸收波长。选择最大吸收波长作为测定波长并用于布洛芬溶液的浓度测定(根据 2005 年版的《中国药典》的描述,布洛芬在 264nm 和 272nm 波长处有最大吸收,在 245nm 与 271nm 处有最小吸收,在 259nm 处有肩峰)。

3. 绘制标准(工作)曲线

按浓度由低到高的顺序分别测量标准溶液在 264nm 处的吸光度 A,并以浓度为横坐标,吸光度为纵坐标作图,绘制出标准曲线。根据标准曲线的斜率计算 k,根据相关系数确定其线性相关性。

4. 测定样品含量

供试样品溶液的制备:取布洛芬药片 20 片,除去包衣,精密称定;精密称取适量的样品(相当于布洛芬 25mg),置于 100mL 容量瓶中,加 0.4% 的氢氧化钠溶液溶解并稀释至刻度,摇匀过滤。以 0.4% 氢氧化钠溶液作空白,在 264nm 处与标准曲线相同的条件下测量其吸光度,并根据标准曲线确定样品溶液中布洛芬的尝试,结合溶液体积计算供试样品中布洛芬的含量。

五、思考题

1. 影响紫外分光光度法测定的因素有哪些?
2. 如何确定被测物的测定波长?

实验七　维生素 B1 片剂的含量测定
(差示分光光度法,ΔA 法)

一、实验目的与要求

1. 掌握差示分光光度法消除普通分光光度法可能存在的干扰的原理。
2. 熟悉差示分光光度法的基本测定方法。

二、实验原理

差示分光光度法,简称 ΔA 法,它既保留了通常的分光光度法简易快速、直接读数的优点,又无须事先分离,还能消除干扰。

ΔA 法的原理为:在两种不同的 pH 介质中,若经适当的化学反应后,供试样品中待测组分发生了特征性的光谱变化,而赋形剂或其他共存物则不受影响,光谱行为不发生变化,从而消除了它们的干扰。

在测定时,取两份相等的供试溶液,经不同的处理(如调节不同的 pH 或加入不同的反应试剂)后,一份置于样品池中,另一份置于参比池中,于适当的波长处,测其吸收度的差值(ΔA 值),根据标准曲线或 $\Delta E_{1cm}^{1\%}$ 值计算出组分的含量($\Delta E_{1cm}^{1\%}$ 为定波长时,浓度为

1%(g/mL),溶液厚度为 1cm 的溶液的吸光度)。

三、实验方法与步骤

1. 标准储备液的配制

精密称取约 100mg 维生素 B1,置于 100mL 容量瓶中,用水溶解并稀释至刻度,摇匀后作为储备液(1mg/mL)。

2. 测定波长的选择

精密量取维生素 B1 储备液 2.0mL 两份,分别置于 100mL 容量瓶中,一份用缓冲液(pH=7.0)稀释至刻度并得溶液Ⅰ,另一份用稀盐酸溶液(pH=2.0)稀释至刻度(浓度为 0.002%)并摇匀得溶液Ⅱ。以相应溶剂为空白,在 220~280nm 内测定紫外吸收光谱。再将前者放于参比池,后者放于样品池,在同样光谱范围内测定差示吸收光谱。在差示光谱图上寻找有最大差示吸收值(ΔA)的波长,确定为测定波长(实验值为 247nm 左右)。

3. 标准曲线绘制

精密量取维生素 B1 储备液 1.0mL、1.5mL、2.0mL、2.5mL、3.0mL 各两份,分别置于 100mL 容量瓶中。一份用缓冲液稀释至刻度;另一份用盐酸液稀释至刻度,摇匀后即得五组浓度相同、pH 不同的溶液。在上述五组不同浓度下,以缓冲液配制的溶液为参比,在测定波长(247nm)处分别测定对应的加有盐酸液的溶液的差示吸收值(ΔA)。以浓度 c 为横坐标,以差示吸收值 ΔA 为纵坐标绘制出标准曲线。

4. 维生素 B1 片的测定

取供试样品 20 片,精密称定,研细。精密称取适量粉末(约相当于维生素 B1 50mg),置于 50mL 容量瓶中,加水溶解并稀释至刻度,摇匀,过滤,弃去初滤液。精密量取续滤液 2.0mL 两份,分别置于 100mL 容量瓶中,并各自用缓冲液和盐酸液稀释至刻度,摇匀。将前者置于参比池中,后者置于样品池中。在 247nm 波长处测定差示吸收值。由标准曲线求得维生素 B1 的浓度,进而计算维生素 B1 片中维生素 B1 含量。

四、说明

1. 缓冲液(pH=7.0):取磷酸二氢钾 0.68g,加氢氧化钠溶液(0.1mol/L)29.1mL,用水稀释至 100mL。

2. 稀盐酸液(pH=2.0):取盐酸 9mL,加水稀释成 100mL。取 10mL 并加水稀释成 1000mL。

3. 所给测定波长仅供参考,可照"测定波长的选择"项下自行测定。

五、思考题

1. 试述差示分光光度法如何消除干扰物的影响。

2. 差示分光光度法用于制剂分析或原料药测定,主要有哪几种方法类型?

3. 在选择试验条件时,是否应考虑赋形剂等辅料的影响? 如何进行?

实验八 气相色谱分析条件的选择和色谱峰的定性鉴定

一、实验目的与要求

1. 了解气相色谱仪的基本结构、工作原理与操作技术。
2. 学习选择气相色谱分析的最佳条件,了解气相色谱分离样品的基本原理。
3. 掌握根据保留值,作已知物对照定性的分析方法。
4. 掌握归一化法测定混合物中各组分含量的特点。

二、实验原理

气相色谱是对气体物质或可以在一定温度下转化为气体的物质进行检测分析的方法。由于物质的物性不同,其试样中各组分在气相和固定液间的分配系数不同,当气化后的试样被载气带入色谱柱中运行时,组分就在其中的两相间进行反复多次分配,由于固定相对各组分的吸附或溶解能力不同,虽然载气流速相同,各组分在色谱柱中的运行速度就不同,经过一定时间的流动后,便彼此分离,按顺序离开色谱柱进入检测器,产生的信号经放大后,在记录器上描绘出各组分的色谱峰。根据出峰位置,确定组分的名称,根据峰面积在所有峰中的比例确定相应峰对应的组分浓度大小。

三、仪器和试剂

1. 主要仪器:气相色谱仪,氮气钢瓶,氢气发生器,空气压缩机,$10\mu L$ 微量进样器。
2. 主要试剂:苯、甲苯、乙苯、正己烷等,均为分析纯。
3. 色谱条件

色谱柱:苯系物专用检测柱($2mm\times2m$ 不锈钢填充柱,其最高耐受温度 $105℃$),气化室温度:$150℃$,检测器温度:$150℃$,载气(N_2)流速:$30\sim50mL/min$,燃烧气(H_2)流速:$40\sim50mL/min$,助燃气(空气)流速:$400\sim500mL/min$,柱温:$65\sim100℃$。

4. 初始色谱条件

气化室:$150℃$,检测器温度:$150℃$,载气(N_2)流速:$30mL/min$,燃烧气(H_2)流速:$40mL/min$,助燃气(空气)流速:$400mL/min$,柱温:$65℃$。

四、实验方法与步骤

1. 样品的配制:分别取苯、甲苯及乙苯各 $50\mu L$ 加入 $50mL$ 容量瓶中,并分别用正己烷稀释至刻度,密封摇匀。
2. 样品的测定:先按初始条件设定色谱条件,待仪器电路和气路系统达到平衡,记录仪上的基线平直时,即可进样。吸取 $2\mu L$ 标准样品注入气化室,记录色谱图,采集色谱数据。重复进样两次。
3. 柱温的选择:改变柱温:$65℃$、$75℃$、$85℃$,按照相同方法测试,判断柱温对分离的影响。
4. 载气流速的选择:改变不同的载气流速,按照相同方法测试,判断载气流速对分离的影响。

五、实验记录及分析

1. 记录初始实验条件下的色谱条件及色谱结果（各组分及其对应的保留时间）。并根据单一标准样的保留时间确定混合样品中各峰的物质名称。

记录实验条件：

（1）色谱柱的柱长及内径：

（2）载气及其流量：

（3）燃气及其流量：

（4）助燃气及其流量：

（5）柱温：

（6）检测器及检测温度：

（7）气化室温度：

记录各色谱图上各组分色谱峰的保留时间值，并填入下表中。

编号	$t_{苯}$				$t_{甲苯}$				$t_{乙苯}$			
	1	2	3	平均值	1	2	3	平均值	1	2	3	平均值
单标												
混合样												

2. 采用混合标样作为样品，改变柱温：65℃、75℃、85℃，同上测试，记录各色谱图上各组分色谱峰的保留时间值，并填入下表中。判断柱温对分离的影响。

温度	$t_{苯}$				$t_{甲苯}$				$t_{乙苯}$			
	1	2	3	平均值	1	2	3	平均值	1	2	3	平均值
60℃												
65℃												
70℃												
75℃												
80℃												

六、注意事项

1. 开机前检查气路系统是否漏气，检查进样室硅橡胶密封垫圈是否需要更换。

2. 开机时，要先通载气后通电，关机时要先断电源后停气。

3. 柱温、气化室和检测器的温度可根据样品性质确定。一般气化室温度比样品组分中最高的沸点再高 30～50℃即可，检测器温度大于柱温。

4. 用 FID 时，不点火严禁通 H_2，通 H_2 后要及时点火，并保证火焰点着。

5. 用 TCD 时，为保护检测器，应先通载气再加电桥电流。TCD 的灵敏度与桥流的三次方成正比，因此可提高桥流增加 TCD 的灵敏度。但桥流不得超过允许值，最大允许桥流与热丝材质、载气种类、检测器温度有关。

6. 使用 $10\mu L$ 注射器进样时，切勿用力过猛，以免把针芯顶弯。不要用手接触针芯。

7. 仪器基线平稳后，仪器上所有旋钮、按键不得乱动，以免色谱条件改变。

8. 定量吸取样品，注射器中不应有气泡。

9. 微量注射器使用前应先用被测溶液洗涤 5 次，实验结束后应用乙醇清洗干净。

10. 计算理论塔板数及分离度时，t_R 与 $W_{1/2}$，W 的单位要一致，将距离单位换算成时间单位：$W_{1/2}$(mm)/纸速(mm/min)。

七、思考题

1. 气相色谱定性分析的基本原理是什么？在本实验中怎样定性的？

2. 试讨论各色谱条件(如柱温、载气流量等)对组分分离的影响。

3. 本实验中的进样量是否需要准确？为什么？

实验九　维生素 E 胶丸的气相色谱测定

一、实验目的与要求

1. 掌握 GC 内标法测定药物含量的方法与色谱分析结果的利用和计算。

2. 熟悉气相色谱仪的工作原理和操作方法。

二、实验原理

在一定温度下，流动相(载气)携带样品通过固定相时，样品中各成分在两相中分配系数不同，经多次分配后各成分彼此分离，用鉴定器鉴定各成分并测定含量。

三、仪器与试剂

1. 仪器　气相色谱仪，OV - 17 大口径毛细管色谱柱，10mL 棕色容量瓶，10mL 移液管。

2. 试剂　维生素 E 对照品，维生素 E 胶丸，正三十二烷，正己烷。

四、实验方法与步骤

维生素 E 为(±)-2,5,7,8-四甲基-2-($4'$,$8'$,$12'$-三甲基十三烷基)-6-苯并二氢吡喃醇醋酸酯。本品含维生素 E($C_{31}H_{52}O_3$)应为标示量的 90%～110%。

维生素 E 胶丸中维生素 E 的含量用气相色谱法测定。

1. 色谱条件与系统适用性试验

以硅酮(OV-17)为固定相，涂布浓度为 2%，或以 HP-1(固定相为 100%二甲基聚硅氧烷)毛细管柱为分析柱；柱温为 265℃。理论塔板数按维生素 E 峰计算应不低于 500(填充柱)或 5000(毛细管柱)，维生素 E 峰与内标物质峰的分离度应不小于 1.5。

2. 校正因子测定

取正三十二烷适量，加正己烷溶解并稀释成每 1mL 中含 1.0mg 的溶液，摇匀形成均一溶液后作为内标溶液。另取维生素 E 对照品约 20mg，精密称量并置于棕色具塞瓶中，同时精密加入内标溶液 10mL,密闭塞紧后振摇使其完全溶解,然后取 $1\sim3\mu L$ 注入气相色谱仪,按下式计算校正因子:

$$f=\frac{A_s/m_s}{A_r/m_r}$$

式中,A_s 为内标物的峰面积;A_r 为对照品的峰面积;m_s 为加入内标物的质量;m_r 为加入对照品的质量。

$$含量\ m_i=f\times\frac{A_i}{A_s/m_s}$$

式中,A_s 为供试品的峰面积;m_i 为供试品的含量。

3. 样品测定

取维生素 E 胶丸 20 粒,精密称量后再倾出内容物,并混合均匀。囊壳用乙醚洗净后,置于通风干燥处使溶剂自然挥发完全,再精密称量囊壳质量,并求得平均每粒胶丸装料量。精密称取内容物适量(约相当于维生素 E 20mg)置于棕色具塞瓶中,精密加入内标溶液 10mL,密闭塞紧后再振摇使其溶解形成均一溶液后,再取 $1\sim3\mu L$ 注入气相色谱仪,测定其气相色谱图并按下式计算其含量。

$$含量=\frac{(m_i/V_i)\times1000\times10\times(1/1000)\times平均片重}{取样量\times标示量}\times100\%$$

式中,平均片重、标示量——均以毫克为单位;

m_i/V_i——每 $1\mu L$ 供试品溶液中所含维生素 E 的质量,μg;

10——供试品溶液总体积,mL;

1000——将每 $1\mu L$ 中的质量(μg)换算为每 1mL 中的质量(μg);

1/1000——将 μg 换算为 mg。

四、思考题

1. 气相色谱定量的方法有哪几种?内标法有何优点?

2. 如果色谱柱的理论塔板数低于要求值,改变哪些条件才可改善色谱柱的性能?

3. 根据实验记录,如何计算每 1mL 标准溶液或供试样品溶液中含内标物、维生素 E 对照品各多少微克?

4. 在本实验中用标准溶液记录的气相色谱图上标明形成各色谱峰的物质名称、保留时间、峰宽、峰高、半峰宽和峰面积后,如何利用相关数据计算色谱柱的理论塔板数、分离度和校正因子?如何判断系统适用性试验是否符合规定要求?

实验十 反相液相色谱中溶质保留值主要影响因素分析

一、实验目的与要求

1. 熟悉液相色谱仪的操作方法,了解溶剂组成对同系物的选择性影响。

2. 了解样品结构、溶剂组成对样品的热力学保留值的影响。

二、实验原理

在反相系统里,固定相是非极性的(亲脂性),流动相是极性的(亲水性)。在化学键合相色谱中,反相固定相的配合基常常是链长 2～18 碳原子的烷基,流动相一般为极性的有机改性剂和水的混合溶剂,如甲醇和水。

一般认为,反相色谱的保留机理是固定相表面的非极性部分(烷基)与溶质分子的非极性部分缔合,即存在疏溶剂作用(疏水效应)。反相色谱的分离是以溶质的疏水结构的差异为基础:溶质极性越大、溶质分子中非极性部分表面积越小,则保留值越小;两个相邻同系物的相对保留值即分配系数比 α 随洗脱液极性的降低而减小。

三、仪器与试剂

1. 仪器:高效液相色谱仪,紫外检测器,过滤和脱气装置,C18 反相键合色谱柱(200mm×Φ4.6mm),微量注射器(100μL)。

2. 试剂:苯、甲苯、乙苯、正丙苯、正丁苯(均为 AR),甲醇(色谱纯),新鲜的二次蒸馏水。

四、实验方法与步骤

1. 样品结构对保留值的影响

(1) 配制苯、甲苯、乙苯、正丙苯、正丁苯的甲醇混合溶液作为试样。

(2) 配制流动相 V(甲醇):V(水)=90:10,然后过滤并脱气。

(3) 色谱条件 流动相:V(甲醇):V(水)=90:10;固定相:C18 反相键合色谱柱(200mm×Φ4.6mm);检测波长:254nm;流量:1mL/min;进样量:20μL。

(4) 启动泵,排出流动通道中气泡;打开计算机并启动工作站;打开紫外检测器,在室温下待基线平稳后进样,记录色谱图 1。

2. 流动相组成对保留值的影响

(1) 配制苯、甲苯的甲醇溶液作为试样。

(2) 配制流动相 组成分别为(Ⅰ)V(甲醇):V(水)=90:10;(Ⅱ)V(甲醇):V(水)=80:20;(Ⅲ)V(甲醇):V(水)=70:30;(Ⅳ)V(甲醇):V(水)=60:40。

(3) 依次更换流动相(Ⅰ)(Ⅱ)(Ⅲ)(Ⅳ),并在每个体系中,待基线平稳后再分别进样,记录色谱图 2 至 5,并将实验结果填入下表。

五、实验记录及分析

(1) 根据色谱图 1,计算各组分的容量因子 k 值,并绘制 $\lg k = f(n_c)$ 曲线(n_c 为同系物的碳原子数)。

(2) 实验结果的记录

流动相:V(甲醇)/V(水)	苯		甲苯		α
	t_R	k	t_R	k	
90:10					
80:20					
70:30					
60:40					

根据色谱图 $2 \sim 5$ 和上表,绘制 $\lg k - f(H_2O\%)$ 曲线及 $\alpha - H_2O\%$ 曲线。

六、注意事项

1. 更换流动相时,需停泵操作,以防止气泡进入。
2. 更换试样时,注射器应先用甲醇或丙酮清洗数次,再用新试样清洗几次。
3. 正确使用进样阀。

七、思考题

1. 什么是正相色谱？什么是反相色谱？
2. 反相色谱最常用的流动相是什么？
3. 何时采用梯度洗脱？差示折光检测器和紫外检测器是否可用于梯度洗脱？
4. A,B,C 三组同学用 3 种不同比例的流动相在同一仪器上分析苯和萘,测得两者的分离度分别为 1.0,1.5,2.0,哪组同学选用的流动更合适？
5. 在反相色谱柱上分离 3 个相邻的同系物,初试未达到完全分离。如何调整以实现完全分离？保留值如何变化？

实验十一　氯霉素眼药水的高效液相色谱分析

一、实验目的与要求

1. 学习内标法和外标法测定药物中组分含量的方法。
2. 了解高效液相色谱仪的结构及其正确使用方法。

二、实验原理

内标法可以消除仪器与操作或制备样本时带来的误差,精密称取样品后,加入一定量的内标物,然后制成适当溶液进样分析,并根据样品和内标物的质量及其相应的出峰面积,可求出待测组分的含量。

外标法又称校正法或定量进样法,它要求能准确地定量进样。具体操作时,需先配制一系列已知浓度的标准液,在同一操作条件下,按相同量注入色谱仪,测量其峰面积(或峰高),作峰面积(或峰高)与浓度的标准曲线。然后在相同条件下,注入相同量样品溶液,测量待测组分的峰面积(或峰高),根据标准曲线,计算样品中待测组分的浓度。

三、实验方法与步骤

1. 实验条件

色谱仪:高效液相色谱仪;色谱柱类型:反相 C18 柱;温度:室温;流动相:V(甲醇)：V(水)$=60：40$(内标法),V(甲醇)：V(水)$=80：20$(外标法)。

流动相流速　　0.7mL/min

检测器类型　　UV 检测器

2. 标准储备液的制备

(1) 1mg/mL 氯霉素标准储备液的配制

精密称取氯霉素 100mg 加至 100mL 容量瓶中,以甲醇溶解并稀释至刻度。

(2) 2mg/mL 对硝基苯酚(内标)标准储备液的配制

精密称取对硝基苯酚(约 200mg)置于 100mL 量瓶中,以甲醇溶解并稀释至刻度。

3. 内标法测定氯霉素的含量

(1) 相对校正因子的测定

分别精密吸取对硝基苯酚标准储备液各 2.5μL,置于 5 个 10mL 容量瓶中,再分别精密加入氯霉素标准储备液 1mL、2mL、3mL、4mL 和 5mL,用甲醇稀释至刻度并摇匀。待色谱仪基线平稳后,再分别进样 20μL 并得到各自的色谱图。测量对硝基苯酚及氯霉素峰面积或峰高,按如下公式计算相对校正因子:

$$f_{i内标}=\frac{\dfrac{W_i}{A_i}}{\dfrac{W_{内标}}{A_{内标}}} \qquad 或 \qquad f_{i内标}=\frac{\dfrac{W_i}{h_i}}{\dfrac{W_{内标}}{h_{内标}}}$$

式中,W_i 为氯霉素重量;$W_{内标}$ 为对硝基苯酚的质量;$A_i(h_i)$ 为氯霉素的峰面积(峰高);$A_{内标}$ ($h_{内标}$)为对硝基苯酚的峰面积(峰高)。

实验中,若峰形较窄,可采用峰高法进行分析结果的处理。

(2) 样品含量测定

精密吸取眼药水适量(约相当于氯霉素 500mg,标示量为 2.5mg/mL),置于 10mL 容量瓶中,并加入对硝基苯酚的储备液 2.5mL,用甲醇稀释至刻度并摇匀,进样 20μL 并得到色谱图后,按下式计算标示量的百分数。

$$标示量\%=\frac{W_i}{W}\times100\%=\frac{h_i}{h_{内标}}\cdot\frac{W_{内标}}{W_{样品}}\cdot f_{i内标}\times100\%$$

4. 外标法测定氯霉素的含量

(1) 标准曲线的制备

分别吸取氯霉素标准储备液各 1mL、2mL、3mL、4mL 和 5mL 置于 10mL 容量瓶中,甲醇稀释至刻度;各进样 20μL 并得到色谱图;以色谱图峰高对浓度作图,得标准曲线。

(2) 样品测定

精密吸取眼药水适量(约相当于氯霉素 2.5mg)置于 10mL 容量瓶中,用甲醇稀释至刻度并摇匀;进样 20μL 并得到色谱图,再根据峰高从标准曲线上查得相应的浓度,并计算标示量的百分数。

四、思考题

1. 内标法和外标法定量的原理、方法及特点是什么?

2. 怎样选择流动相? 流动相中水起什么作用?

3. 内标物应具备哪些条件?

实验十二 维生素C注射液的鉴别和含量测定

一、实验目的与要求

1. 掌握维生素C注射液的鉴别原理及方法。

2. 熟悉碘量法测定维生素 C 注射液的基本原理及操作方法，并能进行有关计算。

3. 了解排除注射剂中常用附加剂干扰的操作。

二、实验原理

1. 鉴别

维生素 C 分子结构中的连二烯醇基具有较强的还原性，可以被多种氧化剂氧化为二酮基，成为去氢抗坏血酸。常用氧化剂主要有硝酸银、2,6-二氯靛酚等。这些氧化剂被还原后会产生沉淀或发生颜色变化，因此可以利用这一特性，对维生素 C 进行鉴别。

2. 含量测定

维生素 C 分子结构中的连二烯醇基具有较强的还原性，在酸性溶液中，可被碘定量地氧化，因此可以用碘量法测定其含量。

焦亚硫酸钠、亚硫酸氢钠或亚硫酸钠等抗氧剂，可与丙酮或甲醛反应生成加成物，从而排除抗氧剂对测定的干扰。

三、试剂与器材

1. 材料

维生素 C 注射液（规格 2mL：0.5g）。

2. 试剂

(1) 硝酸银试液：取硝酸银 17.5g，加水适量使溶解成 1000mL，摇匀后置于带玻璃塞的棕色玻璃瓶中，密闭保存。

(2) 二氯靛酚钠试液：取 2,6-二氯靛酚钠 0.1g，加水 100mL 溶解后过滤。

(3) 稀醋酸：取冰醋酸 60mL，加水稀释至 1000mL。

(4) 淀粉指示液：取可溶性淀粉 0.5g，加水 5mL 搅匀后，缓缓倾入 100mL 沸水中，边加边搅拌，继续煮沸 2min，放置冷却后，倾取上层清液。本液应临用时制备。

(5) 碘滴定液(0.05mol/L)：取碘 13.0g，加碘化钾 36g 与水 50mL 溶解后，加盐酸 3 滴与水适量使成 1000mL，摇匀后用垂熔玻璃滤器过滤。

注意：在定量分析中，滴定液应进行标定。由于碘滴定液在标定中用到的基准物三氧化二砷是剧毒品，必须严格按规定购买、保管和使用。

(6) 其他：丙酮。

3. 器材

量筒(50mL 1 个)；刻度吸管(1mL 2 支、5mL 2 支)；容量瓶(1000mL 2 个)；移液管(2mL 1 支)；三角瓶(25mL 2 个、50mL 2 个)；试管(25mL 4 支)；烧杯(100mL 2 个)；具塞棕色玻璃瓶(1000mL 1 个)。

电炉，垂熔玻璃滤器，紫外-可见分光光度仪，滴定仪。

四、实验方法与步骤

1. 性状

观察维生素 C 注射液的性状，合格品应为无色至微黄色的澄清透明液体。

2. 鉴别

(1) 取维生素 C 注射液适量(约相当于维生素 C 0.2g)，加水 10mL 溶解后，分成两等份，在一份中加硝酸银试液 0.5mL，观察有无银的黑色沉淀生成。在另一份中，加二氯靛酚钠试液 1~2 滴，观察试液的颜色是否立即消失。

(2) 颜色

取维生素 C 注射液，加水稀释成每 1mL 中含维生素 C 50mg 的溶液，按照紫外-可见分光光度法的测定步骤在 420nm 的波长处测定其吸光度，合格品的吸光度不得超过 0.06。

3. 含量测定

精密量取维生素 C 注射液适量(约相当于维生素 C 0.2g)，加水 15mL 与丙酮 2mL，摇匀并放置 5min 后，再加稀醋酸 4mL 与淀粉指示液 1mL，用碘滴定液(0.05mol/L)滴定，至溶液显蓝色并持续 30s 不褪色为止。根据碘滴定液消耗量确定样品中维生素 C 的量(每 1mL 0.05mol/L 的碘滴定液相当于 8.806mg 的维生素 C($C_6H_8O_6$))。

《中国药典》(2010 年版)规定维生素 C 注射液含维生素 C($C_6H_8O_6$)的量应为标示量的 90%~110%。

$$标示量\% = \frac{VTF \times 每支容量}{W \times 标示量} \times 100\%$$

式中，V 为消耗碘滴定液的体积，mL；T 为滴定度，即每 1mL 碘滴定液相当于 8.806mg 的 $C_6H_8O_6$，mg/mL；F 为碘滴定液的浓度校正系数；W 为供试样品取样量，mL。

注意事项

1. 测定中加入稀醋酸可使滴定在酸性溶液中进行,从而降低维生素 C 受空气中氧的氧化速度,但样品溶于稀酸后仍需立即进行滴定。

2. 应以重新煮沸冷却的水作为溶剂,以减少水中溶解氧对测定的干扰。

3. 测定中加入丙酮是为了消除注射液中的抗氧剂焦亚硫酸钠(或亚硫酸氢钠)的干扰。

五、思考题

1. 维生素 C 为什么易发生氧化还原反应? 药典收载的维生素 C 注射液的鉴别反应有哪些?

2. 维生素 C 注射液含量测定的原理是什么?

实验十三　硫酸阿托品片的含量测定

一、实验目的与要求

1. 掌握酸性染料比色法测定硫酸阿托品含量的基本原理和操作。

2. 掌握比色法的基本方法,要求和计算方法。

二、实验方法与步骤

1. 对照品溶液的制备

精密称取在 120℃干燥至恒重的硫酸阿托品对照品 25mg,置于 25mL 容量瓶中,加水溶解并稀释至刻度,摇匀;精密量取 5mL 溶液置于 100mL 容量瓶中,加水稀释至刻度,摇匀,即得每 1mL 含无水硫酸阿托品 50μg 的溶液。

2. 供试样品溶液的制备

取硫酸阿托品片 20 片,精密称定并研细,精密称出适量(约相当于硫酸阿托品 2.5mg)的研细后的样品置于 50mL 容量瓶中,加水振摇使硫酸阿托品溶解并稀释至刻度,用干燥滤纸过滤,弃去初滤液并收集续滤液,即得供试样品溶液。

3. 测定方法

精密量取对照品溶液与供试样品溶液各 2mL,分别置于预先精密加入 10mL 氯仿的分液漏斗中,各加溴甲酚绿溶液(取溴甲酚氯 50mg 与邻苯二甲酸氢钾 1.021g,加 0.2mol/L 氢氧化钠液 6.0mL 溶解,再加水稀释至 100mL,摇匀后过滤)2.0mL,振摇提取 2min 后,静置分层;分取澄清的氯仿液,置于 1cm 吸收池中,在 420nm 的波长处分别测定吸收度,计算,并将结果与 1.027 相乘,即得供试量中硫酸阿托品 $((C_{17}H_{23}NO_3)_2 \cdot H_2SO_4 \cdot H_2O)$ 的质量。

硫酸阿托品片中含硫酸阿托品 $((C_{17}H_{23}NO_3)_2 \cdot H_2SO_4 \cdot H_2O)$ 的量应为标示量的 $90\% \sim 110\%$。

三、说明

1. 硫酸阿托品的结构:

2. 本实验采用酸性染料比色法测定硫酸阿托品含量,实验中应严格控制水相 pH 并保证离子对化合物能定量地被提取进入氯仿层。

3. 分液漏斗活塞处宜涂甘油淀粉作润滑剂,其配制方法是:取甘油 22g,加入可溶性淀粉 9g,混匀,加热至 140℃并保持 30min,同时不断搅拌至透明,放置冷却后即得。

4. 振摇提取时既要能定量地将离子对化合物提入氯仿层,又要防止乳化和少量水分混入氯仿层,因此需小心充分振摇,并静置分层后再分取氯仿层,同时可在分液漏斗颈部放置少许脱脂棉以吸附氯仿中少量水分。

四、思考题

1. 试述酸性染料比色法的原理。
2. 酸性染料比色法的主要条件有哪些? 结合实验说明如何控制这些条件。
3. 应如何做空白试验?
4. 校正因子 1.027 是怎样算得的?

实验十四　盐酸普鲁卡因注射液的分析

一、实验目的与要求

1. 掌握用薄层层析法检查盐酸普鲁卡因注射液中对氨基苯甲酸限量的原理及方法。
2. 掌握用重氮化滴定法、分光光度法测定盐酸普鲁卡因含量的原理及方法。

二、实验方法与步骤

1. 鉴别

取酸普鲁卡因注射液适量(约相当于盐酸普鲁卡因 50mg),加稀盐酸 1mL,加 0.1mol/L 亚硝酸钠溶液数滴,滴加碱性 β-萘酚试液数滴,观察是否有橙红色沉淀生成。

2. 对氨基苯甲酸的检查

采用薄层层析法检查盐酸普鲁卡因注射液中的对氨基苯甲酸。精密量取酸普鲁卡因注射液,加乙醇稀释成每 1mL 中含盐酸普鲁卡因 2.5mg 的溶液,作为供试样品溶液,另取对氨基苯甲酸对照品,加乙醇制成每 1mL 含 30μg 的溶液,作为对照品溶液。吸取上述两种溶液各 10μL,分别点于含有羧甲基纤维素钠为黏合剂的硅胶 H 薄层板上,用苯-冰醋酸-丙酮-甲醇(体积比为 14:1:1:4)为展开剂。展开后,取出晾干,用对-二甲氨基苯甲醛溶液(2% 对-二甲氨基苯甲醛乙醇溶液 100mL,加入冰醋酸 5mL 制成)喷雾显色。供试溶液如果显示出与对照品相应的杂质斑点,可与对照品溶液的主斑点比较,合格品要求供试样杂质斑点不得深于对照品的主斑点。

薄层板的制备:取硅胶 H 2g,加 0.5％羧甲基纤维素钠水溶液适量调成糊状,均匀涂布于玻璃板(5cm×15cm)上,置水平台上,在空气中晾干,再于 110℃烘 0.5～1h,放置干燥器中备用。

3. 含量测定

(1) 重氮化法

调节永停滴定仪上电阻 R 使加于电极上电压约为 50mV。精密量取盐酸普鲁卡因注射液适量(约相当于盐酸普鲁卡因 0.1g)置于烧杯中,加水 40mL、盐酸液 15mL 和溴化钾 2g,置于电磁搅拌器上,插入铂-铂电极后,在 15～20℃下将滴定管的尖端插入液面下约 2/3 处,用亚硝酸钠溶液(0.05mol/L)迅速滴定,边滴边搅拌,至近终点时,将滴定管的尖端提出液面,用少量水淋洗尖端,洗液并入溶液中,继续缓缓滴定,至电流计指针突然偏转,并不再回复,即为滴定终点。滴定中每消耗 1mL 0.05mol/L 的亚硝酸钠液即相当于 13.64 mg 的盐酸普鲁卡因($C_{13}H_{20}N_2O_2 \cdot HCl$)。

盐酸普鲁卡因注射液中含盐酸普鲁卡因的量应为标示量的 95％～105％。

(2) 分光光度法

精密量取盐酸普鲁卡因注射液 1mL 置于 100mL 容量瓶中,加水至刻度后摇匀,精密量取此稀释液 10mL 置于另一个 100mL 容量瓶中,加水至刻度(即每 1mL 含盐酸普鲁卡因 10μg),摇匀后按照分光光度法在 290nm 波长处测定吸收度,并按 $C_{13}H_{20}N_2O_2 \cdot HCl$ 的吸收系数($E_{1cm}^{1\%}$)为 680 计算其浓度。

三、说明

盐酸普鲁卡因,对氨基苯甲酸在冰醋酸中与对二甲氨基苯甲醛缩合而呈色。

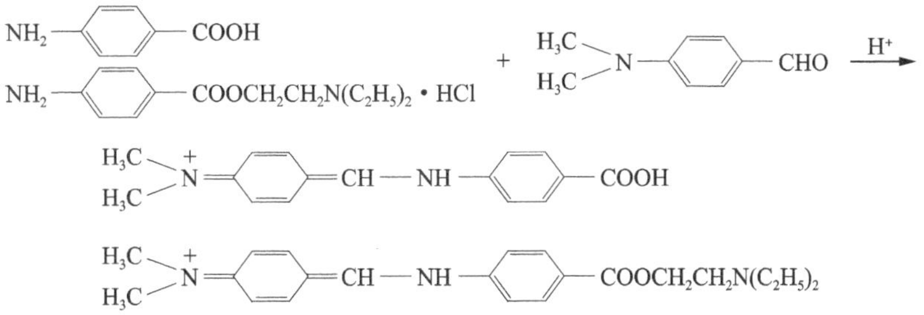

四、思考题

1. 计算用 TLC 法检查对氨基苯甲酸的限量。
2. 使用亚硝酸液进行滴定时要迅速,为什么?
3. 溶液中的物质浓度与吸收系数和吸光度有什么关系?

实验十五　常用安眠镇静类药物的鉴别

一、实验目的与要求

1. 掌握用于巴比妥类和吩噻嗪类药物鉴别反应的原理和方法。

2. 熟悉片剂中赋形剂对鉴别试验的干扰及排除方法。

3. 熟悉生物样品分析前预处理方法及 TLC 法在鉴别试验中的应用。

二、实验方法与步骤

1. 苯巴比妥片的鉴别

取巴比妥片的细粉适量(约相当于苯巴比妥 0.2g),加无水乙醇 10mL,充分振摇后过滤,并将滤液置于水浴上蒸干,残渣按以下方法进行试验。

1)丙二酰脲类的鉴别反应:

(1)取残渣约 0.1g,加碳酸钠试液 1mL 与水 10mL,振摇 2min 后过滤,滤液中逐滴加入硝酸银试液,即生成白色沉淀,振摇后沉淀即溶解;继续滴加过量的硝酸银试液,沉淀不再溶解。

(2)取残渣约 50mg,加体积分数为 10% 的吡啶水溶液 5mL,溶解后,加铜吡啶试液(硫酸铜 4g 加水 90mL 溶解后,再加吡啶 30mL 即得。本液应临用新制)1mL,即生成紫色沉淀。

2)取残渣约 10mg,加硫酸 2 滴与约 5mg 亚硝酸钠混合,立即显示橙黄色后再随即变成橙红色。

3)取残渣约 50mg 置于试管中,加甲醛试液 1mL,加热煮沸、冷却、沿管壁缓缓加硫酸 0.5mL,使成两液层,置于水浴中加热后,接界面显玫瑰红色。

2. 注射用硫喷妥钠的鉴别

1)取硫喷妥钠样品约 0.5g,加水 10mL 溶解后,加过量的稀盐酸,即生产白色沉淀;过滤并将沉淀用水洗净,在 105℃下干燥后,测定熔点应为 157~161℃。

2)取硫喷妥钠样品约 0.1g,加体积分数为 10% 的吡啶水溶液 10mL 溶解后,加铜吡啶试液 1mL,振摇,放置 1min,即生成绿色沉淀。

3)取硫喷妥钠样品约 0.2g,加氢氧化钠试液 5mL 与醋酸铅试液 2mL,生成白色沉淀;加热后,沉淀变为黑色。

4)取硫喷妥钠样品,炽灼后,显钠盐的焰色反应。

3. 尿中巴比妥类药物的鉴别

1)对照品溶液的制备:取硫喷妥、苯巴比妥各 50mg,加甲醇 5mL 溶解。

2)供试品溶液的制备:取供试尿液 2mL,加 1mol/L 盐酸 3 滴使其 pH 为 5~6 后,再加乙醚 4mL,振摇提取约 5min;静置分出乙醚层,再分别加乙醚 2mL 同法提取 2 次;合并乙醚提取液,加无水硫酸钠脱水;过滤并将滤液置于蒸发皿中,水浴上使乙醚挥发完全后,再加甲醇数滴溶解。

3)薄层板的制备:取硅胶 GF$_{254}$ 2g,加 0.5% 羧甲基纤维素钠水溶液 5.5mL 调成糊状后,再均匀涂布于玻璃板(5cm×15cm)上,并置于水平台上晾干;在 110℃将涂覆了硅胶的玻璃板活化半小时后,再将其置于干燥器中备用。

4)薄层点样、展开、斑点检出:用毛细管吸取对照液及供试液分别点于薄层板上(原点直径约 3mm),以氯仿-丙酮(体积比为 9:1)为展开剂,(薄层板置缸内预饱和 10min)展开后晾干,置于紫外灯(254nm)下检视并观察结果,如不明显可先熏氨后再观察。

4. 盐酸异丙嗪片的鉴别

取盐酸异丙嗪片数片并除去糖衣,研细后称取适量样品(约相当于盐酸异丙嗪 0.2g),加水 10mL 并振摇，以使盐酸异丙嗪溶解；过滤，并将滤液置于水浴上蒸干，残渣按照以下方法试验。

1) 取残渣约 5mg，加硫酸 5mL 溶解后，溶液显樱桃红色，放置后，色泽逐渐变深。

2) 取残渣约 0.1g，加水 3mL 溶解后，再加硝酸 1mL，应立即生成红色沉淀；加热，沉淀将溶解，而溶液将由红色转变为橙黄色。

3) 取残渣约 0.1g，加水 3mL 溶解后，加硝酸使成酸性后，加硝酸银试液，即生成白色凝乳状沉淀；分离，沉淀加氨试液即溶解，再加硝酸，沉淀复生成。

4) 取残渣约 0.1g 置于试管中，加等量的二氧化锰，混匀后加硫酸湿润，缓缓加热，即有氯气生成。氯气的生成情况可根据其是否能使湿润的碘化钾淀粉试纸显蓝色判定。

三、说明

1. 巴比妥的银盐反应需注意碳酸钠的加入量，过多的碱会与硝酸根生成沉淀，本试验以溶液中有少量未溶的巴比妥来控制碳酸钠的量。

2. TLC 法鉴别巴比妥类药物也可用氯化高汞-二苯偶氮碳酰肼作显色剂，将薄板放于红外灯下烘烤至紫色背底变浅，出现显著紫色斑。该试剂对巴比妥的灵敏度为 $0.5 \sim 1\mu g$。

氯化高汞-二苯偶氮碳酰肼试液的配制方法如下：称取氯化高汞 2g，二苯偶氮碳酰肼 0.2g，分别溶于 100mL 甲醇中，临用前将两种溶液等量混合。

四、思考题

1. 简述上述药物鉴别反应的原理及操作注意事项。

2. 如何排除片剂中赋形剂对鉴别试验的干扰？

3. 尿中巴比妥的乙醚提取为何先将尿液 pH 值调至 $5 \sim 6$？

第四章　药理学实验基础
与典型实验

药理学是一门以实验为基础的医学和药学的桥梁学科。药理学实验课程是药理学理论教学中不可缺少的组成部分,对学习和掌握药理学知识具有重要作用。通过药理学实验既可以验证药理学理论,促进理论与实践相结合,加深学生对理论知识的理解,更牢固地掌握药理学的基本概念和基本知识,同时也有助于培养学生的动手能力、严谨的工作态度和科学的思维方法,为将来的临床和科研工作奠定基础。

第一节　药理实验课的目的、要求和准备工作

一、药理学实验课的目的和要求

1. 目的

学习和训练有关的基本知识、基本技能和基本方法。了解实验科学知识的来源和研究的实际过程,为今后从事实际工作和科学研究奠定基础。通过该课程的学习应掌握常用实验仪器的原理及使用方法;掌握常用实验动物的选择和局部手术操作;掌握常用实验溶液的配制方法;学会实验资料的收集、整理和数据处理;学会对实验结果的分析、整理和实验报告的正确书写,从而对学科知识更进一步理解,提高解决实际问题的能力,提高科学思维的能力,培养对科学工作严谨求实的作风。

2. 要求

1) 实验前

(1) 仔细阅读实验教材,复习有关学科的理论知识,了解实验目的、原理;

(2) 充分理解实验方法和操作步骤;

(3) 预测实验结果,以及实验中可能出现的问题;

(4) 设计好实验结果记录的方式。

2) 实验时

(1) 按照实验步骤认真操作,正确捉拿实验动物和使用标本,准确计算所用药量;

(2) 正确安装连接实验设备,将实验器材妥善排放,要有条不紊地操作各项仪器;

(3) 认真、仔细地观察实验过程中所出现的现象,准确、及时、客观地记录实验结果,不得在实验后凭记忆补记实验结果;

（4）根据所学学科内容分析实验结果以及该结果的意义,并尽力找出引起非预期结果的原因;

（5）注意爱护公共财物,节约实验材料。

3）实验后

（1）整理实验结果,认真写实验报告,回顾实验成功与失败的原因;

（2）整理实验器材,将所需清洁的器械冲洗干净,按规定妥善安放;

（3）正确处死动物,将动物及其他废物放到指定地点,做好实验室卫生,注意门、窗、水、电安全。

二、药理学实验常用溶液的配制

1. 常用生理溶液的成分与配制

1）配制生理溶液的主要条件

（1）渗透压:配制人工生理溶液要等渗。不同的动物对同一物质的等渗浓度要求不相同,如生理盐水溶液,冷血动物所用的是 $0.6\% \sim 0.75\%$;温血动物所用的是 $0.8\% \sim 0.9\%$。有些溶液不仅要求等渗而且要求等张,一般由溶血法测定,等渗不等于等张,只有在等渗溶液下不溶血,该等渗溶液才是等张溶液。

（2）离子成分和浓度:溶液中含有一定比例的不同电解质离子,如 Na^+、Ca^{2+}、K^+、Mg^{2+}、OH^- 等,是维持组织和器官功能所必需的。组织器官不同,对生理溶液中离子成分和浓度要求亦不同。

（3）pH 的影响:人工生理溶液的 pH 一般要求在 $7.0 \sim 7.8$ 之间。制备离体器官人工生理溶液时要注意:

① 蒸馏水贮藏期过久,pH 会有所改变,故最好用新鲜的蒸馏水。

② 哺乳动物心脏的冠状动脉,酸性生理溶液可使之扩张,而碱性生理溶液使之收缩。

③ 酸性生理溶液可使平滑肌松弛,碱性时则能加速其节律,缩小其振幅。如猫和兔离体的小肠,当 pH＝$6.0 \sim 6.2$ 时,可停止收缩;如逐步增加其碱性,则出现兴奋,当 pH 超过 8.0 时,则可出现痉挛性收缩状态。又如离体豚鼠的子宫,脑垂体后叶制剂可使之收缩,如果增加重碳酸盐则兴奋度降低。

④ 横纹肌对 pH 的变化不及平滑肌敏感,但是酸过多能使张力增加。

因此,为了调节和稳定生理溶液的 pH 值,常在生理溶液中加入缓冲液,常用缓冲液有 K_2HPO_4/KH_2PO_4,$Na_2CO_3/NaHCO_3$ 等。

（4）能量:葡萄糖能提供组织活动所需的能量,但需临用时加入溶液中,特别是气温较高时尤应注意。各种细胞培养液还需加入多种氨基酸、血清等营养物质。

（5）氧气:有的离体器官需要氧气,如离体的子宫、离体的兔心、乳头肌等,一般用 95% 氧气、$5\%CO_2$;在肠管实验时可以用空气。

2）常用生理溶液的成分(见表 $4-1$)。

表 4-1　常用生理溶液的成分和配制　　　　　　　　　　单位:g

成分	任氏液 两栖类用	乐氏液 哺乳类用	台氏液 哺乳类用	生理盐水 两栖类用	哺乳类用
氯化钠	6.5	9.0	8.0	6.5~7.0	9.0
氯化钾	0.14	0.42	0.2	—	—
氯化钙	0.12	0.24	0.2	—	—
碳酸氢钠	0.20	0.1~0.3	1.0	—	—
磷酸二氢钠	0.01	—	0.05	—	—
氯化镁	—	—	0.1	—	—
葡萄糖	2.0	1.0~2.5	1.0	—	—
蒸馏水	均加至 1000mL				

3) 配制生理溶液的注意事项

(1) 蒸馏水要新鲜,最好用重蒸馏水,贮藏期过久的蒸馏水,使用前需将蒸馏水煮沸一次,以驱除 CO_2。

(2) 配制含氯化钙的生理溶液时要用无水氯化钙。

(3) 配制时如有碳酸氢钠或磷酸二氢钠,则必须充分稀释后才可以加入已经溶解好的氯化钙中,且需边加边搅拌,以免产生混浊和沉淀。

(4) 含有碳酸氢钠或葡萄糖的溶液,贮存的时间都不能过长。

三、常用抗凝剂溶液的浓度

1. 枸橼酸钠:常用浓度为 3.8%,一般按 1:9 比例(即 1 份溶液:9 份血液)使用,其抗凝作用较弱,碱性较强,不宜作化学检验用,可用于红细胞沉降速度测定和动物急性血压实验。不同的动物对枸橼酸钠浓度的要求也不同,常用抗凝剂浓度如下:狗:枸橼酸钠 5%~6%;猫:枸橼酸钠 2%+硫酸钠 25%;兔:枸橼酸钠 5%。

2. 草酸钾:吸取 0.2mL 10%草酸钾溶液于一试管内,转动试管,使其浸润管壁,然后放入 80℃烘箱中烤干,备用。

3. 肝素:药厂生产的肝素钠注射液每支(2mL)含肝素 12500U,相当于 125mg(即 1mg相当于 100U)。

(1) 体内抗凝:取 1%肝素钠溶液 0.1mL,均匀地浸润试管管壁,放入 80℃左右的烘箱中烤干备用。每管可使 10mL 血液不凝。

(2) 体内抗凝:静脉注射剂量为 500~1000U。

4. 草酸钾-草酸铵混合剂:草酸钾 0.8g,草酸铵 1.2g,加蒸馏水至 100mL。取 0.5mL于试管内,烘干备用。每管可使 5mL 血液不凝。只适用于红细胞比容测定,不能用于血液非蛋白氮测定。

四、实验药品浓度及给药量计算

在观察一个药物的作用时,应该给动物多大的剂量是实验开始时应确定的一个重要问题。剂量太小,作用不明显;剂量太大,又可能引起动物中毒死亡。给药剂量可以按下列方法来确定。

1. 根据有关文献、实验教材、实验参考书提供的药物剂量进行参考,由于药物批号不同、动物、环境条件的差异,必要时通过预备实验调整用药剂量。

2. 根据临床常用有效剂量换算成实验动物剂量。

(1) 对于新药剂量的确定,先用小鼠粗略地探索中毒剂量或致死剂量,然后用小于中毒量的剂量,或取致死量的若干分之一为应用剂量(一般为 1/10~1/5),通过预试验来确定。

(2) 植物药粗制剂的剂量多按生药折算。

(3) 化学药品可参考化学结构相似的已知药物的剂量,特别是其结构和作用都相似的药物剂量。

(4) 确定剂量后,如第一次实验的作用不明显,动物也没有中毒的表现(如体重下降、精神不振、活动减少或其他症状),可以加大剂量再次实验。如出现中毒现象,作用也明显,则应降低剂量再次实验。一般情况下,在适宜的剂量范围内,药物的作用常随剂量的加大而增强。所以有条件时最好同时用几个剂量做实验,以便迅速获得有关药物作用的较完整的资料。如实验结果出现剂量与作用强度之间毫无规律时,则更应慎重分析。

(5) 用大动物进行实验时,开始的剂量可采用给鼠类剂量的 1/15~1/2,以后可根据动物的反应调整剂量。

(6) 确定动物给药剂量时,要考虑给药动物的年龄大小和体质强弱。一般确定的给药剂量是用于成年动物,幼小动物应减小剂量。

(7) 确定动物给药剂量时,要考虑给药途径不同,所用剂量也不同。如口服量为 100U 时,灌肠量应为 100~200U,皮下注射量为 30~50U,肌肉注射量为 25~30U,静脉注射量为 25U。

3. 实验动物与人用药量的换算

人与动物对同一药物的耐受性相差很大,一般说来,动物的耐受性要比人的大,也就是单位体重的用药量动物比人的要大。各种药物在人体上的用量,很多资料中可查到,但动物用药量可查的资料较少,一般动物用的药物种类远不如人用的那么多,因此必须将人的用药量换算成动物的用药量。

一般情况下可按下列比例换算:人用药量为 1,小鼠、大鼠为 25~50,兔、豚鼠为 15~20,犬、猫为 5~10。也可按以下方法进行人与不同种类动物之间药物剂量的换算。

(1) 人体体表面积计算法:计算中国人的体表面积,一般认为许文生公式较适宜,即体表面积(m^2)=0.0061×身高(cm)+ 0.0128×体重(kg)−0.1529。

(2) 动物的体表面积计算:有许多种方法,在需要由体重推算体表面积时,一般认为 Meeh-Rubner 公式较为适用,即

$$A(体表面积,m^2)=K \times (W2/3/10000)$$

式中,W 为体重,以 g 计算;K 为一常数,随物种类而不同,小鼠和大鼠为 9.1、豚鼠为 9.8、

家兔为10.1、猫为9.8、犬为11.2、猴为11.8、人为10.6(上列K值各家报道略有出入)。

应当指出,这样计算出来的体表面积还是一种粗略的估计值,不一定完全符合于每个动物的实测数值。

例:某利尿药大白鼠灌胃给药时的剂量为250mg/kg,试粗略估计犬灌胃给药时可以试用的剂量。

解:实验用大白鼠的体重一般在200g左右,其体表面积(A)为

$A=9.1\times(2002/3/10000)=0.031(m^2)$

250mg/kg的剂量如改以mg/m^2表示,即

$(250\times0.2)/0.031=1608(mg/m^2)$

实验用犬的体重一般在10 kg左右,其体表面积(A)为

$A=11.2\times100002/3/10000=0.5198(m^2)$

于是犬的适当试用剂量为$1608\times0.5198/10=84(mg/kg)$。

第二节　药理学实验的基本知识和基本技术

一、实验动物的选择

实验动物种类很多,生理性状也不同,为保证动物试验的准确性,必须选择适宜的实验动物进行试验。常用的有小白鼠、大白鼠、豚鼠、家兔、猫、犬及绵羊等。通常按实验目的、要求选择实验动物,并考虑节约的原则,选择时应考虑如下几点:

1. 根据实验的要求而选择不同的实验动物:如在分离、鉴定病原菌时选用最敏感的动物作实验对象。如小白鼠对肺炎链球菌、破伤风外毒素敏感,豚鼠对结核分歧杆菌、白喉棒状杆菌等易敏感;测定金黄色葡萄球菌肠毒素以幼猫最敏感等。

2. 选用动物的数量必须符合统计学上预计数字的需要。

3. 根据实验的性质也可选不同品系的动物,其目的在于使动物试验结果有规律性、重复性和可比性。如测定对病原体的感染性,最好选用无菌动物或悉生动物。

4. 由于同一种实验动物存在着个体差异,还应注意个体的选择:

(1) 年龄　一般均选用成年动物来进行实验。动物年龄常按其体重来估计,选用的动物体重大体上小白鼠20~30g、豚鼠500g左右、家兔2kg左右。

(2) 性别　在实验研究中,动物如无特殊需要,一般宜选用雌雄各半。

(3) 生理状态　实验动物应证明确实健康外,雌性动物若处于怀孕、授乳期不宜采用。

小白鼠:系实验室里最常用的一种动物,易于大量繁殖且价廉,适用需要大量动物的实验,如药物筛选、半数致死量测定、药物效价比较、抗感染抗肿瘤药物及避孕药物的研究等。

大白鼠:与小白鼠相似,一些在小白鼠身上不易进行的实验可选用大白鼠,如药物抗炎作用的实验常选用大白鼠踝关节制备关节炎的模型,此外也可用大白鼠直接记录血压、做胆管插管或用大白鼠观察药物的亚急性或慢性毒性。大白鼠的血压和人相近且稳定,现常用

于抗高血压药物实验。

豚鼠:是实验室常用动物之一,对组织胺很敏感,容易致敏,常用于平喘药和抗组织胺药的实验;对结核菌也敏感,故也用于抗结核药的研究,此外还用于离体心脏及平滑肌实验,其乳头肌和心房常用于电生理特性及心肌细胞动作电位实验,研究抗心律失常药物的机理。

家兔:温顺、易饲养,常用于观察药物对心脏、呼吸的影响及农药中毒和解救的实验。亦用于研究药物对中枢神经系统的作用、体温实验、热原检查及避孕药实验。

猫:与家兔比较,猫对外科手术的耐受性强,血压较稳定,故常用于血压实验,但价格较贵。此外,猫也常用于心血管药物及中枢神经系统药物的研究。

犬:药理实验需大动物时常用犬,常用于观察药物对心脏泵功能和血流动力学的影响,心肌细胞电生理研究,降压药及抗休克药的研究等。犬还可以通过训练,用于慢性实验研究,如条件反射、高血压的实验治疗、胃肠蠕动和分泌实验、慢性毒性实验。

蛙和蟾蜍:离体心脏能较持久地有节律地搏动,常用于观察药物对心脏的作用;坐骨神经和腓肠肌标本可用来观察药物对周围神经、神经肌肉或横纹肌的作用;蛙的腹直肌还可以用于鉴定胆碱能药物的作用。

需要注意的是,由于动物对外界刺激的反应存在个体差异,在选择实验动物时,还应注意动物的年龄、体重、性别、生理状态、健康状况及其品系、等级等因素对实验的影响。

二、实验动物的编号

药理实验中常用多只动物同时进行实验,为避免混乱应对动物进行编号。实验动物编号的目的在于将观察范围内的同种动物进行区别以便于观察。常用的方法有染色法、耳缘剪孔法、烙印法和号牌法等,可根据实验目的、动物种类和具备的条件选用,一般编号应具有清晰易辨、简便耐久的特点。猫、犬、兔等较大的动物可用特别的号码牌固定于身上。小白鼠、大白鼠及白色家兔等用黄色苦味酸涂于动物不同部位进行染色标记而编号,通常用化学试剂涂染动物背部或四肢一定部位的皮毛,代表一定的编号,常用染色的化学试剂有多种,如黄色:3%～5%苦味酸溶液;咖啡色:20%硝酸银溶液;红色:0.5%中性红或品红溶液;黑色:煤焦油的酒精溶液。例如在小白鼠,左前肢皮肤外侧涂色标记为1号,腹部左外侧皮肤涂色标记为2号,左后肢皮肤外侧涂色标记为3号,头部皮肤涂色标记为4号,背部正中皮肤标记为5号,尾巴根部标记为6号,7、8、9号在右侧同1、2、3号,第10号不涂黄色,即1～10号标记法:编号的原则是先左后右,从前到后,如将动物背部的肩、腰、臀部按左、中、右分为九个区,从左到右标记1～9号,第10号不做标记,如图4-1所示。

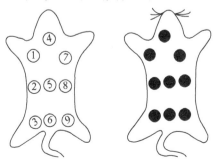

图4-1 大白鼠、小白鼠标记法

10～100 号标记法：在上述编号的同一部位，用各种不同颜色的化学试剂擦上斑点，就可代表相应的十位数，例如涂上黄色的苦味酸代表 1～10 号，涂上红色的中性红代表 11～20 号，涂上咖啡色的硝酸银代表 21～30 号，以此类推。大白鼠的编号与小白鼠的相同。

三、实验动物的捉拿

正确掌握动物捉拿固定的方法，可以防止动物过度挣扎或受损伤而影响实验观察效果，并可避免实验者被咬伤，从而保证实验顺利进行。

下面介绍药理学实验课中常用的几种动物的捉拿固定方法。

1. 小白鼠：小白鼠性情温顺，一般不会主动咬人，但抓取时动作也要轻缓。抓取时先将小白鼠放在粗糙物（如鼠笼）上面，用右手提起鼠尾，将小白鼠轻轻向后拉，这样可使小白鼠前肢抓住粗糙面不动，用左手拇指和食指捏住鼠头皮肤和双耳，其余三指和掌心夹住其背部皮肤及尾部，这样小白鼠便可被完全固定在左手中（图 4-2），此时右手可做注射或其他实验操作，也可将小白鼠固定在特制的固定器中。

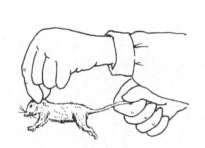

图 4-2　小白鼠的捉拿方法　　　　图 4-3　大白鼠的捉拿方法

2. 大白鼠：捉拿固定的方法基本上与小白鼠相同。由于大白鼠比小白鼠牙尖性猛，不易用袭击的方式抓取，捉拿时较难一些，为防大白鼠在惊恐或激怒时咬伤手指，实验者应带上棉手套或帆布手套。捉取时，先用右手将鼠尾提起，放在粗糙物上，向后轻拉鼠尾，使其不动，再用左手拇、食指捏住头颈部皮肤，其余三指和手掌固定鼠体，使其头、颈、腹呈一条直线（图 4-3），这时右手可做注射，若需进行手术，则应对大白鼠进行麻醉后固定于手术台上。如需尾静脉取血或注射，可将大白鼠放入固定盒内或用小黑布袋装大白鼠，使其只露尾巴。

3. 豚鼠：豚鼠胆小易惊，性情温和，不咬人，抓取幼小豚鼠时，只需用双手捧起来，对体型较大或怀孕的豚鼠，先用手掌迅速扣住鼠背，抓住其肩胛上方，以拇指和食指环握颈部，另一只手托住其臀部（图 4-4）。

4. 家兔：家兔比较驯服，一般不会咬人，但脚爪较尖，应避免抓伤。抓取时轻轻将兔提起，另一手托其臀部，使其躯干的重量大部分集中在该手上，然后按实验需要将兔固定成各种姿势（图 4-5）。注意抓兔时不要单提两耳，因为兔耳不能承受全身重量，易造成疼痛而引起挣扎，因此单提兔耳，捉拿四肢或提抓腰部和背部都是不正确的抓法。

图 4-4　豚鼠的捉拿方法

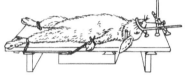

图 4-5　家兔的捉拿与固定

5. 青蛙和蟾蜍：用左手握住动物，以食指和中指夹住一侧前肢，大拇指压住另一前肢，用右手协助，将两后肢拉直，左手无名指和小指将其压住固定（图 4-6）。注意在抓取蟾蜍时，切勿挤压其两侧耳部突起的毒腺，以免毒液喷出射入眼中。

6. 猫：猫较为温顺，可用一只手捉住猫的颈部皮肤，另一只手托起四肢部抱起。对凶暴猫，将手慢慢伸入笼内，轻抚猫的背、头、颈部。一只手抓住猫的颈部，取出笼外，另一只手捉住从背到腰部的皮肤。当猫不许手接触它的皮肤时，可用皮手套或用网捉拿。

图 4-6　蟾蜍的捉拿与固定

7. 犬：用一捕犬叉夹住犬颈，另一人用一粗棉带绑住嘴巴，使其不能咬人。如系驯顺犬，可突然捉住两耳，将前足提高，然后绑嘴巴。绑嘴的方法是将扁带绕上下颌一周，在上颌上打一结，然后转向下颌，再做一结，最后将带牵引至头后颈背上打第三结，在此结上须再打一活结以固定之。

四、实验动物的给药方法

1. 小白鼠

（1）灌胃法　以左手捉住小白鼠，使其腹部朝上，右手持灌胃器（以 1～2mL 注射器上连接细玻璃灌胃管或把注射针头磨钝稍加弯曲制成的灌胃针头），灌胃管长约 4～5cm，直径约 1mm。操作时，先从小白鼠口角将灌胃管插入口腔内，然后用灌胃管向后上方压迫小白鼠头部，使口腔与食道呈一直线，再将灌胃管沿着上颚壁轻轻推入食道（图 4-7），当推进约 2～3cm 时可稍感有阻力，表明灌胃管前部已到达膈肌，此时即可推进注射器进行灌胃，若注射器推注困难，应

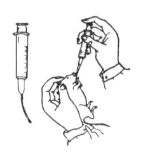

图 4-7　小白鼠灌胃法

抽出重插,若误入气管给药,可使小白鼠立即死亡,注药后轻轻拔出灌胃管,一次灌药量为(0.1~0.3)mL/10g体重。

（2）皮下注射法　通常选择背部皮下注射,操作时轻轻拉起背部皮肤,将注射针刺入皮下,把针尖向左右摆动,易摆动说明针尖确已刺入皮下,然后注射药液,拔针时,以手捏住针刺部位,防止药液外漏(图4-8),注射药量为(0.1~0.3)mL/10g。

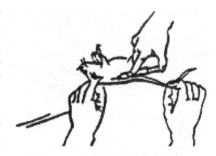

图4-8　小白鼠皮下注射法

（3）肌肉注射法　小白鼠因肌肉较少,很少采用肌肉注射,若有需要可注射于股部肌肉,多选后腿上部外侧,一处注量不超过0.1mL。

（4）腹腔注射法　以左手固定小白鼠,腹部向上,注射部位应是腹部的左、右下外侧1/4的部位,因为此处无重要器官。用右手将注射器针头刺入皮下,沿皮下向前推进3~5mm,接着使针头与皮肤成45°角刺入腹肌,继续向前推进,通过腹肌进入腹腔后感觉抵抗力消失,此时可注入药液,一次注射量为(0.1~0.2)mL/10g体重(图4-9)。

图4-9　小白鼠腹腔注射法

图4-10　小白鼠尾静脉注射法

（5）静脉注射法　一般采用尾静脉注射,事先将小白鼠置于固定的筒内或铁丝罩内,或扣于烧杯内,使尾巴露出,并于45~50℃的温水中浸泡半分钟或用75％的酒精棉球擦拭,使血管充血,选择尾巴左、右两侧静脉注射,如针头确已在血管内,推注药液应无阻力,注射时若出现隆起白色皮丘,阻力增大,说明未注入血管,应拔出针头重新向尾根部移动注射。注射完毕后,把尾巴向注射部位内侧折曲而止血。需反复静脉注射时,应尽可能从尾端开始,按次序向尾根部移动注射。一次注射量为(0.05~0.1)mL/10g体重(图4-10)。

2. 大白鼠

（1）灌胃法　用左手以捉拿固定法握住大白鼠(若两人合作时,助手以左手捉住大白鼠,用右手抓住后肢和尾巴),灌胃方法与小白鼠相类似,仅采用安装在5~10mL注射器上的金属灌胃管(长6~8cm,直径1.2mm,尖端为球状的金属灌胃管)。一次灌药量为(1~2)mL/100g体重。

（2）皮下注射法　注射部位可选择背部或大腿外侧,操作时轻轻拉起注射部位皮肤,将注射针刺入注射部位皮下,一次注射药量为1mL/100g体重。

（3）肌肉注射与腹腔注射法　同小白鼠。

（4）静脉注射法　清醒大白鼠可采用尾静脉注射,方法同小白鼠,麻醉大白鼠可从舌下静脉给药,也可将大白鼠腹股沟切开,从股静脉注射药物。

3. 豚鼠

（1）灌胃法 用左手拇指和食指固定豚鼠两前肢,其余手指握住鼠身(两人操作时,助手以左手从动物的背部把后腿伸开,并把腰部和后腿一起固定,用左手的拇指和食指捏住两前肢固定),灌胃管与灌胃方法同大白鼠。亦可采用插管灌胃法,用木或竹制开口器,把导尿管或塑料管通过开口器中央的小孔插入胃内,回注射器针栓,无空气抽回时即可注入药液。

（2）皮下注射法 注射部位多选择大腿内侧、背部、肩部等皮下脂肪少的部位。通常在大腿内侧注射,一般需两人合作,一人固定豚鼠,另一人握住侧后肢,将注射器针头与皮肤成45°角方向刺入皮下,确定针头在皮下后注射,注射完毕后以指压刺入部位片刻,以防药液外漏。

（3）肌肉注射与腹腔注射法 同小白鼠。

（4）静脉注射法 注射部位可选择前肢皮下头静脉、后肢小隐静脉、耳壳静脉或雄鼠的阴茎静脉,偶尔亦可用心脏穿刺给药。一般用前肢皮下头静脉穿刺较用后肢小隐静脉成功率高,而后肢小隐静脉下部比较固定,比起明显可见但不固定的上部穿刺成功率要高。也可在胫前部将皮肤切开一小口,暴露出胫前静脉后注射,一次注射量不超过 2mL。

4. 兔

（1）灌胃法 给家兔灌胃需两人合作,助手就座,将家兔的躯体夹于两腿之间,左手紧握双耳固定头部,右手抓住双前肢固定身前。将木或竹制的开口器横放在家兔的上、下颌之间,固定于舌头之上,然后把合适的导尿管经开口器中小孔,沿上颚壁慢慢插入食道约 15~18cm,此时可将导尿管外口端置于一杯清水中,若无气泡逸出,说明已插入食道,这时可用注射器注入药液,再用少许清水冲洗导尿管,灌胃完毕,应先捏闭导尿管外口,拔出导尿管,再取出开口器(图 4-11)。

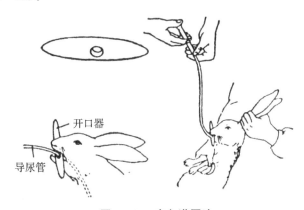

图 4-11 家兔灌胃法

（2）皮下、肌肉、腹腔注射法 基本方法与鼠类相同,选用的针头可以大一些。给药的最大容量分别为 0.5mL/kg 体重、1.0mL/kg 体重和 5.0mL/kg 体重。

（3）静脉注射法 注射部位一般采取耳缘静脉(兔耳外缘的血管为静脉,中央的血管为动脉,见图 4-12)。可用酒精棉球涂擦耳部边缘静脉部位的皮肤,或用电灯泡烘烤兔耳使血管扩张,以左手食指放在耳下将兔耳垫起,并以拇指按住耳缘部分,右手持注射器,针头经皮下,沿皮下向前推进少许再刺入血管,注射时若无阻力或无发生局部皮肤发白隆起现象,说明针头在血管内即可注射药液,注射完毕压住针眼,拔去针头,继续按压几分钟止血

（图 4－13）。

图 4－12　兔耳缘血管分布　　　　　图 4－13　兔耳缘静脉注射法

5. 青蛙和蟾蜍

淋巴囊内注射：蛙及蟾蜍皮下有多个淋巴囊，对药物易吸收，但皮肤无弹性，药液容易从穿刺孔溢出。因此，给任何一个淋巴囊注药均不能直接刺入。如做腹部淋巴囊注射时，将针头从股部上端刺入肌层，进入腹壁皮下淋巴囊再注药；做胸部淋巴囊注射时，针头由口腔底部穿下颌肌层而达胸部皮下；做股淋巴囊注射时，应从小腿皮肤刺入，通过膝关节而达大腿部皮下。注入药液量一般为 0.25～0.5mL（图 4－14）。

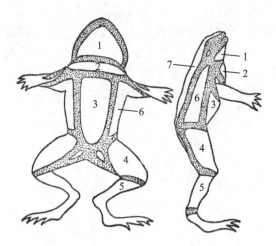

图 4－14　蛙的皮下淋巴囊
1—颌下囊；2—胸囊；3—腹囊；4—股囊；5—胫囊；6—侧囊；7—头背囊

6. 犬

（1）腹腔注射：犬被夹住后，再用力将犬的颈、头压在地上，提起侧后肢，并将药注入腹腔。

（2）静脉注射：可从后肢外侧小隐静脉或前肢皮下头静脉注射。

五、实验动物的取血方法

实验研究中，经常要采集实验动物的血液进行常规检查或某些生物化学分析，故必须掌握血液的正确采集。

1. 小白鼠和大白鼠

（1）剪尾取血法：将清醒鼠装入深颜色的布袋中，将鼠身裹紧，露出尾巴，用酒精涂擦或用温水浸泡使血管扩张，剪断尾尖后，尾静脉血即可流出，用手轻轻地从尾根部向尾尖挤捏，可取到一定量的血液。取血后，用棉球压迫止血，也可采用交替切割尾静脉方法取血。用一锋利刀片在尾尖部切破一段尾静脉，静脉血即可流出，每次可取 0.3～0.5mL，供一般血常规实验。三根尾静脉可替换切割，由尾尖向根部切割。由于鼠血易凝，需要全血时，应事先将抗凝剂置于采血管中，如用血细胞混悬液，则立即与生理盐水混合。每只鼠一般可采血10 次以上。小白鼠每次可取血 0.1mL，大白鼠 0.3～0.5mL。

（2）眼球后静脉丛取血法：左手持鼠，大拇指与中指抓住颈部皮肤，食指按压头部向下，阻滞静脉回流，使眼球后静脉丛充血，眼球外凸。右手持 1%肝素溶液浸泡过的自制吸血器，从内眦部刺入，沿内下眼眶壁，向眼球后推进 4～5mm，旋转吸血针头，切开静脉丛，血液自动进入吸血针筒，轻轻抽吸血管（防止负压压迫静脉丛使抽血更困难），拔出吸血针，放松手压力，出血可自然停止。也可用特制的玻璃取血管（管长 7～10cm，前端拉成毛细管，内径0.1～1.5mm，长为 1cm，后端管径为 0.6cm）。必要时可在同一穿刺孔重复取血。此法也适用于豚鼠和家兔。

（3）眼眶取血法：左手持鼠，拇指与食指捏紧头、颈部皮肤，使鼠眼球凸出，右手持弯镊或止血钳，钳夹一侧眼球部，将眼球摘出，鼠倒置，头部向下，此时眼眶很快流血，将血滴入预先加有抗凝剂的玻璃管内，直至流血停止。此法由于取血过程中动物未死，心脏不断跳动，一般可取鼠体重 4%～5%的血液量，是一种较好的取血方法，但只适用一次性取血。

（4）心脏取血：动物仰卧被固定于鼠板上，用剪刀将心前区毛剪去，用碘酒、酒精消毒此处皮肤，在左侧第 3～4 肋间用左手食指摸到心搏，右手持连有 4～5 号针头的注射器，选择心搏最强处穿刺，当针头正确刺入心脏时，鼠血由于心脏跳动的力量，血自然进入注射器。

（5）断头取血：实验者戴上棉手套，用左手抓紧鼠颈部位，右手持剪刀，从鼠颈部剪掉鼠头迅速将鼠颈端向下，对准备有抗凝剂的试管，收集从颈部流出的血液，小鼠可取血 0.8～1.2mL，大鼠可取血 5～10mL。

（6）颈动静脉、股动静脉取血：麻醉动物背位固定，一侧颈部或腹股沟部去毛，切开皮肤，分离出静脉或动脉，注射针沿动静脉走向刺入血管。20g 小鼠可抽血 0.6mL，300g 大鼠可抽血 8mL。也可把颈静脉或颈动脉用镊子挑起剪断，用试管取血或注射器抽血，股静脉连续多次取血时，穿刺部位应尽量靠近股静脉远心端。

2. 豚鼠

（1）心脏取血：需两人协作进行，助手以两手将豚鼠固定，腹部面向上，术者用左手在胸骨左侧触摸到心脏搏动处，一般在第 4～6 肋间、选择心跳最明显部位进针穿刺。针头进入心脏，则血液随心跳而进入注射器内，取血应快速，以防在试管内凝血。如认为针头已刺入心脏，但还未出血时，可将针头慢慢退出一点即可。失败时应拔出重新操作，切忌针头在胸腔内左右摆动，以防损伤心脏和肺脏而致动物死亡。此法取血量大，可反复采血。

（2）背中足静脉取血：助手固定动物，将其右或左后肢膝关节伸直提到术者面前，术者将动物脚背用酒精消毒，找出背中足静脉，以左手的拇指和食指拉住豚鼠的趾端，右手拿注射针刺入静脉，拔针后立即出血，呈半球状隆起，用纱布或棉花压迫止血。可反复取血，两后肢交替使用。

3. 家兔

（1）心脏取血：将动物仰卧在兔板上，剪去心前区毛，用碘酒、酒精消毒皮肤。用左手触摸胸骨左缘第3～4肋间隙，选择心脏跳动最明显处作穿刺点，右手持注射器，将针头插入胸腔，通过针头感到心脏跳动时，再将针头刺进心脏，然后抽出血液。

（2）耳缘静脉取血：选好耳缘静脉，拔去被毛，用二甲苯或75%酒精涂擦局部，小血管夹子夹紧耳根部，使血管充血扩张。术者持粗针头从耳尖部的血管逆回流方向入静脉取血，或用刀片切开静脉，血液自动流出，取血后用棉球压迫止血，一般取血量为2～3mL，压住侧支静脉，血液更容易流出，取血前耳缘部涂擦液体石蜡，可防止血液凝固。

（3）耳中央动脉取血：兔置入固定箱内，用手揉擦耳部，使中央动脉扩张。左手固定兔耳，右手持注射器，中央动脉末端进针，与动脉平行，向心方向刺入动脉。一次取血量为15mL，取血后棉球压迫止血。注意兔中央动脉易发生痉挛性收缩。抽血前要充分使血管扩张，在痉挛前尽快抽血，抽血时间不宜过长。中央动脉末端抽血比较容易，耳根部组织较厚，抽血难以成功。

（4）股静脉取血：行股静脉分离手术，注射器平行于血管，从股静脉下端向向心端方向刺入，徐徐抽动针栓即可取血。抽血完毕后，要注意止血。股静脉易止血，用干纱布轻压取血部位即可。若连续多次取血，取血部位应尽量选择离心端。

（5）颈静脉取血：将兔固定于兔箱中，倒置使兔头朝下，在颈部上1/3的静脉部位剪去被毛，用碘酒、酒精消毒，剪开一个小口，暴露颈静脉，注射器向向心端刺入血管，即可取血。此处血管较粗，很容易取血，取血量也较多，一次可取10mL以上，用干纱布或棉球压迫取血部位止血。

4. 猫

从前肢皮下头静脉、后肢股静脉、耳缘静脉取血，需大量血液时可从颈静脉取血。

5. 犬

（1）心脏取血：犬心脏取血方法与兔相似。将犬麻醉固定于手术台上，暴露胸部，剪去左侧第3～5肋间被毛，碘酒、酒精消毒局部，术者触摸心搏最明显处，避开肋骨进针，一般在胸骨左缘外1cm第4肋间处可触到，用6～7号针头注射器取血，要垂直向背部方向进针。当针头接触到心脏时，即有搏动感觉。针头进入心腔即有血液进入注射器。一次可采血20mL左右。

（2）小隐静脉和头静脉取血：小隐静脉从后肢外踝后方走向外上侧，头静脉位于前肢脚爪上方背侧正前位。剪去局部被毛，助手握紧腿，使皮下静脉充盈，术者按常规穿刺即可抽出血。

（3）颈静脉取血：犬以侧卧位固定于犬台上，剪去颈部被毛，常规消毒。助手拉直颈部，头尽量仰。术者左手拇指压住颈静脉入胸腔处，使颈静脉曲张。右手持注射器，针头与血管平行，从远心端向向心端刺入血管，颈静脉在皮下易滑动，穿刺时要拉紧皮肤，固定好血管，取血后棉球压迫止血。

（4）股动脉取血：麻醉犬或清醒犬背位固定于犬台上，助手将犬后肢向外拉直，暴露腹股沟，剪去被毛，常规消毒并用左手食指、中指触摸动脉搏动部位，并固定好血管，右手持注射器,针头与皮肤成45°角,由动脉搏动最明显处直接刺入血管,抽取所需血液量,取血后需较长时间压迫止血。

6. 猴采血法

与人类的采血法相似,常用者有以下几种:

(1) 毛细血管采血　需血量少时,可在猴拇指或足跟等处采血。采血方法与人的手指或耳垂处的采血法相同。

(2) 静脉采血:最宜部位是后肢皮下静脉及外颈静脉。后肢皮下静脉的取血法与狗的取血法相似。用外颈静脉采血时,把猴固定在猴台上,侧卧,头部略低于台面,助手固定猴的头部与肩部。先剪去颈部的毛,用碘酒-酒精消毒,即可见位于上颌角与锁骨中点之间的怒张的外颈静脉。用左手拇指按住静脉,右手持连6(1/2)号针头的注射器,其他操作与人的静脉取血相同。也可在肘窝、腕骨、手背及足背选静脉采血。但这些静脉更细、易滑动、穿刺难,血流出速度慢。

(3) 动脉采血:股动脉可触及。取血量多时常被优先选用,手法与狗股动脉采血相似。此外,肱动脉与桡动脉也可用。

7. 羊的采血方法

常采用颈静脉取血方法。也可在前后肢皮下静脉取血。颈静脉粗大,容易抽取,而且取血量较多,一般一次可抽取50～100mL。

将羊蹄捆缚,按倒在地,由助手用双手握住羊下颌,向上固定住其头部。在颈部一侧外缘剪毛约6.66cm范围,用碘酒、酒精消毒。用左手拇指按压颈静脉,使之怒张,右手取连用粗针头的注射器沿静脉一侧以39°倾斜由头端向心方向刺入血管,然后缓缓抽血至所需量。取血完毕,拔出针头,采血部位以酒精棉球压迫片刻,同时迅速将血液注入盛有玻璃珠的灭菌烧瓶内,振荡数分钟,脱去纤维蛋白,防止凝血,或将血液直接注入装有凝剂的烧瓶内。

8. 鸡、鸽、鸭的采血方法

鸡和鸽常采用的取血方法,是从其翼根静脉取血。如需抽取血时,可将动脉翅膀展开,露出腋窝,将羽毛拔去,即可见到明显的翼根静脉,此静脉是由翼根进入腋窝的一条较粗静脉。有碘酒、酒精消毒皮肤。抽血时用左手拇指、食指压迫此静脉向心端,血管即怒张。右手取连有5(1/2)号针头的注射器,针头由翼根向翅膀方向沿静脉平行刺入血管内,即可抽血,一般一只成年动物可抽取10～20mL血液。也常采用右侧颈静脉取血。右侧颈静脉较左侧粗,故用右侧颈静脉。以食指和中指按住头的一侧,用酒精棉球消毒右侧颈静脉的部位。以拇指轻压颈根部以使静脉充血。右手持注射器刺入静脉取血。常采用取血法还有爪静脉取血和心脏取血。在爪根部与爪中所见血管尖端之间切断血管,以吸管或毛细胞直接取血。亦可将注射针刺入心脏内取血。

不同动物采血部位与采血量的关系见表4-2,常用实验动物的最大安全采血量与最小致死采血量见表4-3。

表4-2 不同动物采血部位与采血量的关系

采血量	采血部位	动物品种
取少量血	尾静脉	大白鼠、小白鼠
	耳静脉	兔、狗、猫、猪、山羊、绵羊
	眼底静脉丛	兔、大白鼠、小白鼠
	舌下静脉	兔
	腹壁静脉	青蛙、蟾蜍
	冠、脚蹼皮下静脉	鸡、鸭、鹅
取中量血	后肢外侧皮下小隐静脉	狗、猴、猫
	前肢内侧皮下头静脉	狗、猴、猫
	耳中央动脉	兔
	颈静脉	狗、猫、兔
	心脏	豚鼠、大白鼠、小白鼠
	断头	大白鼠、小白鼠
	翼下静脉	鸡、鸭、鸽、鹅
	颈动脉	鸡、鸭、鸽、鹅
取大量血	股动脉、颈动脉	狗、猴、猫、兔
	心脏	狗、猴、猫、兔
	颈静脉	马、牛、山羊、绵羊
	摘眼球	大白鼠、小白鼠

表4-3 常用实验动物的最大安全采血量与最小致死采血量

动物种类	最大安全采血量/mL	最小致死采血量/mL
小白鼠	0.2	0.3
大白鼠	1	2
豚鼠	5	10
兔	10	40
狼狗	100	500
猎狗	50	200
猴	15	60

六、实验动物的麻醉

在一些动物实验中,特别是手术等实验,为减少动物的挣扎和保持其安静,便于操作,常需对其采取必要的麻醉。由于动物属间差异等情况,所采用的麻醉方法和所选用的麻醉剂亦有所不同。

1. 麻醉药的选择

进行动物实验宜用清醒状态的动物,这样将更接近生理状态。但在一些急、慢性实验中,施行手术前或实验时为了消除疼痛或减少动物挣扎而影响实验结果,必须对动物进行麻醉,以利于实验顺利进行。麻醉药的种类较多,作用原理也各有不同,它们除能抑制中枢神经系统外,还可引起其他生理机能的变化。理想的麻醉药应具备下列三个条件:①麻醉完善,实验过程中动物无挣扎或鸣叫现象,麻醉时间大致满足实验要求;②对动物的毒性及所观察的指标影响最小;③使用方便。麻醉药需根据动物的种类和不同实验手术的要求选择,麻醉必须适度,过浅或过深都会影响手术或实验的进程和结果。

2. 常用的麻醉剂

动物实验中常用的麻醉剂主要分为三类,即挥发性麻醉剂、非挥发性麻醉剂和中药麻醉剂。

(1)挥发性麻醉剂

这类麻药包括乙醚、氯仿等。乙醚吸入麻醉适用于各种动物,其麻醉量和致死量差距大,所以安全度也大,动物麻醉深度容易掌握,而且麻醉后苏醒较快。其缺点是对局部刺激作用大,可引起上呼吸道黏膜液体分泌增多,再通过神经反射可影响呼吸、血压和心跳活动,并且容易引起窒息,故在乙醚吸入麻醉时必须有人照看,以防止麻醉过深而出现上述情况。

(2)非挥发性麻醉剂

这类麻醉剂种类较多,包括巴比妥钠、戊巴比妥钠、硫喷妥钠等巴比妥类的衍生物,氨基甲酸乙酯和水合氯醛。这些麻醉剂使用方便,一次给药可维持较长的麻醉时间,麻醉过程较平衡,动物无明显挣扎现象。但其缺点是苏醒较慢。

(3)中药麻醉剂

动物实验时有时也用到像洋金花和氢溴酸冬莨菪碱等中药麻醉剂,但由于其作用不够稳定,而且常需加佐剂麻醉效果才能理想,故使用过程中不能得到普及,因而,多数实验室不选用这类麻醉剂进行麻醉。

3. 常用麻醉的两种形式

(1)局部麻醉

常用5~10g/L普鲁卡因,动物实验中多采用局部皮下浸润麻醉。剂量按所需麻醉面积的大小而定,一般不超过50mg/kg。

(2)全身麻醉

吸入麻醉法:用一块圆玻璃板和一个钟罩或一个密闭的玻璃箱作为挥发性麻醉剂的容器,多选用乙醚作麻药。麻醉时用几个棉球,将乙醚倒入其中,迅速转入钟罩或箱内,让其挥发,然后把待麻醉动物投入,约隔4~6min即可麻醉,麻醉后应立即取出,并准备一个蘸有乙醚的棉球小烧杯,在动物麻醉变浅时套在鼻上使其补吸麻药。适用于大、小鼠的短时间麻醉。

腹腔和静脉给药麻醉法:非挥发性和中药麻醉剂均可用作腹腔和静脉注射麻醉,操作简便,是实验室最常采用的方法之一,药物通过静脉或注射进入动物体内而发挥全麻作用,常用药物有戊巴比妥钠、乌拉坦等。腹腔给药麻醉多用于大鼠、小鼠和豚鼠,较大的动物如兔、狗等则多用于静脉给药进行麻醉。由于各种麻醉剂的作用长短及毒性的差别,所以在腹腔和静脉麻醉时,一定要控制药物的浓度和注射量。

戊巴比妥钠水溶液常用浓度为 30mg/mL 时,狗静脉注射用药时为 30mg/kg;猫、家兔静脉注射用量为 30~40mg/kg;大白鼠、小白鼠腹腔注射用药量为 40~50mg/kg。一次给药麻醉时间可持续 3h 左右。

乌拉坦水溶液 25mg/mL,猫、家兔、大白鼠静脉或腹腔注射用药量一般为 4mL/kg。

4. 各种动物的麻醉方法

(1) 小白鼠　根据需要选用吸入麻醉或注射麻醉。注射麻醉时多采用腹腔注射法。

(2) 大白鼠　多采用腹腔麻醉,也可用吸入麻醉。

(3) 豚鼠　可进行腹腔麻醉,也可将药液注入背部皮下。

(4) 猫　多用腹腔麻醉,也可用前肢或后肢皮下静脉注射法。

(5) 家兔　多采用耳缘静脉麻醉。注射麻醉药时应先快后慢,并密切注意家兔的呼吸及角膜反射等变化。

(6) 犬　多用前肢或后肢皮下静脉注射。

5. 麻醉注意事项

(1) 静脉注射必须缓慢,同时观察肌肉紧张性、角膜反射和对皮肤夹捏的反应,当这些活动明显减弱或消失时,立即停止注射。配制的药液浓度要适中,不可过高,以免麻醉过急;但也不能过低,以减少注入溶液的体积。

(2) 麻醉时需注意保温。麻醉期间,动物的体温调节机能往往受到抑制,出现体温下降,可影响实验的准确性。此时常需采取保温措施。

(3) 做慢性实验时,在寒冷冬季,麻醉剂在注射前应加热至动物体温水平。

七、实验动物的处死方法

1. 颈椎脱位法

小白鼠和大白鼠:术者左手持镊子或用拇指、食指固定小鼠头后部,右手捏住鼠尾,用力向后上方牵拉,听到鼠颈部喀嚓声即颈椎脱位,脊髓断裂,鼠瞬间死亡。

豚鼠:术者左手倒持豚鼠,用右手掌尺侧或木棒猛击颈部,使颈椎脱位迅速死亡。

2. 断头、毁脑法

常用于蛙类。可用剪刀剪去头部或用金属探针经枕骨大孔破坏大脑和脊髓而致死。大白鼠和小白鼠也可用断头法处死,术者需戴手套,两手分别抓住鼠头与鼠身,拉紧并显露颈部,由助手持剪刀,从颈部剪断头部。

3. 空气栓塞法

术者用 50~100mL 注射器,向静脉血管内迅速注入空气,气体栓塞心腔和大血管而使动物死亡。使猫与家兔致死的空气量为 10~20mL,犬为 70~150mL。

4. 大量放血法

鼠可用摘除眼球,从眼眶动静脉大量放血而致死。如不立即死亡,可摘除另一眼球。猫可在麻醉状态下切开颈三角区,分离出动脉,钳夹上下两端,插入动脉插管,再松开下方钳子,轻压胸部可放大量血液,动物可立即死亡。对于麻醉犬,可横向切开股三角区,切断股动静脉,血液喷出;同时用自来水冲洗出血部位(防止血液凝固),3～5min 内动物死亡。采集病理切片标本宜用此法。

第三节　典型药理学实验

实验一　药物剂量对药物作用的影响

一、实验目的与要求

1. 观察不同剂量对药物作用的影响。
2. 练习小白鼠的捉拿和腹腔注射方法。

二、实验原理

在一定条件下,药物剂量与其作用的强度呈正比关系,即作用强度随药物剂量的增大而增大,但超过一定剂量范围则又有可能发生中毒现象,甚至引起死亡。

三、实验仪器与药品

仪器:托盘天平、1mL 注射器、大烧杯。
药品:2%水合氯醛溶液。
动物:小白鼠。

四、实验方法与步骤

取小白鼠 2 只,称重编号后分别放入大烧杯中,观察两只鼠的正常活动情况;分别向小白鼠腹腔内各注射 2%水合氯醛溶液 0.05mL/10g 和 0.5mL/10g,并将给药后的小白鼠分别置于大烧杯中,观察其有无兴奋、紧尾、惊厥甚至死亡等现象,并记录相关现象发生的时间,比较两只鼠有何不同。

五、实验记录及分析

1. 实验记录

鼠的编号	体重	药物和剂量	用药后反应及发生时间
甲			
乙			

2. 实验结果分析与讨论

六、思考题

1. 通过查阅文献,了解水合氯醛具有哪些药理性能?
2. 对小白鼠进行腹腔药物注射时需注意哪些要点?

实验二　不同给药途径对药物作用的影响

一、实验目的与要求

1. 观察不同给药途径对药物作用的影响。
2. 掌握小白鼠的灌胃法和腹腔法。

二、实验原理

给药途径不同,药物首先到达的器官和组织不同,致使药物的吸收和分布的速度也不同,药物效应因而呈现差异。静脉吸收最快,产生作用最强,其他的给药途径的吸收速度依次是:呼吸道>腹腔注射>肌肉注射>皮下注射>皮内注射>口服>贴皮。给药途径引起的药物效应差异主要包括"量差异"(即同一效应,但作用强度不同)和"质差异"(即出现不同的药理效应)两种。

三、实验仪器与药品

仪器:调剂天平 1 台、1mL 注射器 1 支、针头 1 个、小白鼠灌胃器 1 个、大烧杯 2 个。
药品:10%硫酸镁溶液、染料。
动物:小白鼠

四、实验方法与步骤

取小白鼠 2 只,称重编号,并分别置于大烧杯内,观察其正常活动情况;用 10%硫酸镁溶液按 0.2mL/10g 给甲鼠进行灌胃,并另外按 0.2mL/10g 给乙鼠腹腔注射,然后将其各置于一烧杯中,观察两只鼠的反应差异。

五、实验记录及分析

1. 实验记录

鼠的编号	体重	药物与剂量	给药途径	用药前情况	用药后反应
甲					
乙					

2. 实验结果分析与讨论

六、思考题

1. 硫酸镁溶液灌胃和腹腔注射的效应有哪些不同? 为什么?

2. 给药途径不同,药物的作用和效应为什么会出现差异? 本次实验结果对临床用药有何指导意义?

实验三　水杨酸钠生物半衰期($t_{1/2}$)的测定

一、实验目的与要求

测定家兔单次静脉注射水杨酸钠的生物半衰期($t_{1/2}$)。

二、实验原理

生物半衰期($t_{1/2}$)是描述药物在体内消除的重要参数,其定义为药物在生物体内消除一半所需要的时间,单位通常为小时(h)。大多数药物遵循一级消除动力学规律(定比消除),其半衰期 $t_{1/2}$ 为恒定值。多次给药时,通常经过 3～5 个半衰期达到稳态血药浓度,因此测定半衰期 $t_{1/2}$ 具有重要的临床意义。实际中,可以通过测定药物血浆浓度,同时结合给药剂量和给药时间,计算药物的生物半衰期 $t_{1/2}$ 值。

水杨酸钠浓度测定原理:水杨酸钠可在酸性条件下生成水杨酸,并与三氯化铁反应可生成一种紫色配合物。因此通过测定 520nm 处的吸光度值,并结合标准曲线即可计算得到水杨酸钠的浓度。

三、实验仪器与药品

仪器:50mL 烧杯 2 只,试管 6 支,离心管 3 支,试管架 1 个,10mL 注射器 2 个,可见分光光度计、离心机各 1 台,玻璃棒 3 支,10mL 吸管 1 支,5mL 吸管 3 支,刀片 1 把,天平,动脉插管,洗耳球,记号笔。

药品:20% 乌拉坦溶液,10% 水杨酸钠溶液,0.05% 水杨酸钠标准液,10% 三氯醋酸,10% 三氯化铁,0.5% 肝素溶液,蒸馏水。

动物:家兔,2.5kg 左右。

四、实验方法与步骤

1. 麻醉、颈动脉插管　取家兔一只,称重、记录性别,按 5mL/kg 通过耳缘静脉注射 20% 乌拉坦麻醉。肝素抗凝后,颈动脉插管,取动脉血备用。

2. 留取血样　给药前留取空白动脉血;然后按 2mL/kg 由家兔耳缘静脉注射 10% 水杨酸钠溶液。记录给药完毕时间,分别留取注射后 0min、5min、10min、20min 和 40min 的动脉血样。

3. 水杨酸钠血浆浓度的测定

(1) 标准曲线制备:将 0.05% 水杨酸钠标准液倍比稀释成质量分数分别为 0.05%,0.025%,0.0125%,0.005% 和 0.0025% 的系列标准液。

(2) 测定系列标准液及不同时间点血样的吸光度值。

(3) 计算水杨酸钠浓度:根据标准曲线得到的线性方程,即可求得给药后不同时间点(0min,5min,10min,20min,40min)时血浆中水杨酸钠的浓度 c_0、c_5、c_{10}、c_{20}、c_{40}。

4. 计算水杨酸钠的生物半衰期 $t_{1/2}$ 值。利用 c_0、c_5、c_{10}、c_{20}、c_{40} 值及给药剂量,可使用

作图法、公式法及药代动力学软件等方法计算 $t_{1/2}$ 值。

当药物消除反应为一级反应时,其在时间 t 时的血药浓度 c_t 与初始浓度 c_0 存在如下关系:

$$c_t = c_0 e^{-K_e t}$$

式中,K_e 为消除速率常数;c_0 为初始药量产生的药物浓度。

根据药物浓度-时间曲线求 $t_{1/2}$。

五、实验记录及分析

按测得的血中水杨酸钠浓度取对数,以对应时间为横坐标,对数浓度为纵坐标作图,在此线上找出血药浓度下降一半的时间,即为该药的血浆半衰期。

六、注意事项

1. 加入 10% 三氯醋酸后,要立即使用涡旋混合器混匀,防止发生凝固。

2. 大多数药物的体内消除过程遵循一级消除动力学规律,药物代谢动力学规律通常使用房室模型进行模拟。其中较为常用的房室模型为双室模型。双室模型包括中央室和周边室,其血药浓度-时间曲线可由分布相(α 相)与消除相(β 相)组成。

七、思考题

1. 测定血药浓度时,对标准曲线有什么要求?
2. 通过作图法求药物的生物半衰期时,如何保证作图的可靠性?

实验四 药物理化性质对药物作用与效用的影响

一、实验目的与要求

了解药物的不同理化性质对药物作用和效用的影响。

二、实验原理

药物的化学结构与药物的作用也有密切关系。药物只有在具备与组织细胞的某种成分结构适应时,才能参与特定的组织生化过程,并改变特定组织器官的功能而呈现出药物的作用。多数基本结构相似的药物有着相似的作用,但也有个别药物的分子结构与体内代谢产物基本相同,而呈现相反的作用。

三、实验仪器与药品

仪器:天平,小鼠笼,1mL 注射器。
药品:5% $BaSO_4$,5% $BaCl_2$ 溶液。
动物:小白鼠。

四、实验方法与步骤

取小白鼠 2 只,分别称重标记后,再观察其一般活动情况;向一只小白鼠按 0.1mL/10g

通过腹腔注射 5％BaSO₄ 溶液,向另一只小白鼠按 0.1mL/10g 通过腹腔注射 5％BaCl₂ 溶液。注射后将小白鼠放入笼中,观察两只鼠反应有何不同。

五、实验记录及分析

1. 实验记录

将两鼠用药后的活动状况,大小便,呼吸次数及有无惊厥死亡发生列表记录于下表。

鼠的编号	体重	药物/(0.1mL/10g)	活动状况	大小便	呼吸/(次/min)	惊厥	死亡
甲		5％BaSO₄					
乙		5％BaCl₂					

2. 实验结果分析与讨论

六、注意事项

BaSO₄ 为难溶解的盐,用时应摇匀后抽吸。

七、思考题

1. 通过腹腔向小白鼠体内注射药物时需注意哪些问题?
2. BaSO₄ 和 BaCl₂ 对小白鼠施药后产生不同效用可能的原因有哪些?

实验五　药物的相互作用

一、实验目的与要求

观察药物的协同与拮抗作用,以了解联合用药时药物作用的相互影响

二、实验原理

两种以上的药物合用时,倘若它们的作用方向是一致的,达到彼此增强的效果称为协同作用。按照协同作用所呈现的强度不同可分为相加作用和增强作用。相加作用是药物合用时,其总的效应等于各药单用时效应的总和。增强作用是药物合用时,其总的效应超过各药单用时效应的总和。药物合用时,倘若它们的作用相反,达到彼此减弱或消失的效果称为拮抗作用。

三、实验仪器与步骤

仪器:磅秤、5mL 注射器。
药品:5％ MgSO₄ 溶液,5％ CaCl₂ 溶液。
动物:家兔。

四、实验方法与步骤

取家兔 1 只称重后,观察其正常活动情况;然后按 2mL/kg 由耳缘静脉缓慢注射

$MgSO_4$ 溶液,并在用药后注意观察所发生的症状;当出现呼吸、心跳减慢减弱,肌肉松弛不能站立时,立即按 $1mL/kg$ 静注 5% $CaCl_2$ 溶液,如心跳及呼吸恢复正常,耳壳血管开始转红即可停止注射。

五、实验记录及分析

记录症状出现时间,给予拮抗药物后症状恢复时间及有无死亡发生。

六、注意事项

1. $MgSO_4$ 可缓慢、全量在 $2\sim3min$ 注射完。
2. 实验时应将 $CaCl_2$ 溶液同时抽好,以便解救使用。

七、思考题

1. 对家兔施用 $MgSO_4$ 溶液和 $CaCl_2$ 溶液,其作用有何差异?
2. 为什么对家兔先施用 $MgSO_4$ 溶液,再施用 $CaCl_2$ 溶液,能够降低 $MgSO_4$ 溶液的效用?

实验六 药物半数有效量(ED_{50})的测定

一、实验目的与要求

1. 了解测定药物半数有效量的意义、原理、方法。
2. 学习半数有效量和半数致死量的测定和计算方法。

二、实验原理

戊巴比妥钠为巴比妥类镇静催眠药,用适当剂量的戊巴比妥钠给小鼠腹腔注射后可产生催眠效应。催眠效应强度常用翻正反射的消失来判断,该指标仅有阳性(睡眠)和阴性(不睡眠)两种现象,属于质反应。

当质反应量效曲线的横坐标为对数剂量,而纵坐标采用阳性反应发生的频数时,一般为常态分布曲线。如改用累加阳性频数为纵坐标时,可以得到标准的 S 形曲线。该曲线的中央部分(50%反应处)接近一条直线,斜度最大,其相应的剂量也就是能使群体中半数个体出现某一效应的剂量,通常称为半数效应量。如效应为疗效,则称半数有效量(ED_{50});如效应为死亡,则称半数致死量(LD_{50})。这些数值是评价药物作用强度和药物安全性的重要参数。

测定 ED_{50} 和 LD_{50} 的方法基本一致,只是所观察的指标不同。前者以药效为指标,后者以动物死亡为指标。常用的测定方法有 Bliss 法(正规机率单位法),Litchfield-Wilcoxon 机率单位图解法,Kaerber 面积法,孙瑞元改进的 Kaerber 法(点斜法)及 Dixon-Mood 法(序贯法)等。其中孙氏改进的 Kaerber 法因其简捷性和精确性更为常用。

孙氏改进的 Kaerber 法的设计条件是:各组实验动物数相等,各组剂量呈等比数列,各组动物的反应率大致符合常态分布。若以 X_m 为最大反应率组剂量的对数,i 为组间剂量比的对数,P 为各组反应率,P_m 为最高反应率,P_n 为最低反应率,n 为实验组数,则

$$ED_{50} = lg^{-1}[X_m - i(\sum P - 0.5) + i/4(1 - P_m - P_n)] \qquad (4-1)$$

含 0 及 100% 反应率时,有

$$ED_{50} = lg^{-1}[X_m - i(\sum P - 0.5)] \qquad (4-2)$$

$$ED_{50} \text{ 的 } 95\% \text{可信限} = lg^{-1}(lgED_{50} \pm 1.96 \cdot S) \qquad (4-3)$$

其中

$$S = i\sqrt{\frac{\sum P - \sum P_2}{n-1}} \qquad (4-4)$$

三、实验仪器与药品

仪器:小鼠笼,天平,0.5mL 或 0.25mL 注射器。

药品:浓度分别为 2.00mg/mL,2.40mg/mL,2.89mg/mL,3.47mg/mL,4.16mg/mL,5.00mg/mL 的戊巴比妥钠溶液。

动物:小鼠 60 只,体重 18~24g。

四、实验方法与步骤

1. 确定给药剂量:先以少量动物做预实验,以获得小鼠对戊巴比妥钠催眠反应率为 100% 的最小剂量(ED_{100})和反应率为 0 的最大剂量(ED_0)。然后在此剂量范围内,按等比数列分成几个剂量组(一般 4~8 组),各组剂量的公比 r 为 $r = \sqrt[n-1]{ED_{100}/ED_0}$。

求得 r 后,自第一剂量组(ED_0)开始乘以 r,可得相邻的下一个组的剂量。若共分为 6 个组,各组剂量分别为 ED_0、$r \cdot ED_0$、$r^2 \cdot ED_0$、$r^3 \cdot ED_0$、$r^4 \cdot ED_0$、$r^5 \cdot ED_0$。

2. 给药:取体重 18~22g 的健康小鼠 48 只,查随机数字表,随机分为 6 个组,每组 8 只。按实验方案与记录表所列的各组给药浓度按 10mL/kg 分别进行腹腔注射。

3. 记录结果:以翻正反射消失为入睡指标,观察药物的催眠效应,记录各组腹腔注射后 15min 内睡眠鼠数,填入实验方案与记录表。

五、实验记录及分析

依实验方案与记录表所列,分别计算各组 P 和 P_2。再按式(4-1)或式(4-2)计算 ED_{50},式(4-3)及式(4-4)计算 ED_{50} 的 95% 可信限。

实验方案与记录表

组别	小鼠数	药物浓度 /(mg/mL)	给药剂量 /(mg/kg)	对数剂量	催眠鼠数	P	P_2
1	8	2.00	20.0	1.3010			
2	8	2.40	24.0	1.3806			
3	8	2.89	28.9	1.4602			
4	8	3.47	34.7	1.5398			
5	8	4.16	41.6	1.6194			
6	8	5.00	50.0	1.6990			
$\sum$							

六、注意事项

1. 若用 50 只小鼠,随机分为 5 个剂量组进行实验,各组动物可参照 20mg/kg、25mg/kg、31mg/kg,39mg/kg,49mg/kg 给药。(药物浓度为 2.45mg/mL、1.96mg/mL、1.57mg/mL、1.25mg/mL、1.00mg/mL)以 20mL/kg 腹腔注射。

2. 随机分组时,可先称各小鼠体重,将体重相同的小鼠放在同一笼,分别做好标记。再按确定组数查随机数字表分组,使各组平均体重及体重分布尽可能一致。

3. 本实验为定量实验,注射药量必须准确。给药后要仔细观察药物反应,但不可过多地翻动小鼠,以免影响实验结果。

七、思考题

1. ED_{50} 的定义及其对用药有何指导意义?
2. 治疗指数的定义及其对用药有何指导意义?

实验七　药物对兔瞳孔的作用

一、实验目的与要求

1. 观察抗胆碱药及拟肾上腺素药对兔瞳孔的影响,分析二类药散瞳作用原理。
2. 练习家兔的捉拿及滴眼方法。

二、实验原理

瞳孔的大小受瞳孔括约肌和瞳孔开大肌的影响。瞳孔括约肌上主要分布有 M 受体,毛果芸香碱溶液滴眼后可激动瞳孔括约肌上 M 受体而产生 M 样作用,使瞳孔括约肌向中心方向收缩,瞳孔缩小。阿托品溶液滴眼后阻断瞳孔括约肌上 M 受体产生扩瞳。瞳孔开大肌上,肾上腺素激动 α 受体能使瞳孔开大肌向眼外周围方向收缩,并引起瞳孔扩大。

三、实验仪器与药品

仪器:兔固定器 1 个、瞳孔尺或游标尺 1 把、手电筒 1 个。
药品:1%硫酸阿托品溶液、1%硝酸毛果芸香碱溶液。
动物:家兔。

四、实验方法与步骤

取家兔 1 只,在适当的光线下,用测瞳尺测量两眼瞳孔的大小(以 mm 表示),并用手电筒在适当的光线下测量对光反射(即用手电筒照射一侧兔眼,如瞳孔随光照缩小,为对光反射阳性,否则为阴性),观察瞳孔对光反射存在与否,并按下列安排,给兔滴眼药:

兔的编号	左眼	右眼
甲兔	1%硫酸阿托品	1%硝酸毛果芸香碱

家兔左、右眼的结膜囊内各滴入 2 滴 1%硫酸阿托品溶液、1%硝酸毛果芸香碱溶液(滴眼方法:用左手拇指、食指将下眼睑拉下来呈杯状,同时用中指压住鼻泪管,滴入药液;使药液在眼睑内保留 1min 以保证药液与角膜充分接触后,再将手放开,任其溢出)。

滴药 15min 后,在同样强度光线下,再测两侧瞳孔大小和对光反射(测瞳孔对光反射方法:在观察瞳孔大小时,迅速以灯光照射兔眼,如瞳孔能随光照射而有缩小反应,即认为对光反射存在;若不能缩小,即为对光反射消失)。

五、实验记录及分析

将实验结果填入下表中。

兔的编号	眼睛	药物	用药前		用药后甲兔	
			瞳孔直径大小/mm	对光反射	瞳孔直径大小/mm	对光反射
甲兔	左	1%阿托品				
	右	1%毛果芸香碱				

六、注意事项

1. 测量瞳孔时不能刺激角膜,否则会影响瞳孔大小。
2. 在各次测瞳时,条件务求一致,如光强度及光源角度等,测量应准确。

七、思考题

1. 进行家兔捉拿和滴眼时需注意哪些操作要点?
2. 硫酸阿托品和硝酸毛果芸香碱在结构上有何差异?它们在对兔瞳孔的影响上与其作用性能有何关系?

实验八 地西泮的抗惊厥作用

一、实验目的与要求

观察地西泮的抗惊厥作用。

二、实验原理

药物的抗惊厥作用:地西泮为苯二氮䓬类药物,为中枢抑制剂,具有良好的抗焦虑、镇静、催眠、抗惊厥和肌肉松弛作用。

三、实验仪器与药品

仪器:电子天平、1mL 注射器。
药品:25%尼可刹米溶液、0.5%地西泮溶液。
动物:小白鼠。

四、实验方法与步骤

取健康小白鼠 2 只，称重编号，然后按 0.1mL/10g 由腹腔注射 25％尼可刹米溶液，待小白鼠出现惊厥后（如躁动、角弓反张等），甲鼠立即按 0.1mL/10g 由腹腔注射 0.5％地西泮溶液，乙鼠腹腔注射等量生理盐水，观察两鼠惊厥情况有何不同。

五、实验记录及分析

1. 实验记录

鼠的编号	体重	药物	结果
甲		尼可刹米＋地西泮	
乙		尼可刹米＋生理盐水	

六、注意事项

1. 药物用药剂量要准确，时间需掌握好。
2. 给药后应保持室内安静，避免刺激实验动物。

七、思考题

1. 地西泮和生理盐水对小鼠惊厥在作用上有何不同？为什么会呈现如此差异？
2. 尼可刹米是哪种类型的药物？其主要效用是什么？

实验九　去甲肾上腺素的缩血管作用

一、实验目的与要求

1. 观察去甲肾上腺素的缩血管作用，分析其作用机制和临床用途。
2. 练习蛙的捉拿及其脑、脊髓的破坏方法。

二、实验原理

去甲肾上腺素是一种血管收缩药和正性肌力药。药物作用后心排血量可以增高，也可以降低，其结果取决于血管阻力大小、左心功能的好坏和各种反射的强弱（如颈动脉压力感受器的反射等）。

三、实验仪器与药品

仪器：探针、蛙板、蛙腿夹、大头针、手术剪、镊子、滴管、放大镜。
药品：0.01％重酒石酸去甲肾上腺素溶液。
动物：青蛙或蟾蜍。

四、实验方法与步骤

取青蛙或蟾蜍 1 只，应用探针破坏其脑与脊髓后，固定于蛙板上。沿其腹壁一侧剖开腹腔,找出小肠的肠系膜,用大头针固定于蛙板上。用放大镜观察肠系膜血管的粗细后,滴0.01%重酒石酸去甲肾上腺素溶液1滴于肠系膜上,待约3min后,再观察肠系膜血管的粗细与滴药前有何不同。

五、实验记录及分析

滴药后肠系膜血管与滴药前相比较粗细程度的变化。

六、思考题

1. 重酒石酸去甲肾上腺素具有什么样的结构? 其主要效用是什么?
2. 进行蛙的捉拿及其脑、脊髓的破坏时需注意什么?

实验十　传出神经对肠平滑肌的作用

一、实验目的与要求

观察乙酰胆碱、毛果芸香碱及阿托品对肠平滑肌的作用。

二、实验原理

家兔小肠平滑肌上存在 α、β、M 受体。α、β 受体兴奋可使小肠平滑肌抑制而舒张;M 受体兴奋可使小肠平滑肌兴奋而收缩。

三、实验仪器与药品

仪器:麦氏浴皿、恒温水浴、L 形通气管、手术剪、镊子、缝针、丝线、温度计、充气球胆或加氧泵、铁支架、双凹夹、培养皿、万能杠杆或张力换能器、注射器、平衡记录仪/生理多用仪。

药品:0.01%氯化乙酰胆碱溶液、1%硝酸毛果芸香碱溶液、0.1%硫酸阿托品溶液、台氏液。

动物:家兔。

四、实验方法与步骤

1. 取家兔1只,击头致死,剖腹剪取接近十二指肠的空肠一段,置于盛有台氏液的烧杯或培养皿内,并将肠内容物冲洗干净,剪成数小段(每小段约2cm)备用。

2. 装好实验装置,调节温度并恒定于38℃后,取小肠一段,一端用线系于和加氧泵相连的L形玻璃通气钩上置于盛有台氏液的麦氏浴皿内,使与加氧空气相通的管道均匀地放出气泡,供给氧气;另一端,用线连于张力换能器。

3. 在记录仪器上先记录一段肠肌正常活动曲线后,向台氏液加入0.01%氯化乙酰胆碱溶液0.5mL,当作用(使曲线上升)明显时,随即加入0.1%硫酸阿托品溶液0.5mL,观察记录结果。

4. 随后再加入与前同量的氯化乙酰胆碱溶液,比较与前次加入该药时有何不同。

5. 然后更换台氏液,用38℃的台氏液冲洗肠段3次或者换以未用过的肠段后,再加入1%硝酸毛果芸香碱溶液0.3mL,当作用显著时,立即加入0.1%硫酸阿托品溶液

0.5mL,观察记录结果。

五、实验记录及分析

根据肠肌活动的变化,分析其受体作用机制。

六、思考题

1. 台氏液的作用是什么?
2. 氯化乙酰胆碱、硝酸毛果芸香碱及硫酸阿托品对肠平滑肌的作用有何差异?为什么有此差异?

实验十一　局部麻醉药对兔角膜的麻醉作用

一、实验目的与要求

比较普鲁卡因和丁卡因对家兔角膜的麻醉强度,并思考其临床用途。

二、实验原理

局部麻醉药是一类能在用药局部可逆性的阻断感觉神经冲动发生与传递的药品,简称局麻药。在保持清醒的情况下,局部麻醉药能够可逆地引起局部组织痛觉消失。一般情况下,局麻药的作用局限于给药部位并随药物从给药部位扩散而迅速消失。

三、实验仪器与药品

仪器:兔固定箱 1 个、剪刀 1 把、滴管 2 支。
药品:1%盐酸丁卡因溶液、1%盐酸普鲁卡因溶液。
动物:家兔。

四、实验方法与步骤

取家兔 1 只,用兔固定箱固定。剪去睫毛后,用兔须触及其角膜,测试其两眼的眨眼反射。然后用手指将下眼睑拉成杯状并压住鼻泪管,向左、右两眼分别滴入 1%盐酸丁卡因溶液 2 滴与 1%盐酸普鲁卡因溶液 2 滴。10min 后再测两眼的眨眼反射,比较两眼的差别。

五、实验记录及分析

动物	眼	药物	眨眼反射
兔	左	1%盐酸丁卡因	
	右	1%盐酸普鲁卡因	

注:也可用同量利多卡因代替丁卡因。

六、注意事项

刺激角膜用的兔须,兔眼两眼角膜的上、中、下、左、右五处不同点时应使用同一根兔须的同一端,刺激强度力求一致,且兔须不可触及眼睑,以免影响实验结果。

七、思考题

1. 盐酸丁卡因与盐酸普鲁卡因在结构上有何差异?

2. 进行兔角膜刺激时,为什么兔眼两眼角膜的上、中、下、左、右五处不同点时应用同一根兔须的同一端进行? 在具体操作时还需要注意哪些问题?

实验十二　药物的抗电惊厥作用

一、实验目的与要求

观察抗癫痫药对电惊厥实验性癫痫大发作动物的作用。

二、实验原理

抗癫痫药物可通过两种方式来消除或减轻癫痫发作:其一是影响中枢神经元,以防止或减少他们的病理性过渡放电;其二是提高正常脑组织的兴奋阈,减弱病灶兴奋的扩散,防止癫痫复发。一般将 20 世纪 60 年代前合成的抗癫痫药,如苯妥英钠、苯巴比妥、卡马西平、乙琥胺、丙戊酸钠等称为老抗癫痫药,其中苯巴比妥、苯妥英钠、卡马西平、丙戊酸钠也是目前广泛应用的一线抗癫痫药。

三、实验仪器与药品

仪器:药理生理多用仪或电刺激仪、1mL 注射器。
药品:0.5％苯巴比妥钠、0.5％苯妥英钠、生理盐水。
动物:小鼠雄性,18～22g,实验前 12h 应禁食、不禁水。

四、实验方法与步骤

1. 取小白鼠,分别称重并编号。

2. 多用仪功能挡拨向"电惊厥",刺激方式"单次",A 频率为 1Hz,输出导线前端的两个鳄鱼夹要用生理盐水浸湿,再夹住小鼠的两耳。输出电压由小至大,直至出现惊厥反应。如未出现惊厥,可将电压由 80V 调至 100V 试之,如法选出 3 只小鼠,记录使各鼠发生惊厥的电压阈值。小鼠发生惊厥的表现:前肢屈曲、后肢僵直、阵挛,然后恢复。以其后肢僵直作为电惊厥指标。

3. 如法选出 3 只小鼠并记录各鼠发生惊厥的电刺激强度(即各种刺激参数)。待小鼠恢复常态后,分别由腹腔注射苯巴比妥钠 0.1mL/10g,苯妥英钠 0.1mL/10g 及生理盐水 0.1mL/10g。30min 后,再用各鼠原惊厥阈值给予刺激,比较给药后动物反应有何不同。若使用电刺激器,通电参数为输出电压 100V、刺激时间 0.2～0.3s,或自行调至惊厥为止,刺激间隔时间不应少于 5s。

五、实验记录及分析

动物编号	体重	药物与剂量	通电参数	反应	
				药前	药后
1					
2					
3					

六、注意事项

刺激参数会因动物个体差异而不同,电压以能引起动物惊厥为准,不宜过大,通电时应将导线提起,避免小白鼠活动使鳄鱼夹脱落后相接触,也不能让鳄鱼夹与鼠体其他部位相接触。

七、思考题

1. 使用药理生理多用仪或电刺激仪时需注意哪些问题?
2. 抗癫痫药对小白鼠电惊厥有哪些作用?为什么有这些作用?

实验十三　氯丙嗪对电刺激诱发小白鼠激怒反应的影响

一、实验目的与要求

观察氯丙嗪对小白鼠激怒反应的拮抗作用,了解电刺激诱发激怒反应的方法。

二、实验原理

用电刺激法引起动物激怒反应,通过小白鼠激怒反应的差异来了解氯丙嗪的安定作用。

三、实验仪器与药品

仪器:YSD-4型生理药理多用仪或电刺激器,激怒刺激盒,天平,鼠罩,秒表,1mL注射器。

药品:0.1%盐酸氯丙嗪溶液、生理盐水、苦味酸溶液。

动物:异笼喂养雄性小白鼠,体重 18～22g(大白鼠,体重 150～300g)。

四、实验方法与步骤

1. 将药理生理多用仪的"刺激方式"钮旋至"连接 B"上,把后面板上的开关拨在"激怒"(切忌拨向"恒温")一边,将交流电压输出导线插入后面板"交流输出"两芯插座中,再把导线连接于附件激怒刺激盒的红、黑接线柱上,取出附件盒中的金属板,B 时间置于 0.5s 或 1s。A 时间置于 8Hz 或 4Hz。

2. 取异笼喂养、体重相似的雄性小白鼠 4 只,配对分成两组,称体重并标号,每次取一对小白鼠放入激怒盒内。接通电流,调节交流电压输出的强度,由小逐渐增大,直至小白鼠出现激怒反应(前肢离地站起,对峙、互相撕咬、怒叫)为止,以此时电压为该激怒反应阈电压,每次刺激间隔 30s,可重复几次(如不出现激怒反应则须更换小白鼠),然后记下引起每组小白鼠出现激怒反应的参数。

3. 将实验组小白鼠腹腔注射 0.1%盐酸氯丙嗪溶液 0.2mL/10g(20mg/kg)(大白鼠剂量为 15~25mg/kg,应用 0.5%溶液)。其对照组注射相应容量的生理盐水。给药后 20min,分别以给药前同样的刺激参数给予刺激,观察两组小白鼠在给药前、后的反应有何不同,然后逐步调整电压,观察此时的阈电压与给药前有何变化。

五、实验记录及分析

组别	药物	原刺激参数的反应	药前阈电压/mV	药后阈电压/mV
实验组				
对照组				

六、注意事项

1. 刺激电压应从低到高逐步调节,找出适宜的阈电压。刺激电压过低则不引起激怒,过高易致小白鼠逃避反应。

2. 实验前应认真进行筛选,不引起激怒反应的小白鼠必须更换。

3. 激怒刺激盒内大小便应及时清除,用干布擦净,以免发生短路。

4. 本实验亦可用铜丝自己制作成栅状底板刺激箱,连接可调变压器,以 20~25V 交流电进行刺激,引起激怒反应。

七、思考题

1. 动物对电刺激引起的激怒反应有无个体差异?

2. 氯丙嗪具有强大的中枢安定作用,其临床意义如何?

实验十四 东莨菪碱对抗氟哌啶醇的锥体外系兴奋作用

一、实验目的与要求

通过实验了解药物的兴奋作用与抑制作用。

二、实验原理

氟哌啶醇可通过阻断黑质——纹状体的 DA 受体引起锥体外系症状,同时造成中枢胆碱功能相对亢进,故东莨菪碱可对抗之。

三、实验仪器与药品

仪器:铁笼 3 个、5mL 注射器、线手套、大镊子、磅秤。

药品：0.02％氟哌啶醇、0.05％氢溴酸东莨菪碱、0.9％氯化钠溶液。

动物：大白鼠 3 只，雌雄不限，鼠龄 4 个月余。

四、实验方法与步骤

1. 取大白鼠 3 只，称重编号。

2. 1 号鼠按 0.5mL/100g 体重腹腔注射氯化钠溶液，2 号鼠按 1.0mL/100g 体重腹腔注射氢溴酸东莨菪碱，3 号鼠按 0.5mL/100g 体重腹腔注射氟哌啶醇，记录给药时间并观察各鼠变化情况。

3. 给药后 30min，1、2 号鼠活动正常，而 3 号鼠出现明显锥体外系兴奋的僵住症状，此时 1、2 号鼠按 0.5mL/100g 体重腹腔注射氟哌啶醇，3 号鼠按 1.0mL/100g 体重腹腔注射氢溴酸东莨菪碱。给药后观察 2、3 号鼠的活动情况。

锥体外系兴奋的主要症状：安静闭目、趴伏少动，尾部僵直呈木棍状，四肢肌肉紧张。当变换鼠体位时，将其悬垂于铁笼上，则四肢足爪攀于笼上，行走时步态蹒跚或攀笼上长时间不动。将鼠放于铁笼沿上，令其四爪抓住笼沿，则四肢伸直僵住可持续数十秒不动。

五、实验记录及分析

细心观察、准确记录药物引起的僵住症状，并列表整理。

氟哌啶醇致大白鼠锥体外系兴奋症状及东莨菪碱的防治效果记录如下表：

组别	药物	给药量/(mg/kg)	药后 30min 症状	给药	防治效果
1	生理盐水				
2	东莨菪碱				
3	氟哌啶醇				

六、注意事项

大白鼠寿命一般为 2～3 年，成熟龄约 3.5～4 个月。氟哌啶醇所致锥体外系兴奋症状与年龄关系密切，幼鼠更易发生，故实验用鼠的鼠龄要求尽量相近。

七、思考题

1. 氟哌啶醇为什么可使大白鼠产生僵住症状？还有哪些药物可以发生？

2. 东莨菪碱防治大白鼠锥体外系兴奋的作用机理是什么？还可以应用哪些药物？

实验十五　镇痛药的镇痛作用比较

一、实验目的与要求

了解不同类型镇痛药物的镇痛强度、作用机制的不同。

二、实验原理

疼痛系伤害性刺激所引起的情绪反应、行为反应及生理功能障碍，是许多疾病的症状，是机体受到不良刺激或损害的一种信号和反应。

根据疼痛所表现出的行为反应,目前应用的疼痛模型有:

1. 热刺激法

(1)辐射热刺激法:用一定强度的温度来刺激动物躯体的某一部分使其产生疼痛反应。大白鼠以甩尾反应时间为痛反应指标。实验时,用秒表计时,从照射开始到甩尾的时间作为痛阈。

(2)热板法:实验时,把小白鼠放在预先加热到 55℃ 金属板上,以舔后足为常用痛反应指标。给药后痛反应时间延长一倍以上者作为有效镇痛药物。

注意事项

①反复连续测定应注意防止局部烫伤而影响结果;②注意正常鼠体温应与室温相近,室温应在 20℃ 左右;③给药前测试痛阈时,注意反应时间少于 2s(10s 热板法)或大于 10s(30s 热板法)表示该动物反应过敏或迟钝,则剔除不用;④热板法要求必须用雌性动物。

方法评价:①仪器装置简单,反应灵敏,指标明确;②对组织损伤小,可反复利用动物;③痛反应潜伏期长,有利于比较药物镇痛作用的强弱、快慢、持续时间;④可用于筛选麻醉性和非麻醉性镇痛药;⑤由于辐射热刺激法甩尾反应纯粹是一种脊髓反射,因此骨骼肌松弛药也会出现阳性结果,应加以注意。

2. 机械刺激法

大白鼠尾尖压痛法用钝刀口用力压大白鼠尾,以产生嘶叫作为痛阈值。此法与大白鼠的年龄关系很大,以 100~150g 体重为宜。压痛部位以大白鼠尾尖 1/3 处敏感性较高。

3. 电刺激法

(1)齿髓刺激法

目前公认牙髓神经是对痛颇敏感的刺激部位,其痛反应近似临床病理性疼痛,因此齿髓刺激法是评价镇痛药的标准而可靠的方法。此法适用于狗、猫、家兔、大白鼠等,其中以家兔应用最多。动物在麻醉下用电钻在牙齿上钻孔后,将电极插入齿髓作慢性埋藏电极。电刺激时,动物因疼痛会出现咀嚼运动与摆头等反应,这些反应可视为痛阈的指标。

方法评价:反应灵敏、稳定,电刺激引起的舔舌/咀嚼反应比较一致。

(2)鼠尾刺激法

以串脉冲方波刺激大白鼠尾尖 1/3 处,以引起甩尾和嘶叫反应的电流强度作为痛反应指标。

4. 化学刺激法

许多化学物质如强酸、强碱、钾离子、缓激肽等,接触到完整的皮肤和黏膜时,即引起疼痛反应。因此,将某些化学物质注入动物体内可产生疼痛,造成疼痛模型,作为研究疼痛生理及筛选镇痛药物的方法。小白鼠扭体法是筛选镇痛药的常用方法之一,采用一些化学刺激物注入小鼠腹腔内,引起深部、大面积而较持久的疼痛刺激,致使小白鼠产生"扭体"反应(如腹部内凹、躯干与后腿伸张、臀部高起)。观察给予化学刺激药物 15min 内发生"扭体"反应的小白鼠或各小白鼠发生的"扭体"次数,将给药组与对照组相比,若使扭体反应发生率减少 50% 以上的,可认为有镇痛作用。常用致痛剂如酒石酸锑钾、醋酸等。化学刺激法是筛选非麻醉性镇痛药的常用方法。

三、镇痛药镇痛作用实验

1. 小白鼠扭体法(化学刺激法)

1) 实验仪器与药品

仪器:托盘天平、大烧杯、秒表、1mL 注射器。

药品:0.2％哌替啶溶液、0.2％罗通定溶液、生理盐水、0.6％醋酸溶液。

动物:小白鼠。

2) 实验方法与步骤

(1) 取健康小白鼠 6 只,称重后分为 1、2、3 三组,每组 2 只。

(2) 1组按 0.1mL/10g 腹腔注射 0.2％哌替啶溶液,2 组按 0.1mL/10g 腹腔注射 0.2％罗通定溶液,3 组按 0.1mL/10g 腹腔注射生理盐水作对照。

(3) 给药 30min 后,各鼠腹腔注射 0.6％醋酸溶液 0.2mL/只,随即观察 10min 内出现扭体反应的动物数。扭体反应表现为腹部内凹,后腿伸张,躯体扭曲,臀部抬高。

(4) 实验完毕后,综合全班各组的实验结果,计算出药物镇痛百分率。

3) 实验记录及分析

组别	鼠数	药物	扭体反应鼠数	无扭体反应鼠数
1组				
2组				
3组				

药物镇痛百分率计算方法:

$$药物镇痛百分率=\frac{实验组无扭体反应鼠数-对照组无扭体反应鼠数}{对照组扭体反应鼠数}\times100\%$$

2. 温度刺激法

1) 实验仪器与药品

仪器:小白鼠固定器、秒表、托盘天平、1mL 注射器、恒温水箱。

药品:0.1％盐酸吗啡溶液、生理盐水。

动物:小白鼠。

2) 实验方法与步骤

(1) 小白鼠 2 只,分别装入固定器内,将鼠尾由固定器的小圆孔拉出,将鼠尾尖轻轻放入恒温水浴 55℃热水内深约 0.5cm,记录鼠尾从放入热水内到缩离水面的时间,共测 3 次,每次间隔 10min,取其平均值记录。如在 30s 以上无反应者,应弃去不用。

(2) 取 2 只小白鼠称重编号,1 号鼠腹腔注射 0.1％盐酸吗啡溶液 0.1mL/10g,2 号鼠腹腔注射生理盐水 0.1mL/10g 以作对照。注射 10min 后再将小白鼠放入固定器内,用同样方法测其痛觉反应一次,共测 3 次,每次间隔 10min,记录每次反应时间,如超过 30s 无反应者,应将鼠尾提起以免烫伤,并作为 30s 记录。

(3) 实验完毕后,分组统计全班实验结果,取其平均值,按下式计算痛阈提高百分率:

$$痛阈提高百分率=\frac{用药后平均反应时间-用药前平均反应时间}{用药后平均反应时间}\times100\%$$

3）实验记录及分析

鼠号	体重	药物及用量	用药前反应时间	用药后反应时间及痛阈提高百分率		
				10min(％)	20min(％)	30min(％)
1		0.1％盐酸吗啡溶液				
2		生理盐水				

3. 热板法

1）实验仪器与药品

仪器：药理生理实验多用仪及附件恒温电热器、镇痛实验盒、1mL注射器、鼠笼、秒表等。

药品：0.4％哌替啶溶液、0.2％盐酸吗啡溶液、4％安乃近溶液、生理盐水。

动物：雌性小白鼠。

2）实验方法与步骤

（1）在恒温电热器内加水至触及镇痛实验盒底部，温度控制在55℃，将两极引线的插头插入多用仪后面板的"恒温控制"插口，并把附近开关拨向"恒温"，再将后面板输出与电热器相连，通电后即可使电热器内水温恒定于55℃。

（2）用药前痛阈测定开始，立即将一只小白鼠放入镇痛实验盒内，密切观察，并记录小白鼠出现舔后足的时间，此段时间为该鼠的痛阈值，随即将鼠取出。用此法挑选反应小于30s的小白鼠4只。然后重复测定小白鼠的痛阈值一次，将每鼠所得两次痛阈值平均后，作为用药前的痛阈值。

（3）以上选出的4只小白鼠，称重编号，分别在腹腔注射下列药物：

1号鼠　0.2％盐酸吗啡溶液 0.1mL/10g；

2号鼠　0.4％哌替啶溶液 0.1mL/10g；

3号鼠　4％安乃近溶液 0.1mL/10g；

4号鼠　生理盐水 0.1mL/10g。

（4）用药后15min、30min、60min、90min，各测小白鼠的痛阈2次，两次测定间隔2～3min，将两次测得阈值平均，作为该时间的痛阈值。如果用药后放入镇痛实验盒内60s小白鼠仍无舔后足反应，即将小白鼠取出，以免时间太长鼠脚被烫伤，此时阈值按60s计算。

3）实验记录及分析

实验完毕后，汇总全班所测得痛阈按下列公式计算：

$$痛阈提高百分率 = \frac{用药后平均反应时间 - 用药前平均反应时间}{用药前平均反应时间} \times 100\%$$

鼠号	动物数	用药前痛阈平均值	用药后痛阈平均值及痛阈提高百分率			
			15min(％)	30min(％)	60min(％)	90min(％)
1						
2						
3						
4						

然后根据每组不同时间的痛阈提高百分率作图,横坐标代表时间,纵坐标代表痛阈提高百分率,画出曲线借以比较各药的镇痛强度,作用开始时间及维持时间。

四、注意事项

1. 因雄性小白鼠过热时睾丸下垂,阴囊触及热板导致反应敏感,故选用雌性为好。

2. 室温在15℃左右较好,过低则小鼠反应迟钝,过高则过于敏感,易产生跳跃,不易得到正确的实验结果。

3. 正常痛阈时,凡在30s内不舔后足或逃避、跳跃者则弃之另换。

五、思考题

1. 如何理解效能和效价强度的概念?
2. 从药物作用强度的不同,指出其临床意义。

实验十六　尼可刹米对呼吸抑制的解救

一、实验目的与要求

1. 学习家兔呼吸运动的描述方法。
2. 观察尼可刹米对吗啡所致呼吸抑制的解救作用。

二、实验原理

吗啡可抑制呼吸,治疗量尼可刹米能直接兴奋延脑呼吸中枢,提高呼吸中枢对 CO_2 的敏感性;也能刺激颈动脉体化学感受器反射性兴奋呼吸中枢,可用于急性吗啡中毒所致的呼吸抑制。

三、实验仪器与药品

仪器:兔固定器、磅秤、记纹鼓、铁支架、双凹夹、压力换能器、生理多用仪、鼻插管、5mL及10mL注射器、胶布、酒精棉球。

药品:1%盐酸吗啡溶液、5%尼可刹米溶液、液体石蜡。

动物:家兔。

四、实验方法与步骤

1. 取家兔1只,称重,置于固定器内。

2. 一端将鼻插管与压力换能器、生理多用仪连接,另一端涂以液状石蜡后,插入兔的一侧鼻孔。用胶布固定鼻插管,记录正常的呼吸曲线。

3. 由耳静脉按1~2mL/kg注射1%盐酸吗啡溶液并观察呼吸频率及幅度,待频率极度减慢、幅度显著降低时,即由耳静脉缓慢注射5%尼可刹米溶液1~2mL,至呼吸恢复为止。

五、实验记录及分析

记录正常的呼吸频率和注射盐酸吗啡后最低的呼吸频率。观察分析描记的呼吸曲线。

六、注意事项

1. 注射吗啡的速度应根据呼吸抑制情况调节,一般宜先快后慢。

2. 尼可刹米应事先准备好,当出现呼吸明显抑制时立即注射,但注射速度不宜过快,否则容易引起惊厥。

七、思考题

1. 吗啡中毒的死亡原因是什么? 其解救药物的机制有何不同?

2. 呼吸兴奋药物应用时,过量引起的不良反应是什么?

实验十七　强心苷对离体蛙心的作用

一、实验目的与要求

观察强心苷对离体心脏的直接作用,初步掌握离体蛙心的试验方法。

二、实验原理

强心苷(Cardiac Glycosides)主要是一种选择性作用于心脏的药物,具有正性肌力、减慢心率及抗交感神经作用。主要用来治疗充血性心力衰竭和一些心律失常,有毒性,容易产生严重的心律失常,它可以加强心肌的收缩性,起强心作用;它也可以增加正常人及心衰病人的心肌收缩力,但只增加心衰病人的心输出量,对正常人无效,因为它虽然可增加正常人的心肌收缩力,但由于正常人尚有收缩外周血管,增加外周阻力,而不可增加每搏输出量;它可以减慢心率,虽然它对正常人心率无明显影响,但对心力衰竭患者伴心率加快者能使窦性心率明显降低。

三、实验仪器与药品

仪器:探针、蛙板、手术器械一套、蛙心套管、烧杯、滴管、蛙心夹、生理记录仪或电脑记录分析系统。

药品:任氏液,2.5×10^{-4} 毒毛旋花子苷 K 溶液。

动物:青蛙。

四、实验方法与步骤

取蛙一只,用探针由枕骨大孔插入,上下捣毁大脑和脊髓,使动物全身瘫痪,仰位固定在蛙板上,剪去胸部皮肤和胸骨,开胸暴露心脏。用镊子提起心包膜并用眼科剪剪开,结扎右主动脉,在左主动脉下穿一线,打一松结备用。然后在左主动脉向心端剪一 V 形切口,将盛有任氏液的蛙心套管从剪口处插入心脏(套管内液面随心搏而上下移动表示已插入心室)扎紧松结,并固定在玻璃小钩上,以免心脏向下脱出。用滴管吸去套管内的血液,以任氏液冲洗 2～3 次,剪断左右主动脉弓,轻轻提起蛙心插管,在心脏背面静脉窦与前后腔静脉之间用线结扎,在线结下剪断血管,使心脏游离。立即用滴管除去套管内血液,并以任氏液连续灌洗到无红色为止。将蛙心套管固定在铁支架上,以一端带长线的蛙心夹夹住心尖,线与换能器(负荷 0.5～1g)相连,开启记录仪或电脑信号记录分析系统,记录一段正常心搏曲线,然后加入 2.5×10^{-4} 毒毛旋花子苷 K 溶液,密切注意心脏收缩幅度、心率的变化。

五、实验记录及分析

记录并复制心脏的收缩曲线,图下注明加药、换液、心率等。

六、注意事项

1. 蛙心套管一定要插入心室,插管时切忌用力过大和插入过深,以免损伤心室肌。
2. 结扎静脉时,尽可能远离静脉窦(因为此处是起搏点所在)。
3. 换液时注意切勿使空气进入心脏。给药时应逐渐增加,给完药后用吸管混匀。

七、思考题

1. 强心苷是一类具有何种结构的药物？具有何种功能？
2. 进行离体蛙心试验时为何要用探针由枕骨大孔插入并上下捣毁青蛙大脑和脊髓,使其全身瘫痪？

实验十八　亚硝酸异戊酯的扩血管作用

一、实验目的与要求

观察亚硝酸异戊酯的扩血管作用。

二、实验原理

亚硝酸异戊酯为化学类药物,易燃,接触后可使血管扩张,引起血压降低及心动过速。大剂量可产生高铁血红蛋白血症。大剂量吸入后,出现颜面潮红、搏动性头痛、心动过速、发绀、软弱、躁动、昏厥、虚脱等。

三、实验仪器与药品

仪器:兔固定器、纱布、烧杯、手电、止血钳。
药品:亚硝酸异戊酯。
动物:家兔。

四、实验方法与步骤

取家兔一只,放入兔固定器内,在手电光的透照下观察正常兔耳血管的粗细程度后,取亚硝酸异戊酯 1 安瓿包裹于纱布中,用止血钳夹碎放入烧杯中,扣于家兔口鼻上,使其吸入药物气体,再用原法观察兔耳血管粗细程度的变化。

五、实验记录及分析

观察项目	吸入亚硝酸异戊酯前	吸入亚硝酸异戊酯后
兔耳颜色		
血管粗细		
温度		

六、思考题

1. 亚硝酸异戊酯是一类什么类型的化合物？主要有哪些药物效用？

2. 使用亚硝酸异戊酯后，家兔的体温有何变化？兔耳血管粗细程度及兔耳颜色与其体温有何关系？

实验十九　药物对凝血时间的影响

一、实验目的与要求

1. 观察几种药物缩短或延长凝血时间的作用。

2. 学习测定小白鼠凝血时间的方法。

二、实验原理

酚磺乙胺能使血小板数量增加，并增强血小板的凝集和黏附力，促进凝血活性物质的释放，从而产生止血作用。酚磺乙胺适用于预防和治疗外科手术出血，血小板减少性紫癜或过敏性紫癜以及其他原因引起的出血，如脑出血、胃肠道出血、泌尿道出血、眼底出血、牙龈出血、鼻衄等可与其他止血药如氨甲苯酸，维生素 K 并用。

三、实验仪器与药品

仪器：1mL 注射器、5 号针头、细玻璃管（内径 1mm）、载玻片、秒表、鼠笼、棉球。

药品：2.5％酚磺乙胺溶液、生理盐水。

动物：小鼠。

四、实验方法与步骤

1. 毛细玻璃管法　取 20g 左右的健康小白鼠 3 只，称重标记。1 号鼠按 5mg/10g 腹腔注射 2.5％酚磺乙胺溶液；2 号鼠按 10U/10g 尾静脉注射肝素；3 号鼠按 0.2mL/10g 腹腔注射等容量生理盐水。30min 后，以毛细玻璃管做眼眶内眦穿刺，获取长约 5cm 的血柱。然后每隔 30s 折断毛细玻璃管一小截，观察有无凝血丝（黏的丝状物）出现。记录从毛细玻璃管采血至出现凝血丝的时间，即为凝血时间。

2. 玻片法　做眼眶内眦穿刺取血，分别滴 2 滴于清洁载玻片两端（血滴直径约 5mm）。每隔 30s 用干针头挑动血液 1 次，有细丝出现为凝血，记录凝血时间（以两滴血的凝血时间均数计算)。

五、实验记录及分析

综合全班实验结果,分别计算各小组的平均凝血时间,将结果填入实验报告。

药物	动物数/只	凝血时间/min		对凝血时间的影响
		毛细玻璃管法	玻片法	
酚磺乙胺				
肝 素				
生理盐水				

六、注意事项

1. 实验宜在 $15\sim20℃$ 时进行。温度过低,凝血时间则延长。
2. 不便进行小白鼠尾静脉注射,肝素也可以腹腔注射,但剂量须增加 4 倍。

七、思考题

1. 酚磺乙胺与肝素在药物效用上有何差异?
2. 凝血时间与血小板数量有何关系?

实验二十　可待因的镇咳作用

一、实验目的与要求

观察可待因的镇咳作用。

二、实验原理

咳嗽是呼吸系统疾病的一个主要症状。咳嗽是一种清除气道阻塞或异物的防御性呼吸反射,具有促进呼吸道的痰液和异物排出,保持呼吸道清洁与通畅的作用。

镇咳药分为直接抑制延髓咳嗽中枢而发挥镇咳作用的中枢性镇咳药,和通过抑制咳嗽反射弧中的感受器、传入神经、传出神经或效应器中任何一环节而发挥镇咳作用的外周性镇咳药。有些药物兼有中枢和外周两种作用。可待因是阿片生物碱,可抑制延脑咳嗽中枢,治疗剂量不抑制呼吸,因其抑制咳嗽反射,痰液不易排出,故仅适用于无痰性干咳。

三、实验仪器与药品

仪器:天平、1mL 注射器、脱脂棉。
药品:0.2%磷酸可待因溶液、浓氨水、生理盐水。
动物:小白鼠。

四、实验方法与步骤

1. 取 2 只小白鼠分别编号,称重。

2. 观察小白鼠的正常呼吸及活动情况。

3. 1、2 号两只鼠分别按 0.2mL/10g 体重腹腔注射 0.2％磷酸可待因溶液和生理盐水溶液,并将两只鼠分别扣入大烧杯内。

4. 20min 后分别往大烧杯内放入一浸有氨水的棉球,观察并记录两只鼠的咳嗽潜伏期和每分钟咳嗽次数。

五、实验记录及分析

鼠的编号	体重	药物	药量	出现咳嗽时间/min	咳嗽次数
1		磷酸可待因			
2		生理盐水			

通过实验观察结果分析可待因的作用,并联系其临床应用。

六、注意事项

1. 咳嗽指征:张口、缩胸、有咳声或咳状。

2. 咳嗽潜伏期指给氨水开始到咳嗽出现所需的时间。

七、思考题

1. 磷酸可待因是哪种镇咳药? 其主要作用机制是什么?

2. 磷酸可待因具有哪些临床应用? 使用时需注意哪些问题?

实验二十一 糖皮质激素的抗炎作用

一、实验目的与要求

观察糖皮质激素的抗炎作用。

二、实验原理

糖皮质激素(Glucocorticoid)又称为肾上腺皮质激素,是由肾上腺皮质分泌的一类甾体激素,也可由化学方法人工合成。由于可用于一般的抗生素或消炎药所不及的病症,如SARS、败血症等,具有调节糖、脂肪和蛋白质的生物合成和代谢的作用,还具有抗炎作用,之所以称其为糖皮质激素,是因为其调节糖类代谢的活性最早为人们所认识。

三、典型糖皮质激素的抗炎作用实验

1. 地塞米松对小白鼠耳肿胀的作用

1)实验仪器与药品

仪器:天平、打孔器(直径 9mm)、粗剪刀、1mL 注射器、5 号针头。

药品:二甲苯、0.5％地塞米松溶液、生理盐水。

动物:雄性小鼠,体重 25～30g。

2）实验方法与步骤

（1）取体重 25～30g 雄性小鼠 2 只，称重、标号。

（2）每只小白鼠用 0.1mL 二甲苯涂擦右耳前后两面皮肤，30min 后，1 号鼠按 0.1mL/10g 腹腔注射 0.5％地塞米松溶液，2 号鼠腹腔注射等量生理盐水溶液。

（3）2h 后将小鼠脱颈椎处死，沿耳郭基线剪下两耳，用打孔器分别在两耳同一部位打下圆耳片，分别称重、记录。同一鼠的右耳片质量减去左耳片质量，即为右耳肿胀程度。

3）实验记录及分析

鼠的编号	体重/g	药物和用量	耳片质量/mg		肿胀程度
			左	右	
1		地塞米松			
2		生理盐水			

4）注意事项

（1）所取耳片应与涂二甲苯的部位一致。

（2）应使用锋利的打孔器。

2. 氢化可的松对鼠耳毛细血管通透性的影响

1）实验仪器与药品

仪器：1mL 注射器 2 个、钟罩（或大烧杯）。

药品：0.5％氢化可的松溶液、生理盐水、1％伊文蓝（或美蓝）溶液、二甲苯。

动物：小白鼠。

2）实验方法与步骤

取小白鼠 2 只，称重、标号。1 号鼠背部皮下注射 0.5％氢化可的松溶液，2 号鼠皮下注射等量生理盐水溶液。30min 后，分别给两只鼠按 0.15mL/10g 腹腔注射 1％伊文蓝溶液。10min 后，分别在两只鼠的耳朵上滴 2 滴二甲苯（去脂，使耳血管透明易见）。

3）实验记录及分析

观察比较两鼠耳郭颜色变化有何不同

鼠的编号	体重/g	药物和用量	耳郭颜色变化
1		0.5％氢化可的松溶液	
2		生理盐水	

四、思考题

1. 氢化可的松与地塞米松在药物效用上有何差异？

2. 进行鼠耳毛细血管通透性试验时用二甲苯去脂外，还可用哪些物质去脂？

实验二十二　缩宫素和麦角新碱对离体子宫的作用

一、实验目的与要求

观察缩宫素和麦角新碱对子宫平滑肌的作用。

二、实验原理

间接刺激子宫平滑肌收缩,模拟正常分娩的子宫收缩作用,导致子宫颈扩张,子宫对缩宫素的反应在妊娠过程中逐渐增加,足月时达高峰。

三、实验仪器与药品

仪器:手术剪、眼科剪、眼科镊、子宫平滑肌实验装置、细线。
药品:垂体后叶素注射液 5U/mL,麦角新碱注射液 0.2mg/mL。
动物:末孕雌性豚鼠或小白鼠。

四、实验方法与步骤

1. 实验前 48h 给豚鼠或小白鼠肌注己希雌酚注射液(2mg/mL)0.2mL/只,使其处于动情前期或动情期。

2. 取鼠 1 只,颈椎脱臼致死(豚鼠击头部致死)剪开腹部。找出子宫轻轻剥离,然后将两侧子宫角分别用线结扎,取出悬挂于麦氏浴皿内。

3. 连接描记正常曲线。

4. 将下列药液分别注入麦氏浴皿内,观察子宫对药物的反应。

给药顺序(5 号针头给药):①垂体后叶素 5U/kg,1 滴;②麦角新碱 0.5mg/kg,1~2 滴。

五、实验记录及分析

根据子宫平滑肌活动描记曲线,比较分析正常曲线情况,与注入垂体后叶素及注入麦角新碱后描记曲线的不同特点。

六、注意事项

1. 每次用药后,待药效明显时即更换麦氏液,反复冲洗几次。待收缩曲线正常时再给下一种药液。

2. 温度应严格控制在 38~39℃。

七、思考题

1. 麦氏液是哪种溶液? 在实验中有什么作用?

2. 在本实验中,为什么要待收缩曲线正常时再给下一种药?

实验二十三　硫酸链霉素的急性中毒及其解救

一、实验目的与要求

观察小白鼠及家兔硫酸链霉素的急性中毒症状，了解其解救方法。

二、实验原理

链霉素是一种氨基葡萄糖型抗生素。1943 年，美国 S. A. 瓦克斯曼从链霉菌中分离得到，是继青霉素后第二个生产并用于临床的抗生素。链霉素与硫酸镁的作用机制相仿，都是占据突触前膜 Ca^{2+} 的结合位点，抑制神经梢 ACH 释放，造成神经肌肉接头处传递阻断。链霉素，对结核杆菌有较强的抑制作用，在结核病的治疗方面曾起过重要的作用。此外，它对流行性结核杆菌、大肠杆菌、痢疾杆菌、绿脓杆菌和鼠疫杆菌等均敏感。链霉素对听觉神经毒性较大，长期使用引起耳聋，也可引起过敏反应，如皮疹、发烧甚至休克等。链霉素的不良反应有：①耳毒性；②肾毒性；③神经肌肉接头麻痹；④过敏反应。

三、硫酸链霉素的急性中毒及其解救实验

1. 小白鼠实验法

1）实验仪器与药品

仪器：天平、注射器（1mL）、大烧杯。

药品：7.5％硫酸链霉素溶液、5％氯化钙溶液、生理盐水。

动物：小白鼠。

2）实验方法与步骤

（1）取小白鼠 2 只，编号后称重，观察并记录其正常活动、呼吸、肌张力和翻正反射情况。

（2）两鼠分别按 0.1mL/10g 体重，腹腔注射 7.5％ 硫酸链霉素溶液。

（3）待毒性症状明显（如肌震颤、四肢无力、呼吸困难、发绀等）后，1 号鼠按 0.1mL/10g 体重腹腔注射生理盐水并作为对照，2 号鼠立即按 0.1mL/10g 体重腹腔注射 5％氯化钙溶液。注毕，观察两只鼠有何变化。

3）实验记录及分析

观察并记录两只鼠的活动、呼吸和肌紧张力。

鼠号	体重/g	正常情况		药物	用链霉素后的反应	
		呼吸	肌张力		呼吸	肌张力
1				5％氯化钙溶液		
2				生理盐水		

2. 家兔实验法

1）实验仪器与药品

仪器：磅秤、剪刀、注射器（10mL）、棉球。

药品:25% 硫酸链霉素溶液、10%葡萄糖酸钙溶液或 5%氯化钙溶液、生理盐水。

动物:家兔。

2) 实验方法与步骤

(1) 取家兔 2 只,编号,称重,观察并记录家兔的呼吸、翻正反射和四肢肌肉张力。

(2) 两兔分别按 1.6mL/kg 体重、耳静脉注射硫酸链霉素,观察家兔的反应。当出现呼吸麻痹时,1 号兔按 2.5mL/kg 体重、耳缘静脉注射 10%葡萄糖酸钙溶液(或按 1.6mL/kg 体重、耳缘静脉注射 5%氯化钙溶液),2 号兔耳缘静脉注射同量生理盐水并作为对照。

3) 实验记录及分析

动物	链霉素			钙 剂			生理盐水		
	呼吸	翻正反射	四肢张力	呼吸	翻正反射	四肢张力	呼吸	翻正反射	四肢张力
1								—	
2					—				

四、注意事项

中毒症状应仔细观察,一旦出现应立即抢救,中毒过深才抢救可能会导致死亡。

五、思考题

1. 硫酸链霉素在临床应用上需注意哪些问题?

2. 小白鼠腹腔注射 7.5% 硫酸链霉素溶液后为什么会出现肌震颤、四肢无力、呼吸困难、发绀等症状?

实验二十四 有机磷酸酯类中毒及其解救

一、实验目的与要求

观察敌百虫中毒症状,比较阿托品与碘解磷定的解救效果。

二、实验原理

机体在正常情况下,神经末梢释放的乙酰胆碱(ACh)可迅速被胆碱酯酶(AChE)水解,从而避免 ACh 在体内的堆积。当有机磷酸酯类进入机体后,可与 AChE 不可逆地结合,生成难以水解的磷酰化胆碱酯酶,使 AChE 失去水解 ACh 的能力,造成 ACh 在体内大量堆积,从而引起一系列的中毒症状:①M 样中毒症状;②N 样中毒症状;③CNS 中毒症状。阿托品为 M 受体阻断剂,能缓解 M 样中毒症状,对 N 样中毒症状肌肉震颤无作用。碘解磷定为胆碱酯酶复活药,主要与磷酰化胆碱酯酶结合生成复合物,后者裂解为磷酰化碘解磷定和胆碱酯酶,恢复胆碱酯酶的活性,水解堆积的 ACh;另外它还可与游离的有机磷酸酯类结合,生成磷酰化碘解磷定,最终经尿排出体外,因此它可缓解中毒症状。

三、实验仪器与药品

仪器:磅秤 1 台、5mL 注射器 1 支、10mL 注射器 2 支、量瞳尺 1 把、75%酒精棉球、5%

敌百虫溶液、2.5%碘解磷定注射液、0.1%硫酸阿托品注射液、家兔 3 只。

药品:5%敌百虫溶液、0.1%硫酸阿托品、2.5%碘解磷定注射液。

动物:家兔。

四、实验方法与步骤

取健康家兔 3 只,分别称重并编号,观察并记录各兔活动情况、唾液分泌、肌紧张度、有无排便(包括粪便形态)、测量瞳孔大小、呼吸频率等各项指标。然后分别由耳静脉按 2mL/kg 体重给各兔均注射 5%敌百虫溶液 2mL/kg,观察上述指标变化情况(若给药 20min 后无任何中毒症状,可再追加 0.5mL/kg)。待家兔瞳孔明显缩小、呼吸浅而快、唾液大量分泌(流出口外或不断吞咽)、骨骼肌震颤和大、小便失禁等中毒症状明显时,甲兔按 1mL/kg 体重由耳静脉注射 0.1%硫酸阿托品注射液;乙兔按 2mL/kg 体重由耳静脉注射 2.5%碘解磷定注射液;丙兔由耳静脉注射 0.1%硫酸阿托品注射液(1mL/kg 体重)和 2.5%碘解磷定注射液(2mL/kg 体重)。随即观察并记录上述各项指标的变化情况。比较药物对各兔的解救效果,分析各药解毒特点和两药合用于解毒的重要性。

五、实验记录及分析

兔的编号	给药情况	瞳孔直径 /mm	呼吸频率 /(次/min)	唾液分泌	排便情况	活动情况	肌震颤情况
甲	给药前 给 5%敌百虫后 给 0.1%硫酸阿托品						
乙	给药前 给 5%敌百虫后 给 2.5%解磷定后						
丙	给药前 给 5%敌百虫后 给 0.1%硫酸阿托品后 给 2.5%解磷定后						

六、思考题

1. 敌百虫是如何导致人或其他动物中毒的?

2. 碘解磷定和硫酸阿托品在敌百虫中毒的解毒机制有何差异?

实验二十五　呋塞米对小鼠尿量及电解质的影响

一、实验目的与要求

观察呋塞米对小白鼠的利尿作用及对电解质排泄的影响。

二、实验原理

呋塞米属高效利尿剂,作用于髓袢升枝粗段的皮质与髓质部,抑制 Cl^- 的主动转运及 Na^+ 的被动重吸收,发挥强大的利尿作用。钠、钾金属离子经火焰激发后,可发出特异的光谱,钠受激发后发出黄光,波长为 589nm,钾则呈红色,波长为 767nm。溶液中金属离子浓度越高,发射的光越强,两者呈正比例关系。利用相应的滤光技术、光电检流仪可测定相应光的强度。根据标准液离子浓度可计算出样品中离子浓度(需要相应的滤波片)。

三、实验仪器与药品

1. 仪器:小鼠代谢笼,注射器,烧杯,量筒,6410 火焰光度计。
2. 药品:1‰ 呋塞米,生理盐水。
3. 动物:小白鼠 20～25g。
4. 标准液的配制

钠标准贮存液($100mEq/L^{①}$)的配制:精确称取干燥的氯化钠 5.843g,以去离子水稀释至 1000mL。

钾标准贮存液($10mEq/L$)的配制:精确称取干燥的氯化钾 0.7456g,以去离子水稀释至 1000mL。

钠、钾应用标准液(钠 $1.4mEq/L$,钾 $0.04mEq/L$)的配制:取上述钠贮存液 14mL,钾贮存液 4mL,混匀后用去离子水稀释至 1000mL。

四、实验方法与步骤

1. 将动物随机分为两组:给药组及生理盐水对照组,每组取 10 只小白鼠。
2. 试验前给每只小白鼠水负荷——每只以生理盐水 0.5mL/10g 灌胃,20min 后给药组每只动物按 0.1mL/10g 体重腹腔注射 1‰ 呋塞米,对照组给予等容量的生理盐水。注射后立即将小白鼠放入代谢笼,收集 30min 尿量。
3. 尿钠、尿钾的测定
   ① 仪器准备:调整火焰光度计,使其处于工作状态。
   ② 标本稀释:取尿液 0.1mL,去离子水 9.9mL,将尿液用去离子水稀释 100 倍。
   ③ 标本测定:先用去离子水调节零点,然后测标准液,得到标准液的离子浓度读数,即 Na^+、K^+ 浓度分别为 140mmol/L、4mmol/L。最后测待测样品,直接读出尿钠、钾的浓度。测定结束,以去离子水冲洗管道后关机。

---

①　mEq 即毫克当量。mEq/L＝(mg/L)×原子价/物质的相对分子质量。

五、实验记录及分析

按下式计算用呋塞米后排钠量及排钾量：

排出量(mg)＝所测离子读数(mmol/L)×尿量(L)×相对分子质量×稀释倍数

按下表制作表格，并比较给药组、对照组动物在尿量、排钠、排钾量上的区别。

	排尿量	排钠量	排钾量
给药组			
对照组			

六、思考题

1. 利尿药及脱水药的定义各是什么？
2. 在本实验中是否能看出利尿药和脱水药的区别？如不能还应补充什么实验？

实验二十六　传出神经药对血压的影响

一、实验目的与要求

观察传出神经药对血压的影响，分析作用机制。

二、实验原理

对实验动物麻醉手术记录其血压、心率，通过观察比较给药前后、不同药物之间及药物单用与序贯应用多种药物之间这三项指标的变化，说明各药对实验动物血压、心率的影响及其作用原理。

三、实验仪器与药品

仪器：狗用或兔用手术台、台式平衡记录仪（或生理多用仪）、水银检压计、压力换能器、手术器械 1 套、动脉夹、气管套管、动脉套管、静脉套管、注射器、滴定管、铁支架、螺旋架、弹簧夹、丝线、纱布等。

药品：3％戊巴比妥钠溶液、5％枸橼酸钠溶液（或肝素注射液）、生理盐水、0.01％氯化乙酰胆碱溶液、0.05％甲硫酸新斯的明溶液、1％硫酸阿托品溶液、0.1％盐酸肾上腺素溶液、0.01％重酒石酸去甲肾上腺素溶液、3％盐酸麻黄碱溶液、0.05％盐酸异丙肾上腺素溶液、1％甲磺酸酚妥拉明溶液、0.1％盐酸普萘洛尔溶液。

动物：狗（或兔）。

四、实验方法与步骤

1. 麻醉　取狗或兔 1 只，称重后按 1mL/kg 体重，静脉注射 3％戊巴比妥钠溶液，背位固定于手术台上。

2. 手术　在股三角区，用手触得股动脉搏动处，去毛，纵切皮肤，分离股静脉，插入静脉套管,结扎固定(兔无须分离股静脉可直接从耳静脉给药)。在颈正中部剪毛,纵行切开皮肤,分离气管,插入气管套管,结扎固定。在气管一侧分离颈总动脉,用丝线结扎远心端,用动脉夹夹住近心端,在线结与动脉夹之间剪一斜形小口,沿向心方向插入充满 5%枸橼酸钠溶液的与水银检压计相连的动脉套管,用丝线结扎固定。将水银检压计压力调整至120mmHg 左右,放开动脉夹,即可通过台式平衡记录仪(或生理多用仪)描记血压曲线。

3. 给药 先描记一段正常血压曲线,依次由静脉注入下列药品,观察、描记和记录血压变化。

给药顺序:

(1) 0.001%乙酰胆碱溶液 0.1mL/kg。

(2) 0.1%水杨酸毒扁豆碱溶液 0.1mL/kg(缓慢注射)。

(3) 2min 后重复(1),与原效果比较。

(4) 1%硫酸阿托品溶液 0.1mg/kg。

(5) 5min 后重复(1),与原效果比较。

(6) 0.01%盐酸肾上腺素溶液 0.1mL/kg。

(7) 0.01%重酒石酸去甲肾上腺素溶液 0.1mL/kg。

(8) 0.005%硫酸异丙肾上腺素溶液 0.1mL/kg(缓慢注射)。

(9) 1%甲磺酸酚妥拉明溶液 0.1mL/kg(缓慢注射)。

(10) 5min 后重复(6)(7),与原效果比较。

(11) 0.5%盐酸普萘洛尔溶液 0.1mL/kg(缓慢注射)。

(12) 10min 后重复(6)(8),与原效果比较。

五、实验记录及分析

按下表格式记录结果。

药　物	曲　　线	血　　压		分析原因
		用药前	用药后	

六、思考题

1. 在进行动物的麻醉时需注意哪些方面的问题?

2. 进行血压测量时需要掌握哪些要点?

实验二十七　离体蛙心灌流及药物的影响(斯氏法)

一、实验目的与要求

1. 学习离体蛙心制备及灌注方法,观察内环境理化因素的改变和某些神经体液因素及肾上腺素、咖啡因和洋地黄制剂等药物对心脏节律性活动的影响。

2. 掌握不同类型药物对心脏的作用及作用原理。

3. 熟悉离体蛙心的制备方法。

二、实验原理

蛙心离体后,用理化因素类似于两栖类动物血浆的任氏液灌注时,在一定时间内仍保持有节律的舒缩活动,而改变灌流液的理化性质后,心脏的节律性舒缩活动亦随之改变,说明内环境理化因素的相对恒定是维持正常心脏活动的必要条件。此外,心脏受植物性神经的支配及某些体液因素的调节和药物作用的影响。因此,在灌流液中,滴加肾上腺素、乙酰胆碱及其相应的受体阻断剂心得安和阿托品等,可间接观察神经体液因素对心脏活动的影响。

三、实验仪器与药品

1. 仪器:生物机能系统或 BL－420 生物信号采集系统,张力换能器,探针,外科剪,小手剪,滴管,蛙心套管,蛙心夹,铁支架,试管夹,眼科镊,双凹夹,蛙板,蛙足钉等。

2. 药品:任氏液,低钙任氏液,10％洋地黄任氏液或 0.1％毒毛旋花子苷 K 溶液,0.04％洋地黄毒苷任氏液,0.1％盐酸肾上腺素溶液,20％安钠加溶液。

3. 动物:蟾蜍。

四、实验方法与步骤

1. 取蟾蜍 1 只,使头向下,将蛙针于枕骨大孔处向前插入颅腔左右摇动,破坏脑组织,再将针插入脊椎管,以破坏脊髓,动物全身软瘫。

2. 仰位固定于蛙板上,先用普通剪刀将胸部皮肤剪开,再将胸部肌肉及软骨剪去,用虹膜剪剪破心包膜暴露心肌。

3. 于主动脉干以下绕一线,左右放平,备结扎用。在主动脉右侧分支下,再穿一线,尽量在远心端扎紧,左手提线,右手以眼科剪于左主动脉上向心剪一 V 形切口,将盛有任氏液的蛙心套管,通过主动脉球转向左后方,同时用镊子轻提动脉球,向插管移动的反方向拉,即可使插管尖端顺利进入心室,用主动脉干下的线结扎固定。

4. 剪断两根动脉,轻轻提起蛙心套管,再在静脉窦以下把其余血管一起结扎,在结扎下方剪断血管使心脏与蛙体分离,立即以滴管吸去蛙心套内血液,以任氏液反复冲洗数次,直到离体心脏无存血为止。最后套管内任氏液限定 1mL。

5. 将蛙心套管固定于铁柱上,用蛙心夹夹住心尖,连于张力换能器,输入生物机能系统进行信号采集、记录和分析。

6. 用下列药物依次滴入套管内,换药前需用任氏液冲洗数次,并记录一段曲线作对照。

（1）20％安钠加溶液 2～3 滴。

（2）0.1 盐酸肾上腺素溶液 2～3 滴。

（3）先换上低钙任氏液,使心收缩力明显减弱后向套管内加入 10％洋地黄任氏液 4 滴（或 0.04％洋地黄毒苷任氏液）,3～5min 后再加入 4 滴,直到心脏出现房室传导阻断。

斯氏法离体蛙心实验装置图见下图。

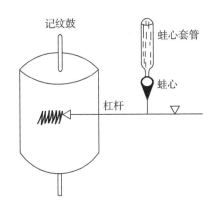

斯氏法离体蛙心实验装置图

五、实验记录及分析

记录每次换药或加药后的心跳变化结果,讨论、分析作用机制,联系临床应用。

六、思考题

1. 根据曲线图中表示的幅度、频率、张力等,分析以上三种药对心脏的作用特点。
2. 在本实验中可以看到强心苷的哪几种药理作用?

实验二十八　药物对离体家兔主动脉环的作用

一、实验目的与要求

1. 掌握离体胸主动脉环的取材方法。
2. 学习离体血管的实验方法以及药物对离体血管的作用。
3. 通过学生自己设计给药顺序,掌握设计药物相互作用的基本方法。

二、实验原理

高浓度氯化钾液($60\sim100$mmol)可使血管平滑肌细胞去极化,促使电压门控钙通道开放,引起胞外 Ca^{2+} 内流,导致血管平滑肌收缩,能阻断高钾液此作用的药物则为电压门控钙通道阻断药。α受体激动药(如苯肾上腺素)诱导血管收缩是由 α1 肾上腺素受体的激活造成的,主要通过激活磷脂酶 C,产生甘油二酯和三磷酸肌醇(IP3),主要由 IP3 诱导肌浆网内的 Ca^{2+} 释放而致血管环(条)收缩,α受体阻断药可阻断此作用。当去甲肾上腺素(NE)与血管平滑肌细胞 α 受体结合,可导致血管平滑肌收缩;与 β 受体结合则导致血管平滑肌舒张。NE 与 α 受体结合的能力较与 β 受体结合的能力强,故 NE 具有很强的血管收缩作用,逐步递增 α 受体激动药的浓度(累积浓度),引起血管环出现剂量依赖性收缩,记录药物量效曲线。然后给予 α 受体阻断药,再重复上述实验,可使该量效曲线平衡右移,但最大效应不变,计算出 α 受体阻断药的拮抗参数(pA2)以确定该阻断药的阻断效价。酚妥拉明为短效 α 受体阻滞剂,与去甲肾上腺素能神经递质和拟肾上腺素药竞争 α 受体而发挥阻滞作用。对 α1 和 α2 受体都有阻滞作用,能直接松弛动静脉平滑肌。维拉帕米为钙离子通道阻滞剂,它在发挥作用前必须通过钙离子通道进入细胞。所以它的作用是与钙离子通道活性直接相关的。维拉帕米作用于开放状态的通道,具有频率依赖性和使用依赖性。

三、实验仪器与药品

1. 仪器:离体实验装置(离体平滑肌槽)一套(包括麦氏浴管、万能支架、恒温水浴等),BL-410 生物机能系统和张力换能器,手术器械及注射器等。

2. 药品:10^{-4} mol/L 苯肾上腺素,10^{-4} mol/L 乙酰胆碱,60mmol/L K^+ PSS,无钙 PSS,无钙 60mmol/L K^+ PSS,PSS 生理盐溶液,去甲肾上腺素,酚妥拉明,异丙肾上腺素,普萘诺尔。

3. 动物:家兔。

四、实验方法与步骤

1. 取材

猛击家兔头部致死迅速,开胸、分离、摘取胸主动脉置于 Krebs-Henseleit(K-H)缓冲液中,充以 95% O_2 和 5% CO_2 的混合气体,小心剔除血管周围结缔组织及脂肪组织,避免损伤血管内皮。截取 5mm 的血管环,将其悬挂于两个不锈钢挂钩上,一端固定于浴槽,另一端连接张力换能器,并与 BL-410 系统相连、记录血管张力变化。血管环置于盛有 20mL K-H 液的器官浴槽中,并持续充以 95% O_2 和 5% CO_2 的混合气体,调节气流速度为 1~2 个泡/秒,于 37℃恒温,每隔 15min 更换浴槽中的 K-H 液一次,共平衡 60min。

2. BL-410 的设置

将张力换能器信号输入 BL-410 生物机能实验系统,该系统有关参数设定值为:时间常数(DC),滤波(30Hz),选择张力实验,扫描速度(32div/s),显示方式(单屏显示),增益(50)。

3. 活化与内皮功能测试

开始加 2g 张力负荷,不断调整张力水平,使之维持在 2g 左右(低于 1.8g 或高于 2.2g 开始调整),稳定 1h(每 15min 换 37℃ K-H 液,20mL/次)。注意:换液时沿浴槽壁加入,并观察连线是否贴壁。先用 60mmol/L K^+ PSS 使血管环平滑肌去极化,重复 2~3 次至血管环收缩达坪值;换 K-H 液洗脱 4 次(每 15min 换 37℃ K-H 液,20mL/次),末次换液后,继续累计加入 KCl 液刺激 3 次,每次观察约 15min(以每次达到最大收缩为准)。冲洗后重新平衡血管环,再用终浓度为 1×10^{-6} mol/L 苯肾上腺素 20μL 预收缩血管,待张力上升并稳定后,加入终浓度为 1×10^{-8} ~ 3×10^{-6} mol/L 累积浓度的乙酰胆碱舒张血管(累积加入乙酰胆碱 1×10^{-4} mol/L 母液 2μL,4μL,14μL,40μL,140μL,使终浓度分别为 1×10^{-8} mol/L,3×10^{-8} mol/L,1×10^{-7} mol/L,3×10^{-7} mol/L,1×10^{-6} mol/L),检测血管环的内皮完整性,凡对乙酰胆碱诱导的最大舒张大于 80% 的血管环被认为内皮完整。

4. 根据不同实验目的设计不同的给药方案。

五、溶液配制

1. K-H 液配制

成分	NaCl	KCl	$CaCl_2$	KH_2PO_4	$MgSO_4 \cdot 7H_2O$	$NaHCO_3$	葡萄糖
质量	6.92g	0.35g	0.28g	0.16g	0.29g	2.1g	2.0g

先单独溶解 NaCl、KCl、KH_2PO_4、$MgSO_4$ · $7H_2O$ 于一个大烧杯中,把约 200mL $NaHCO_3$ 稀释液缓慢滴入,搅拌均匀;$CaCl_2$ 单独溶解、充分稀释后才能与其他成分配成的溶液相混合,否则会导致 $CaCO_3$ 形成 $Ca_3(PO_4)_2$ 沉淀而析出;葡萄糖临用前加入,以避免长菌。

2. 生理盐溶液,其成分为:NaCl 154.7g,KCl 5.4g,葡萄糖 11.0g,$CaCl_2$ 2.5g,Triss 6.0g。

3. 60mmol/L K^+ PSS,其成分为:NaCl 100.1g,KCl 60.0g,葡萄糖 11.0g,$CaCl_2$ 2.5g,Triss 6.0g。

4. 无钙 PSS,其成分为:NaCl 154.7g,KCl 5.4g,葡萄糖 11.0g,EGTA 0.5g,Triss 6.0g。

5. 无钙 60mmol/L K^+ PSS,其成分为:NaCl 100.1g,KCl 60.0g,葡萄糖 11.0g,EGTA 0.5g,Triss 6.0g。

6. 11.4mmol/L KCl 液的配制:PSS 液 8.9mL,再加入 60mmol/L K^+ PSS 1.1mL。

7. 17.4mmol/L KCl 液的配制:PSS 液 7.8mL,再加入 60mmol/L K^+ PSS 2.2mL。

8. 35.4mmol/L KCl 液的配制:PSS 液 4.5mL,再加入 60mmol/L K^+ PSS 5.5mL。

六、注意事项

1. 取主动脉环时不要过度牵拉主动脉,取下后立即放入冷冻的饱和以 95% O_2 和 5% CO_2 的混合气体饱和的 K-H 液中。

2. 加药时不要触及连接张力换能器的线。

3. 注意给药的浓度、加入的母液浓度要与终浓度区别。

4. 自己设计给药方案和给药浓度。

七、思考题

1. 进行药物对离体家兔主动脉环的作用实验时,在给药顺序设计上应遵循什么原则?

2. 进行家兔离体胸主动脉环的取材时,需注意哪些操作要点?

实验二十九 药物对动物学习和记忆的影响

一、实验目的与要求

1. 观察胆碱酯酶抑制药加兰他敏对东莨菪碱所致的学习记忆障碍动物模型的作用。

2. 了解研究学习记忆的常用实验方法。

二、实验原理

学习和记忆是脑的重要功能之一,学习是指新行为(经验)的获得和发展,记忆就是使获得的经验保持和再现。但人或动物关于学习与记忆的脑内过程难以直接观察,实验研究一般以人或动物学习的速度或学会后间隔一定时间后重新操作的成绩或反应速度为指标来反应机体学习记忆的能力。常用的观察动物学习记忆的实验方法如下。

1. **跳台法(Step Down Test):**可观察动物的被动回避反应。跳台法的实验装置一般为一长方形放射箱,其长径被黑色塑料板隔为若干区间,底部铺以间距为 5mm 的铜栅,可通适当的电流,每个小的区间有一个高和直径为 4.5cm 的绝缘平台。实验时,将动物放入反应箱内(台上、台下)适应环境 1min,然后将动物放在铜栅上,立即通电,动物受到电击,其正常反应是跳上平台躲避电击,多数动物可能再次或多次跳下平台受到电击,受到电击时又迅速跳回平台上。记录 5min 内各鼠跳下平台的次数和第一次跳下平台的潜伏期,以此作为学习成绩。24h 后重做测验,将鼠放在跳台上,记录第一次跳下平台的时间(潜伏期),各鼠 3min内的错误次数,以此反应记忆保持情况。

2. 避暗法(Step Through Test):也可观察动物的被动回避反应。鼠类具有趋暗避明的习性,当把鼠类放在一个与暗空间相连的明空间时,它们迅速地进入暗环境并待在其中。利用鼠类这个习性制备的避暗仪装置,分为明、暗两室,两室之间有一直径约为 3cm 的圆洞,两室底部均铺以铜栅。暗室底部的铜栅可以通电,电击强度可以选择,实验时将小鼠面部背向洞口放入明室,小鼠因为嗜暗的习性进入暗室,受到电击以后,会迅速逃离暗室。记录每鼠从放入明室至进入暗室遭电击所需的时间,此即潜伏期,记录 5min 内电击次数。24h 后重做测验,记录在学习及记忆过程中的避暗潜伏期。在此实验中,避暗潜伏期的延长对实验是属于特异性的,学习表现为避暗潜伏期的延长。

3. 穿梭法(Shuttle Box):可观察动物被动及主动回避反应。大白鼠穿梭箱一般分为安全区和电击区,中间由一高 1.2cm 的挡板隔开,穿梭箱底部为可通电的不锈钢棒,实验时安全区不通电,电击区通电,箱内顶部有光源或(和)一定的声音。训练时,将大白鼠放入箱内任何一区,先给条件刺激如灯光或(和)一定的声音,紧接着给电击(非条件刺激)。受到电击时,大白鼠会逃向安全区躲避电击,这样一有条件刺激接着就发生电击,反复多次大白鼠就会出现条件放射,即灯光或(和)一定声音一出现时立即逃避到安全区。大白鼠在条件刺激期间逃向安全区为主动回避反应,在电击后逃向安全区为被动回避反应。经过数次训练后,大白鼠可逐渐形成主动回避性条件反射,从而获得记忆。

4. 其他方法:如迷宫可观察动物的空间学习记忆能力。

但上述方法往往很难观察到药物对正常动物学习和记忆的改善作用,因而常需制备学习和记忆损伤模型,在损伤模型基础上观察药物对学习与记忆的改善作用。常见的记忆障碍动物模型如下:

(1)记忆获得障碍模型:东莨菪碱为胆碱 M 受体阻断药,进入中枢可阻断胆碱能神经通路,引起记忆获得障碍;加兰他敏是胆碱酯酶抑制药,对神经细胞的胆碱酯酶有高度选择性,可拮抗东莨菪碱的作用。

(2)记忆巩固障碍模型:给予电休克,缺氧及蛋白质合成抑制剂如环己酰亚胺。

(3)记忆再现缺失模型:给予乙醇。

三、实验仪器与药品

仪器:小白鼠跳台仪,小白鼠避暗箱,大白鼠穿梭箱,鼠笼,动物天平。

药品:加兰他敏,东莨菪碱,生理盐水。

动物:小白鼠,雌雄不拘,18～22g;大白鼠,雌雄不拘,250～350g。

四、实验方法与步骤

1. 小白鼠跳台实验

(1)分组与给药 取 6 只小白鼠,称重编号,随机分为正常对照组,模型对照组及加兰他敏组。加兰他敏组在实验前 30min 腹腔注射加兰他敏 5mg/kg。模型对照组腹腔注射生理盐水。实验前 15min 模型对照组及加兰他敏组小白鼠均腹腔注射东莨菪碱 1mg/kg。正常对照组仅腹腔注射等容量的生理盐水。

（2）训练　先将跳台仪与可调变压器相连,将 6 只小白鼠放入跳台仪底部的铜栅上,然后通电（AC,36V）,实验时间设置 5min,分别记录潜伏期和 5min 内小白鼠跳下跳台受到电击的次数,即错误次数。其结果记录在表 1 中。

2. 小白鼠避暗实验

（1）分组与给药　6 只小白鼠称重编号后随机分为正常对照组,模型对照组及加兰他敏组。加兰他敏组在实验前 30min 腹腔注射加兰他敏 5mg/kg。模型对照组腹腔注射生理盐水。实验前 15min 模型对照组及加兰他敏组小白鼠均腹腔注射东莨菪碱 1mg/kg。正常对照组仅腹腔注射等容量的生理盐水。

（2）训练　首先关闭电源,将小白鼠放在反应箱中并在两室内自由活动 3min 以熟悉环境,然后打开明室上方的钨丝灯,同时在暗室底部铜栅通以 40V、50Hz 的电流,将小白鼠面部背对洞口放入明室,小白鼠因为嗜暗的习性进入暗室,受到电击以后,会迅速逃离暗室。训练时 3min 未进入暗室者弃去不用。记录每只鼠从放入明室至进入暗室遭电击所需的时间,此即潜伏期,记录 5min 内电击次数。24h 后再次将小白鼠面部背对洞口放入明室,但是暗室底部铜栅不再通以电流,记录 5min 内小白鼠进入暗室需要的时间即避暗潜伏期作为记忆成绩。如果 5min 内未进入暗室,潜伏期记录为 300s。将实验结果记录在表 2 中。

3. 大白鼠穿梭实验

（1）分组与给药　取 3 只大白鼠,称重,分别编号为甲、乙、丙,甲鼠在实验前 30min 腹腔注射加兰他敏 5mg/kg。乙鼠为模型对照,腹腔注射生理盐水。于实验前 15min 甲、乙两只鼠均腹腔注射东莨菪碱 1mg/kg。丙鼠为正常对照,仅腹腔注射等容量的生理盐水。

（2）训练　将大白鼠置于穿梭箱电击区,先给予条件刺激（灯光）15s,在亮灯 10s 时开始通电 5s（电击强度为 30V、50Hz）。如果在亮灯 10s 内大白鼠逃向安全区为主动回避反应,电击后才逃向安全区为被动回避反应。每次训练 15s,每次间隔时间为 3～5min,共训练 30次,即设定循环次数为 30 次。

（3）测试　实验时,将大白鼠置于穿梭箱电击区,记录其遭受电击的次数（被动回避的次数）,该值与设定循环次数之差即为主动回避次数;刺激时间（指动物在被动回避过程中受到电刺激的时间和次数）,该值越小,说明动物主动回避反应越迅速。其结果记录在表 3 中。

五、实验记录及分析

表 1　小白鼠跳台实验结果

组别	正常对照组	模型对照组	加兰他敏组	腹腔注射用药	生理盐水	生理盐水+东莨菪碱	加兰他敏+东莨菪碱	潜伏期	错误次数
1									
2									
3									
4									

将多个实验小组的实验结果汇总,算出平均值,进行组间比较。

表 2　小白鼠避暗实验结果

组别	正常对照组	模型对照组	加兰他敏组	腹腔注射用药	生理盐水	生理盐水＋东莨菪碱	加兰他敏＋东莨菪碱	潜伏期	错误次数
1									
2									
3									
4									

将多个实验小组的实验结果汇总,算出平均值,进行组间比较。

表 3　大白鼠穿梭实验结果

组别	正常对照组	模型对照组	加兰他敏组	腹腔注射用药	生理盐水	生理盐水＋东莨菪碱	加兰他敏＋东莨菪碱	被动回避次数潜伏期	主动回避次数错误次数	刺激时间	主动回避时间
1											
2											
3											
4											

将多个实验小组的结果汇总起来,算出平均值,进行组间比较。

六、注意事项

1. 尽量避免给小白鼠额外刺激,保持实验室安静,光线不易过强。
2. 实验中应及时清除铜栅上的粪便等杂物,以免影响刺激鼠的电流强度。
3. 实验使用的方法差异性很大,因此需要检测大量的动物(每组至少 10 只动物)。

七、思考题

1. 东莨菪碱和加兰他敏对学习和记忆的作用是什么? 其作用机制如何?
2. 研究学习记忆的常用实验方法间有何异同点?

第五章　工业药剂学实验基础与典型实验

　　工业药剂学是联系制药工程专业和药学的桥梁之一,具有很强的实验依赖性。工业药剂学实验教学不仅是工业药剂学教学的补充,更是培养学生思维、锻炼学生技能的实践性课程,其目的是通过实验使学生所学的基本理论和基本知识得到进一步的验证和理解,培养学生严肃的科学态度和严谨的科学作风。其任务是通过实验课使学生了解并掌握研究工业药剂学的基本实验技能和实验方法,为今后从事科学研究工作打下良好的基础。

　　工业药剂学的实验部分主要介绍:①药剂学实验的基本知识;②药剂学实验的基本操作:普通剂型的制备,包括溶液型液体制剂、混悬型液体制剂、乳剂和注射剂的制备,片剂的制备及包衣、软膏剂,以及栓剂的制备,使学生掌握称量的规范化操作,巩固课堂所学到的理论知识;③通过制剂新技术与新剂型的制备,包括固体分散体的制备及验证,包合物的制备及验证,微囊的制备,脂质体的制备,缓释制剂的制备,以及经皮渗透实验,掌握各种药物剂型的典型制备工艺、学习各种剂型的处方设计方法、常用辅料及主要的质量控制等,新技术与新剂型的实验安排使学生更好地了解药剂的发展前沿,掌握新技术最基本的操作方法与常用辅料,为新剂型的研究与应用打下了坚实的基础;④结合药物化学、药物分析、药理学等相关课程内容的综合设计性实验以培养学生的创新能力,使学生自行完成从剂型选择到处方设计、制备工艺及质量检查;⑤药物制剂常用辅料,国家食品药品监督管理局(SFDA)在药物制剂研究中的一些相关指导原则等。

第一节　工业药剂学的基本知识与技能

一、药剂学实验任务

　　药剂学是研究药物处方组成、配制理论、生产技术及质量控制等内容的综合性应用技术科学。随着医学、药学及相邻学科的发展,药剂学的内容有很大的发展。药剂学实验是一门应用及实验性很强的学科,因此药剂学实验是学习药剂学重要的一环。

　　本着强调基础理论、基本知识和基本技能的宗旨,通过典型制剂的处方设计、工艺操作、质量评定等实验内容,使进入专业课程学习的制药各专业本科生,能够进一步掌握主要剂型的理论知识、处方设计原理、制备方法;掌握主要剂型的质量控制、影响因素及考核方法;熟悉不同剂型在体外释药及动物经皮吸收实验方法及其速度常数测定;了解常用制剂机械;培养学生独立进行试验、分析问题和解决问题的能力;为学生将来参加制剂新品种、新剂型、新工艺、新技术的研究与开发等打下坚实基础,为将来从事制剂研究与生产提供一个实践基础。

二、药物的制剂与剂型

1. 药物的制剂与剂型的概念

制剂是按照国家颁布的药品规格、标准,将药物制成适合临床需要,并符合一定质量标准的制品。

剂型是指将药物加工制成适合患者需要的给药形式,即形态各异的制剂,具有便于应用、保存和携带的特点。

2. 常用剂型

1) 固体制剂:常用的有片剂、胶囊剂、散剂、冲剂等。

(1) 片剂:指一种或多种药物经压制而成的片状或异型片状制剂。又依其制备工艺、用法和作用不同,可有压制片、包衣片、含片(喉片)、舌下片、长效片、多层片、纸型片、注射用片等多种类型。

(2) 胶囊剂:指将药物装于空胶囊中制成的制剂。由外装硬质或有弹性软质胶囊而被区分为硬、软两种胶囊制剂。

(3) 散剂:指一种或多种药物均匀混合制成的粉末状制剂。

(4) 冲剂:指药物(多半是中药)经加工制成体积小、干燥、易贮存、颗粒状可用水冲服的制剂,又称颗粒剂。

上述制剂除部分散剂及部分特殊片剂可供外用等用途外,主要供口服,具备便于携带、保存和使用等优点,为临床上广泛采用。

2) 注射剂:也称注射液和针剂,是指供注射用药物的灭菌溶液、混悬剂或乳剂。还有供临时制配溶液的注射用灭菌粉末,俗称粉针,如青霉素钠粉针。供输注用的大型注射剂称为大输液。

3) 液体制剂:指一切以液体形态用于各种治疗目的的剂型。液体制剂给药途径广泛,供内服用的具备服用方便、易分剂量应用、吸收快、能迅速发挥药效等优点,尤其适合婴幼儿与老年人;但也有性质不稳定,尤其水溶液易霉变,必须加入防腐剂的缺陷;此外,体积大,携带、运输、贮存均不方便。

4) 软性制剂:有软膏、眼膏、乳膏(乳霜)、糊剂、栓剂、凝胶剂、膜剂和涂膜剂等,由药物与适宜基质混匀制成。多用于局部呈现局部作用,也有能透过皮肤吸收发挥全身作用。

(1) 软膏:系药物与适宜的基质均匀混合制成的一种易于涂布在皮肤或黏膜上的半固体外用制剂,如白降汞软膏。

(2) 眼膏:为专供眼用的细腻灭菌软膏,如四环素可的松眼膏。

(3) 乳膏:又称乳霜、冷霜、霜膏,系由脂肪酸与碱或碱性物质作用而制成的一种稠厚乳状剂型,如日用品中的雪花膏,较软膏易于吸收,不沾污衣服(因本身含肥皂,较易洗去)。根据需要有时制成油包水型,但多为水包油型,如氟氢可的松乳膏。

(4) 糊剂:为大量粉状药物与脂肪性或水溶性基质混合制成的制剂,如复方锌糊。

(5) 栓剂:系供纳入人体不同腔道(如肛门、阴道等)的一种固体制剂,形状和大小因用途不同而异,熔点应接近体温,进入腔道后能熔化或软化。一般在局部起作用,也有一些栓剂,如消炎痛栓,经过直肠黏膜吸收而发挥全身作用。它具有如下优点:①通过直肠黏膜吸收,有50%～75%的药物不通过肝脏的代谢以及对肝脏的毒副作用小。②可避免药物对胃的刺激,以及消化液的酸碱度和酶类对药物的影响和破坏作用。③适用于不能吞服药物的病人,尤其是儿童。④比口服吸收快而有规律。⑤作用时间长。但亦有使用不方便、生产成本比片剂高、药价较贵等缺点。

(6)膜剂:又称薄片剂,是一种新剂型,有几种形式,一种系指药物均匀分散或溶解在药用聚合物中而制成的薄片;一种是在药物薄片外两面再覆盖以药用聚合物膜而成的夹心型薄片;再一种是由多层药膜叠合而成的多层薄膜剂型。按其用途分,有眼用膜剂、皮肤用膜剂、阴道用膜剂、口服膜剂等,如毛果芸香碱膜、硝酸甘油膜、冻疮药膜、外用避孕药膜等。

(7)涂膜剂:是将高分子成膜材料及药物溶解在挥发性有机溶剂中而制成的外用液体涂剂。如烫伤、痤疮、冻疮、伤湿涂膜剂等。

5)气体剂型:将药物溶解或分散在常压下沸点低于大气压的医用抛射剂,压入特殊的给药装置制成,称为气雾剂。主要用于供呼吸道吸入,也有外用喷于皮肤黏膜表面。

6)新型剂

(1)缓释制剂:指用药后能在较长时间内持续释放药物,以达到长效目的的制剂。如缓释片,其外观与普通片剂相似,但在药片外部包有一层半透膜,口服后,胃液通过半透膜,进入片内溶解部分药物,形成一定渗透压,使饱和药物溶液通过膜上的微孔,在一定时间内(例如24h)非恒速排出。待药物释放完毕,外壳即被排出体外。释放速度不受胃肠蠕动和pH变化的影响,药物易被机体吸收,减少胃肠刺激和损伤,因而减少药物的副作用。

(2)控释制剂:指药物能在预定的时间内,自动地以所需要的预定速度释放,使血药浓度长时间恒定维持在有效浓度范围内的制剂。如控释眼膜,薄如蝉翼,置于眼内,药物定量地均衡释放。国内近年试制的毛果芸香碱控释眼膜,置入1片于眼内,可以维持7天有效,疗效比滴眼剂显著(缩瞳作用有效率为83.6%,降眼压作用有效率为90.9%),而且避免了频繁点药的麻烦,副作用也少。氯霉素控释眼丸为薄型固体小圆片,放入眼内后,能恒速释药10天,维持药物有效浓度,相当10日内每8.4min不间断地滴眼药水一次,因此避免了频繁用药、使用不便的缺点。

这些剂型由于应用次数减少,适用于一些需长期用药的心脑血管疾病、哮喘等慢性病患者,既可提高用药的依从性,又保证用药安全、有效。

(3)经皮吸收制剂:指经皮肤敷贴方式用药,药物由皮肤吸收进入全身血液循环,并达到有效血药浓度,呈现防治疾病的一类制剂。

(4)靶向制剂:指借助载体将药物通过局部给药或通过全身血液循环,选择性地富集定位于靶点发挥作用的给药系统。靶点可是某组织、器官、细胞内结构,具有定向作用,能提高药效、降低毒副作用。

其他还有缓慢释放药物、起贮存作用的贮库注射剂及皮下植入制剂。

3. 按给药途径可区分的药物剂型

1)内服用:如合剂、糖浆剂、乳剂、混悬液等。

(1)合剂:是含有可溶性或不溶性固体粉末药物的透明液或悬浊液,一般用水作溶剂,多供内服,如复方甘草合剂。

（2）糖浆剂：为含有药物或芳香物质的近饱和浓度的蔗糖水溶液，如远志糖浆。

（3）乳剂：是油脂或树脂质与水的乳状悬浊液，若油为分散相（不连续相），水为分散媒（连续相），水包于油滴之外，称水包油乳剂（油/水），反之则为油包水乳剂（水/油）。水包油乳剂可用水稀释，多供内服，油包水乳剂可用油稀释，多供外用。

（4）混悬剂：指难溶性固体药物的颗粒（比胶粒大的微粒）分散在液体分散剂中，所形成的非均相分散体系。除要符合一般液体制剂的要求外，颗粒应细腻均匀，颗粒大小应符合该剂型的要求；混悬剂微粒不应迅速下沉，沉降后不应结成饼状，经振摇应能迅速均匀分散，经保证能准确地分取剂量。投药时需加贴"用前振摇"或"服前摇匀"的标签。

2）外用：供皮肤科用有洗剂、搽剂等；供五官科用有洗耳剂与滴耳剂、洗鼻剂与滴鼻剂、含漱剂、滴牙剂、涂剂等；供直肠、阴道、尿道用有灌肠剂、灌洗剂等。

三、药品管理基本知识

1. 药品管理法和药典

《中华人民共和国药品管理法》在1985年7月1日起施行，标志着我国药政管理工作已纳入法制化轨道，运用法律手段加强药品监督管理，以提高药品质量，保障人民用药安全。另由中华人民共和国第九届全国人民代表大会常务委员会第二十次会议于2001年2月28日修订通过，自2001年12月1日起施行。2013年12月28日第十二届全国人民代表大会常务委员会第六次会议修订，自2013年12月28日起施行。

药典是一个国家记载药品规格、标准的法典，可作为药品生产、检验、供应和使用的依据。药典收载的药物称法定药，可在市场流通使用。

药典的内容一般包括两大部分，一部分是各种法定药物的名称、化学名、化学结构、分子式、含量、性质、用途、用法、鉴定、杂质检查、含量测定、规格、制剂、贮藏等项目；另一部分是制剂通则、一般的检查和测定方法、试剂等重要附录和附表。此外，并附有药品索引。

2. 国家基本药物

基本药物是指疗效确切、毒副反应清楚、价格较廉、适合国情、临床上必不可少的那些药品。为规范药品生产供应及临床使用，我国卫生部和国家医药管理总局首次于1981年8月颁布了《国家基本药物目录》（西药部分），遴选出国家基本药物278种。于1995年5月颁布了抗感染类、心血管类、呼吸类、消化类、神经类、精神类、皮肤类、肿瘤类、口腔类、眼科类、耳鼻喉科类、计划生育的国家基本药物化学药品目录计474种；于1995年6月颁布了麻醉药及辅助用药、镇痛、解热、抗风湿、抗炎药、泌尿系统用药、影响血液及造血系统用药、妇产科用药、生物制品、抗变态反应药、激素及内分泌类、消毒防腐药、维生素类及肠内外营养药、调节水盐、电解质及酸碱平衡药，烧伤及一类新药的国家基本药物药品目录计224种。

3. 非处方药物

非处方药系指不需要凭医生处方即可自行判断、购买和使用的药品。它来源于一些欧美国家的民间柜台药（Over the Counter，OTC），故非处方药亦可称"OTC"。日本称为"大众药"，其明确定义是"由公众直接从药房、药店等处购得，并在自我判断基础上使用的药物"。购药者参考其说明书即可使用。非处方药系由处方药转变而来。一种经过长期应用、公认确有疗效的处方药，若证明非医疗专业人员也能安全使用，经药政部门审批后，即可转变为非处方药。非处方药一般限制在一定的范围内（如伤风感冒、咳嗽、头痛、牙痛、肌肉和关节疼痛、消化道不适等）应用。

为进一步加强我国药品管理，方便病人治疗，节约药品资源，降低医疗费用，减轻国家财政负担，并与国际药品惯例接轨，我国决定实行处方药与非处方药分类管理，建立了适合我国国情的处方药和非处方药制度。本着"应用安全、疗效确切、质量稳定、使用方便"的遴选原则，我国已从上市的中西药品中遴选出第一批非处方药，西药23类165个品种，中药160个品种，共325个品种。"应用安全"一般指潜在毒性低，不易引起蓄积中毒；在正常用法与正常剂量下，不产生不良反应，或虽有一般的副作用，但病人可自行觉察，可以忍受，且属一过性，停药后可迅速自行消退；用药前后不需特殊试验；不易引起依赖性、耐药性，不掩盖病情的发展与诊断。这类药物不应有成瘾成分、抗肿瘤药、毒麻药、精神药物等，可引起严重不良反应的药物不能列入。

4. 药品有效期的表示和计算方法

（1）直接标明有效期为×年：具体截止日期则应从药品出厂日期或出厂批号计算。生产批号一般采用6位数字表示，前两位表示年，中两位表示月份，后两位表示日期。如某药批号为020718，指该药是2002年7月18日生产的。如某药批号为020718-2，则表示该药是2002年7月18日生产的第二批。当有效期为2年时，则表示该药可用至2004年7月31日，2004年8月1日即失效。

（2）直接标明有效期到期时间：如某药有效期为2003年6月，即表示该药可用至2003年6月30日，2003年7月1日即失效。

（3）直接标明失效期的时间：如某药失效期为2004年2月，即指该药可用至2004年1月31日，2004年2月1日即失效。

5. 进口药品有效期和失效期的标记

（1）"Use by"：例如 Use by 6 2004，表示该药可用至2004年6月30日，2004年7月1日即失效。

（2）"Use before"：例如 Use before 6 2004，表示该药可用至2004年6月30日，2004年7月1日即失效。

四、特殊药品管理

1. 麻醉药品管理

麻醉药品是指连续使用后易产生依赖性（成瘾）的药品。

我国生产和使用的麻醉药品：①阿片类：阿片、阿片粉、复方桔梗散、复方桔梗片和阿片酊。②吗啡类：吗啡、盐酸吗啡注射液、盐酸吗啡阿托品注射液和盐酸吗啡片。③盐酸乙基吗啡类：盐酸乙基吗啡、盐酸乙基吗啡片和盐酸乙基吗啡注射液。④可待因类：可待因、磷酸可待因、磷酸可待因注射液、磷酸可待因片和磷酸可待因糖浆。⑤福可定类：福可定和福可定片。⑥合成麻醉药类：哌替啶（度冷丁）、哌替啶注射液、哌替啶片、安那度（安依痛）、安那度注射液、枸橼酸芬太尼注射液、美散痛、美散痛注射液、美散痛片和二氢埃托菲等。

使用麻醉药品的医生必须具有医师以上专业技术职务，并经考核证明能正确使用麻醉药品。麻醉药品的每张处方注射剂不得超过2日常用量；片剂、酊剂和糖浆剂等不超过3日常用量；连续使用不得超过 7 日。麻醉药品处方应书写完整，字迹清晰，对签字开方医生姓名严格核对，配方和核对人员均应签名，并建立麻醉药品处方登记册。医务人员不得为自己开处方使用麻醉药品。

2. 精神药品管理

精神药品是指直接作用于中枢神经系统，使之兴奋或抑制、连续使用能产生依赖性的药品。我国生产和使用的精神药品分为两类：

（1）第一类为不准在医药门市部零售的药：哌醋甲酯（利他林）、司可巴比妥、安息香酸钠咖啡因、咖啡因、布桂嗪和复方樟脑酊。

（2）第二类为定点药房可凭盖有医疗单位公章的医生处方零售的药：异戊巴比妥、格鲁米特（导眠能）、阿普唑仑、巴比妥、氯氮卓（利眠宁）、氯硝西泮、地西泮、艾司唑仑、甲丙氨酯（眠尔通）、硝西泮、苯巴比妥、氟西泮、三唑仑和氨酚待因片。

医生应根据医疗需要合理使用精神药品，严禁滥用。除特殊需要外，第一类精神药品处方每次不超过 3 日常用量，第二类精神药品处方每次不超过 7 日常用量。处方应留存两年备查。精神药品处方必须写明患者姓名、年龄、性别、药品名称、剂量和用法等。经营单位和医疗单位对精神药品购买证明和处方不得有任何涂改。

3. 医疗用毒性药品管理

医疗用毒性药品是指毒性剧烈，治疗剂量与中毒剂量相近，使用不当会造成人体中毒或死亡的药品。

（1）毒性药品分类：①毒性中药。砒石（红砒、白砒）、砒霜、雄黄、水银、斑蝥、红粉、轻粉、蟾酥、生甘遂、生附子、生半夏、生南星、生狼毒、生川乌、生巴豆、青娘虫、生滕黄、闹阳花、红升丹、红娘虫、白降丹、洋金花、生马线子、生白附子、生千金子、生天仙子和雪上一枝蒿。②毒性西药。去乙酰毛花苷、阿托品、洋地黄毒苷、氢溴酸后马托品、三氧化二砷、毛果芸香碱、升汞、水杨酸毒扁豆碱、亚砷酸钾、氢溴酸东莨菪碱和士的宁。

（2）毒性药品处方要求：每次处方不得超过 2 日量，如发现处方有疑问时，必须经原处方医生重新审定后再进行调配。处方一次有效，取药后处方保存 2 年备查。

4. 放射性药品管理

放射性药品是指用于临床诊断或治疗的放射性核素制剂及其标记药物。使用规定参考说明书。

五、药剂学实验室常用仪器简介

药剂学实验室中常用的仪器有单冲压片机、溶出仪、崩解仪、脆碎度检查仪、硬度计等。

1. 单冲压片机

用于将各种颗粒状原料压制成片剂，可广泛用于制药、化工、食品、医院科研等单位，试制成小批量生产各种片剂、糖片、钙片、异形片等。其特点是一种小型台式电动连续压片的机器，也可以手摇，使用方便，易于维修，体积小，重量轻，机上安装一副冲模，物料的充填深度，压片的压力、厚度均可调节。

1）TDP－5 型单冲压片机（图 5－1）主要技术指标

最大压片压力：50kN

最大压片直径:Φ16mm(异型 Φ22mm)

最大充填深度:12mm

最大片剂厚度:6mm

生产能力:6000 片/h

电动机:0.75kW

外形尺寸:750mm×500mm×700mm

主机质量:125kg

2) 压片机的安装和接线

(1) 压片机安装在牢固的木制工作台上,也可安装在
水泥台上,用三付 M12 地脚螺钉固定。工作台面至地面的
高度在 600mm 左右,以手摇操作方便为度。为了拆卸修

图 5-1 TDP-5 型单冲压片机

理方便,在木制工作台上对应下冲芯相杆的位置片还应有一个直径约 35mm 的孔。

(2) 接通电机电源前先将电动机接好地线,以保安全。再卸下三角皮带,接通电机电
源,开动电机观察电机旋转方向是否正确,电机轴的旋转方向应与防护罩或手轮上的箭头方
向相反,若旋转方向不对,则另行接线,然后再把三角皮带装好。

(3) 冲模的装卸和压片时的调整

a. 冲模的安装

① 安装上冲:旋松下冲固定螺钉、转动手轮使下冲芯相杆升到最高位置,把下冲杆插入
下冲芯相杆的孔中,注意使下冲杆的缺口斜面对准下冲紧固螺钉,并要插到底,最后旋紧下
冲固定螺钉。

② 安装下冲:旋松上冲紧固螺母,把上冲芯相杆插入上冲杆的孔,要插到底,用扳手卡
住上冲芯相杆下部的六方、旋紧上冲紧固螺母。

③ 安装中模:旋松中模固定螺钉,把模拿平放入中模台板的孔中,同时使下冲杆进入中
模的孔中、按到底然后旋紧中模固定螺钉。放中模时须注意把中模拿平以免歪斜放入时卡
住,损坏孔壁。

④ 用手转动手轮,使上冲杆缓慢下降进入中模孔中,观察有无碰撞或摩擦现象;若发生
碰撞或摩擦,则松开中模台板固定螺钉(两只),调整中模台板固定的位置,使上冲杆进入中
模孔中,再旋紧中模台板固定螺钉,如此调整直到上冲头进入中模孔时无碰撞或摩擦方为安
装合格。

b. 出片的调整:转动手轮使下冲杆升到最高位置,观察下冲口面是否与中模平面相齐,
或高或低都将影响出片,若不齐则旋松蝶形螺丝,松开齿轮压板转达动上调节齿轮,使下冲
口面与中模平面相齐,然后仍将压板按上,旋紧蝶形螺丝。至此,用手摇动手轮,空车运转十
余转,若机器运转正常,则可加料试压,进行下一步调整。

c. 充填深度的调整:即药片重量的调整,旋松蝶形螺丝,松开齿轮压板。转动下调节齿
轮向左转使下冲杆上升,则充填深度减少,药片重量减轻。调好后仍将轮齿压板按上,旋紧
蝶形螺丝。

d. 压力的调整:即药片硬度的调整,旋松连杆锁紧螺母、转动上冲杆,向左转使上冲杆
向下移动,则压力加大,压出的药片硬度增加;反之,向右转则压力减少,药片硬度降低,调好
后用扳手卡住上冲杆下部的六方,仍将连杆锁紧螺母锁紧。至此,冲模的调整基本完成,再

启动电机试压十余片,检查片重,硬度和表面粗糙度等质量如合格,即可投料生产。在生产过程中,仍须随时检查药片质量,及时调整。

e. 冲模的拆卸

① 拆卸上冲:旋松上冲紧固螺母,即可将上冲杆拔出,若配合较紧,可用手钳夹住上冲杆将其拔出,但要注意不可损伤冲头棱刃。

② 拆卸中模:旋松中模固定螺钉,旋下下冲杆固定螺宁,旋松蝶形螺丝,松开齿轮压板。转达动调节齿轮使下冲杆上升约10mm,轻轻转动手轮,使下冲杆将中模顶出一部分,用手将中模取出,若中模在孔中配合紧密,不可用力转动手轮硬顶,以免损坏机件。这时须拆下中模台板再取出中模。

③ 拆卸下冲:先已旋下下冲固定螺钉,再转动手轮使下冲杆升到最高位置,即可用手拔出上冲杆。若配合紧密,可用手钳夹出,注意不要损伤冲头棱刃。

④ 冲模拆卸后尚须转动调节齿轮:使下冲杆退下约10mm,转动手轮使下冲杆升到最高位置时,其顶端不高于中模台板的底面随可,这一步不要忽略,以免再次使用时发生下冲杆与中模顶撞的事故,最后仍将下冲杆固定于螺钉旋上。

3. 使用注意事项

(1) 初次使用前应对照机器实物仔细阅读说明书,然后再使用。

(2) 本机器只能按一定方向运转,具体见手轮或防护罩上的箭头所示,不可反转,以免损坏机件。在压片调整时尤需注意,不要疏忽。

(3) 皮带松紧调节,通过机电底板上的两个调节螺母进行调节。调好后注意锁紧。

(4) 无电源时用手摇压片,应将三角皮带拆下,以减少阻力及磨损。但不要将大皮带轮也拆下来,因为大皮带轮兼有飞轮省力的作用。

(5) 电动压片时须将手轮上的转动手柄扳倒,以免运转时伤人。

(6) 无论手动压片或电动压片,在启动前应使上冲杆处在上升位置然后再启动。若在上冲片于下降位置的情况下启动,则刚刚开始启动就进入了中模压片,这时由于机器的转速还未升上去惯性较小,容易发生顶车的情况。即上冲头进入中模后由于药片的抗力而"顶死"使机器停止运转。顶车时由于负荷较大,往往损坏机析或烧毁电机。

(7) 顶车后的处理办法

① 在电动压片时发生顶车情况,应立即关闭电源,以免烧毁电机。

② 顶车情况较轻时,可用手扳转手轮使上冲通过"死点",但不可反转,以免加料器重复加料,造成更严重的顶车。

③ 严重顶车时,旋松连杆锁紧螺母,扳转上冲杆,使其上升以减小压力,再转动手轮将药片顶出。然后重新调整药片硬度。

(8) 在压片过程中须经常检查药片质量(如片重、硬度、表面粗糙度等),及时调整。

(9) 压片前的配料制粒工艺对压片有很大的影响,如药料和滑料、填料、黏结剂等辅料的配方制粒的情况,粉体的状况、颗粒松紧、粉粒的比例、含水量等,都直接影响药片质量。实际应用中往往由于配料制粒不当而不能成片,甚至损坏机器。

因此,本机器不能用于将半固体的或潮湿的或无颗粒极细粉子的压片。在使用中若发现压力已调得相当大仍压不成片或虽压成片,但出现过于疏松、起层、碎片、麻点、掉粉等现象,就应从配料等方面找出原因、加以解决。切不可一味调整加大压力,以致损坏机器。此外,有些药料压出的药片硬度虽然不大,但具有一定的韧性,其耐摔与成型性并不差。通常以从 1～1.2m 高度掉在地面不碎即可,因此应以满足运输保管的要求为度,不要单从硬度着眼,以免压片压力过大损坏机器。

2. 溶出仪

药物溶出仪是专门用于检测固体制剂溶出度的药物实验仪器,它能模拟人体的胃肠道消化运动过程,配合适当的检测方法可检测出药物制剂的溶出度。这里介绍 ZRS-8G 智能溶出仪的仪器构造和技术指标。

1) 仪器构造

ZRS-8G 溶出仪由机箱、水槽组成,机箱有温度及转速控制部分。溶出仪配有溶出杯、杯盖、转篮、搅拌桨、取样器、定位器、中心盖等。ZRS-8G 智能溶出仪的外形如图 5-2 所示。

2) 主要技术指标

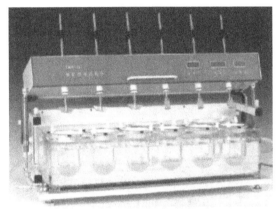

调速范围：　　25～200r/min

转速分辨率：　1r/min

转速误差：　　≤±4%

桨杆摆动幅度：≤±0.5mm

转篮摆动幅度：≤±1mm

调温范围：　　室温～45.0℃

温度分辨率：　0.1℃

温度误差：　　≤±0.3℃

电源：　　　　220V、50Hz、1350W

3) 溶出仪安装

图 5-2　ZRS-8G 智能溶出仪

(1) 使用前应进行调整:把 6 个杯子放入水槽圆孔中,用压块压住,将桨杆或篮杆倒置,由上至下插入,将中心盖放在右侧杯上,移动水槽,使杆通过中心盖中心孔,然后用同样方法调左侧溶出杯与杆同轴,反复调整确定机箱与水槽位置,然后旋紧杯口旁偏心轮,使溶出杯固定。同样使用中心盖确定中间 4 个溶出杯的位置,调整被扣旁偏心轮,使溶出杯与杆同轴后固定偏心轮。复检使 6 个杯与杆全部同心。

(2) 将机箱向后翻转:把 6 根篮杆、桨杆、由下向上插入机箱孔中,套上离合器,把测量钩放在杯底中心,移动篮杆、桨杆,使网篮、桨叶、底部压住测量钩、固定离合器,保证网篮、桨叶、底部离溶出杯底部的距离为(25±2)mm,小杯桨法桨叶底部离溶出杯底部的距离为(15±2)mm。

4) 溶出仪使用方法

(1) 加热,水浴循环,设置水浴温度。

(2) 装好溶出杯,并用压块固定。

(3) 安装转篮或桨板,并调节与杯底的距离,调节好后用离合器固定。

(4) 加入溶出溶剂,并确保溶剂液面低于水浴箱内水面。

(5) 设置转速,检查转杆转动是否正常。

(6) 安装取样装置,并调节取样点,使其恰好位于转篮或桨板上端距溶剂液面中间处。

(7) 检测溶剂温度,应保持在 37℃±0.2℃。

(8) 投样,在规定时间点取样,过滤、取样应在 30s 内完成。

5) 溶出度测定方法

(1) 第一种方法

仪器装置:①转篮分篮体与篮轴两部分,均由不锈钢金属材料制成。篮体 A 由不锈钢丝网(丝径为 0.254mm,孔径 0.425mm)焊接而成,呈圆柱形,内径为(22.2±1.0)mm,上、下两端都有金属边缘。篮轴 B 的直径为 9.4～10.1mm,轴的末端连一金属片,作为转篮的盖,盖上有通气孔(孔径 2.0mm),盖边系两层,上层外径与转篮外径同,下层直径与转篮内径同;盖上的三个弹簧片与中心成 120°角。转篮旋转时摆动幅度不得超过±1.0mm。②操作容器为 1000mL 的圆底烧杯,内径为 98～106mm,高 160～175mm,烧杯上有一有机玻璃盖,盖上有 2 孔,中心孔为篮轴的位置,另一孔供取样或测温度用。为使操作容器保持恒温,应外套水浴,水浴的温度应能使容器内溶剂的温度保持在(37±0.5)℃。转篮底部离烧杯底部的距离为(25±2)mm。③电动机与篮轴相连,转速可任意调节在 50～200r/min,稳速误差不超过±4r/min。运转时整套装置应保持平稳,不得晃动或振动。④仪器应装有 6 套操作装置,可一次测定 6 份供试品。取样点位置应在转篮上端距液面中间,离烧杯壁 10mm 处。

测定法:除另有规定外,量取经脱气处理的溶剂 900mL,注入每个操作容器内,加温使溶剂温度保持在(37±0.5)℃,调整转速使其稳定。取供试品 6 片(个),分别投入 6 个转篮内,将转篮降入容器中,立即开始计时(除另有规定外)至 45min,在规定取样点吸取溶液适量,立即经 0.8μm 微孔滤膜滤过,自取样至滤过应在 30s 内完成。取滤液,照各药品项下规定的方法测定,算出每片(个)的溶出量。结果判断 6 片(个)中每片(个)的溶出量,按标示含量计算,均应不低于规定限度(Q),除另有规定外,限度(Q)为标示含量的 70%。如 6 片(个)中仅有 1～2 片(个)低于规定限度,但不低于 Q～10%,且其平均溶出量不低于规定限度时,仍可判为符合规定。如 6 片(个)中有 1 片(个)低于 Q～10%,应另取 6 片(个)复试,初、复试的 12 片(个)中仅有 1～2 片(个)低于 Q～10%,且其平均溶出量不低于规定限度时,亦可判为符合规定。供试品的取用量如为 2 片(个)或 2 片(个)以上时,算出每片(个)的溶出量,均不得低于规定限度(Q),不再复试。

(2) 第二种方法

仪器装置:除将转篮换成搅拌桨(A)外,其他装置和要求与第一种方法相同。搅拌桨由不锈钢金属材料制成。旋转时摆动幅度 A、B 不得超过±0.5mm。取样点应在桨叶上端距液面中间,离烧杯壁 10mm 处。

测定法:除另有规定外,量取经脱气处理的溶剂 900mL,注入每个操作容器内,加温使溶剂温度保持在(37±0.5)℃。取供试品 6 片(个),分别投入 6 个操作容器内,用于胶囊剂测定时,如胶囊上浮,可用一小段耐腐蚀的金属线轻绕于胶囊外壳,立即启动旋转并开始计时,除另有规定外,至 45min 时,在规定取样点吸取溶液适量,立即经 0.8μm 微孔滤膜滤过,自取样至滤过应在 30s 内完成。取滤液,照各药品项下规定的方法测定,算出每片(个)的溶出量。结果判断同第一种方法。

(3) 第三种方法(小杯法)

仪器装置:①搅拌桨:由不锈钢制成,桨杆上部直径为 9.4～10.1mm,桨杆下部直径为(6.0±0.2)mm,旋转时摆动幅度 A、B 不得超过±0.5mm,取样点应在桨叶上端距液面中间,离烧杯壁 6mm 处。桨叶底部离烧杯底部的距离为(15±1)mm。②操作容器为 250mL

的圆底烧杯,内径为(62±3)mm,高为(126±6)mm,烧杯上有一有机玻璃盖,盖上有一开口,为放置搅拌浆、取样及测温用。其他要求同第一种方法②。③电动机与浆杆相连,转速可任意调节在25～100r/min,稳速误差不超过±1r/min。转动时整套装置应保持平稳,不得晃动或振动。

测定法:除另有规定外,量取经脱气处理的溶剂100～250mL,注入每个操作容器内,以下操作同第二种方法。结果判断同第一种方法。

3. 硬度检查仪

1) 硬度检查法

片剂应有适宜的硬度,以免在包装、运输过程中破碎或磨损,因此片剂硬度是反映片剂生产工艺水平、控制片剂质量的一项重要指标。硬度检查采用破碎强度法,采用片剂智能硬度仪进行测定。YD-20 智能硬度仪是用于测量片剂硬度的一种药检仪器,如图5-3 所示。

图5-3　YD-20 智能硬度仪

2) YD-20 主要技术指标

测量范围:　硬度10～200N

分辨率:　　0.1N;精度±1.5%

直径:　　　2.0～ 25.0mm

分辨率:　　0.01mm

精度:　　　± 0.06mm

度量单位:硬度 N;Kgf(Kilopond,1Kgf=9.81N);Sc(Strocobb1Kgf=1.43Sc)

测量方式:手动单片/自动连续(测量片数最大为 100 片)

3) 使用方法:将药片径向固定在两横杆之间,其中的活动柱杆借助弹簧沿水平方向对片剂径向加压,当片剂破碎时,活动柱杆的弹簧停止加压,仪器刻度盘所指示的压力即为片的硬度。

4. 脆碎度检查仪

脆碎度的测定是压力测定硬度的补充,脆碎度是指片剂经过振荡、碰撞而引起的破碎程度。片剂脆碎度检查法主要用于检查非包衣片的脆碎情况及其他物理强度,是反映片剂生产工艺水平、控制片剂质量的一项重要指标。

1) 工作原理

以 CJY-300B 型片剂脆碎度检查仪(如图5-4 所示)为例简单介绍脆碎度检查仪的工作原理。

当仪器工作时,装药轮鼓转动,轮鼓内药物样品在挡板的带动下不断翻滚、滑动,并反复的众轴

图5-4　CJY-300B 型片剂脆碎度检查仪

心掉落至鼓壁或先行掉落的其他药物样品上,从而使被检样品不断地发生摩擦、振动和撞击,经规定 4 分钟 100 转,取出样品,观察破损、碎裂情况,除去粉末,精密称量,计算出损失

百分率。

2）主要技术指标

轮鼓内径：直径 286mm

轮鼓深：39mm

转速：25r/min、100 转停机

3）使用方法

（1）接通电源，在仪器背面插上电源插头，打开电源开关。

（2）打开左、右轮鼓端盖，握住端盖金属手柄，向内轻按并顺时针旋转，即可打开端盖。

（3）将被检药物放入轮鼓，装上轮鼓端盖，握住金属手柄，将手柄轴向轴孔内按入，逆时针旋转，关闭端盖。

（4）按动"复零启动"键，仪器开始工作，并自动计数，待轮鼓转动 100 转时，自动停机报警。

（5）打开端盖，取出药物，检查测试结果，端盖手柄顺时针旋转后，可连同轮鼓从仪器上一同退出。

（6）若需继续测试，则重复（2）～（5）步骤即可。

（7）如当日不再测试，则请关闭仪器背面"电源"开关。并退出轮鼓，清洗或用软布擦净轮鼓内外，保持仪器清洁。

5. 崩解度检测仪

崩解是指某些固体制剂在规定条件和时间内崩解成碎粒，并全部通过筛网（不溶性包衣材料或破碎的胶囊壳除外）。固体制剂的崩解是药物溶出的前提，崩解时限是指《中华人民共和国药典》所规定的允许该制剂崩解或溶散的最长时间。

下面以 ZB - 1C 型智能崩解仪为例简单介绍崩解仪主要技术指标及操作规程，如图 5 - 5 所示。

1）基本原理

将供试品放入崩解仪内，人工模拟肠道蠕动，检查供试品在规定液体介质和规定的时限内，随着崩解仪器吊篮的上下移动，崩解溶散或成碎粒，是否能崩解或溶散并全部通过筛网，适用于丸剂、片剂、滴丸剂、胶囊剂等的检查。

2）主要技术指标

定时范围：10h 内任意设定，显示分辨率为分钟

温度预置范围：5.0（或室温）～40.0℃任意设定，显示分辨率为 0.1℃

图 5 - 5　ZB - 1C 型智能崩解仪

控温精度：±0.5℃

吊篮升降频率：30～32 次/min

吊篮升降距离：(55±1)mm

筛网至杯底最小间距：(25±2)mm

筛网孔径：2mm（片剂、胶囊剂）、0.425mm（滴丸剂）

工作电源：220V AC±15%　50Hz

整机功耗:550W(含加热器功率)

3)使用方法

(1)打开仪器电源开关。

(2)按一下温控的"＋"或"－"键来设置所需温度值。

(3)按一下温控的"启/停"键,指示灯亮表示开始加热,再按一下,则停止加热。

(4)当水温达到预置温度并稳定后,方可开始崩解试验。

(5)按一下时控的"＋"或"－"键来设置所需时间。

(6)按时控的"启/停"键,仪器进入计时工作状态。

(7)预置时间到,吊篮自动停在最高位,并发出鸣响 30s(按"启/停"键可停止鸣响)。

(8)当仪器在计时工作状态时,按一下"启/停"键,吊篮运动与计时均暂停,再按一下"启/停"键即恢复运动与计时。

(9)在计时工作状态,若需终止本次实验,可同时按下"＋"或"－"键,则仪器返回待机状态。

(10)该仪器具有左、右两组吊篮,可分别独立进行崩解试验。

4)注意事项

(1)本仪器应置于坚固的无振动共鸣的操作台上,环境干燥通风,勿使受潮。

(2)供电电源应有地线且接地良好。

(3)水槽中无水时,严禁启动加热,否则会损坏加热器。

(4)主机箱后面、水槽上方引出的气导管通过尼龙单向阀连接,防止水槽中的水虹吸倒流,不可接反。

(5)崩解试验完毕,关闭电源开关。较长时间不用时应拔下电源线插头。

第二节　工业药剂学典型实验

实验一　溶液型液体药剂的制备

一、实验目的与要求

1. 掌握溶液型液体药剂的制备方法。
2. 掌握液体药剂制备过程的各项基本操作。

二、实验原理

溶液型液体药剂是指小分子药物以分子或离子(直径小于 1nm)状态分散在溶剂中所形成的液体药剂。常用的溶剂有水、乙醇、甘油、丙二醇、液状石蜡、植物油等。属于溶液型液体药剂有溶液剂、糖浆剂、甘油剂、芳香水剂和醑剂等。这些剂型是基于溶质和溶剂的差别而命名的,从分散系来看都属于低分子溶液(真溶液);从制备工艺上来看,这些剂型的制

法虽然不完全相同,并各有其特点,但作为溶液的基本制法是溶解法。其制备原则和操作步骤如下:

1. 药物的称量

固体药物常以 g 为单位,根据药物量的多少,选用不同的架盘天平称重;液体药物常以 mL 为单位,选用不同的量杯或量筒进行量取。用量较少的液体药物,也可采用滴管计滴数量取(标准滴管在 20℃时,1mL 水应为 20 滴),量取液体药物后,应用少许溶剂洗涤量器,洗液并于容器中,以减少药物的损失。

2. 溶解及加入药物

取处方配制量的 1/2～3/4 溶剂,加入药物搅拌溶解。溶解度大的药物可直接加入溶解;对不易溶解的药物,应先研细,搅拌使其溶解,必要时可加热以促进其溶解;但对遇热易分解的药物则不宜加热溶解;小量药物(如毒药)或附加剂(如助溶剂、抗氧剂等)应先溶解;难溶性药物应先加入溶解,亦可采用增溶、助溶或选用混合溶剂等方法使之溶解;无防腐能力的药物应加防腐剂;易氧化不稳定的药物可加入抗氧剂、金属配合剂等稳定剂以及 pH 调节剂等;浓配易发生变化的可分别稀配后再混合;醇性制剂如酊剂加至水溶液中时,加入速度要慢,且应边加边搅拌;易溶解药物、液体药物及挥发性药物应最后加入。

3. 过滤

固体药物溶解后,一般都要过滤,可根据需要选用玻璃漏斗、布氏漏斗、垂熔玻璃漏斗等,滤材有脱脂棉、滤纸、纱布、绢布等。

4. 质量检查

成品应进行质量检查,确保其符合标准及相关要求。

5. 包装及贴标签

质量检查合格后,定量分装于适当的洁净容器中,加贴符合要求的标签。内服液体制剂用白底蓝字或黑字,外用液体制剂用白底红字或黄字。

三、仪器与材料

仪器:台式天平、称量纸、药匙、50mL 烧杯、100mL 烧杯、10mL 量筒、100mL 量筒、10mL 移液管、玻璃棒、脱脂棉、玻璃漏斗、滤纸。

材料:碘、碘化钾、硼砂、甘油、碳酸氢钠、液化苯酚、硫酸亚铁、枸橼酸、薄荷醑、蔗糖、硫酸、邻二氮菲指示液、硫酸铈。

四、实验方法与步骤

1. 复方碘溶液

1) 处方

碘	2.5g
碘化钾	5g
蒸馏水	加至 50mL

2) 制法

(1) 称取碘化钾 2.5g 于 50mL 烧杯中;

(2) 加约 5mL 蒸馏水,搅拌使溶解配成浓溶液;

（3）用蜡纸称取碘 5g，加碘于烧杯中溶解；

（4）将上述溶液转入 50mL 量筒中；

（5）用少许蒸馏水清洗烧杯，洗液并入量筒中；

（6）最后加适量蒸馏水至全量，混合均匀即得复方碘溶液。

2. 复方硼砂溶液

1）处方

硼砂	2.0g
碳酸氢钠	1.5g
10％液化苯酚	3.0mL
35％甘油	10.0mL
蒸馏水	加至 100.0mL
伊红	1～2 滴

2）制法

（1）用 100mL 烧杯从水浴锅量取大约 50mL 70～80℃热蒸馏水；

（2）加入称取的硼砂，搅拌至溶解；

（3）放冷至 45～55℃，加入碳酸氢钠 1.5g，搅拌至溶解；

（4）用移液管量取 10％液化苯酚 3.0mL，加入上述溶液中；

（5）用移液管量取 35％甘油 10.0mL，搅拌下缓缓加入上述溶液中；

（6）待气泡消失后，用装脱脂棉的玻璃漏斗过滤至 100mL 量筒中；

（7）加着色剂伊红 1～2 滴；

（8）最后加适量蒸馏水至全量，混合均匀即得复方硼砂溶液。

3. 硫酸亚铁糖浆

1）处方

硫酸亚铁	1.5g
枸橼酸	0.1g
蒸馏水	5.0mL
薄荷醑	0.1mL
单糖浆	加至 50.0mL

2）制法

（1）称取枸橼酸 0.1g 于小烧杯中，加蒸馏水搅拌使其溶解；

（2）称取硫酸亚铁细粉 1.5g 加入小烧杯中，再搅拌使其溶解；

（3）用装滤纸的玻璃漏斗过滤至 100mL 烧杯中；滤纸用同浓度硫酸亚铁糖浆预先饱和；

（4）滤液滴加 2 滴薄荷醑，加入 30～40mL 单糖浆，混匀；

（5）转入量筒，再加单糖浆至 50mL，混合均匀即得硫酸亚铁糖浆。

3）附注

薄荷醑配制：取薄荷油 100mL，加 90％乙醇 800mL，使其溶解，如不澄明，可加适量滑石粉，搅拌，滤过，再自滤器上添加 90％乙醇至 1000mL，即得。

单糖浆配制：取蒸馏水 45mL，煮沸，加入蔗糖 85g，搅拌溶解，继续加热至 100℃使溶液澄清，趁热用精制棉过滤，自滤器上加适量热蒸馏水至 100mL，搅匀，即得。配制时需注意以下几点：①制备时，加热温度不宜过高（尤其是以直火加热），时间不宜过长，以防蔗糖焦化与转化，而影响产品质量；②加热不仅能加速蔗糖溶解，尚可杀灭蔗糖中微生物、凝固蛋白，使糖浆易于保存；③投药瓶及瓶塞洗净后应干热灭菌。趁热灌装时，应将密塞瓶倒置放冷后，再恢复直立，以防蒸汽冷凝成水珠存于瓶颈，致使糖浆发酵变质；④本品应密封，在30℃以下避光保存。

4. 质量检查

1）外观

溶液型液体制剂的外观应均匀、透明，无可视微粒、纤维等异物。复方碘溶液应为深棕色的澄明液体，有碘臭。复方硼砂溶液应为粉红色澄明液体，具苯酚特臭。硫酸亚铁糖浆应为淡黄绿色澄清的黏稠液体，具薄荷香气，味甜。

2）硫酸亚铁糖浆的鉴别

取本品适量，加10倍水稀释后，取出1mL，加铁氰化钾试液2滴，即产生蓝色沉淀。

3. 硫酸亚铁糖浆的含量测定

用移液管精密量取本品10mL，用新沸过的冷蒸馏水10mL洗出移液管内壁的附着液，加稀硫酸8mL与新沸过的冷蒸馏水40mL，摇匀，加邻二氮菲指示液2滴，立即用硫酸铈滴定液（0.1mol/L）滴定。每1mL的硫酸铈滴定液（0.1mol/L）相当于27.80mg的$FeSO_4 \cdot 7H_2O$。

本品含硫酸亚铁（$FeSO_4 \cdot 7H_2O$）应为标示量的90%～100%。

五、实验记录及分析

1. 外观

表1 溶液型液体制剂的外观检查

制剂	外观
复方碘溶液	
复方硼砂溶液	
硫酸亚铁糖浆	

2. 硫酸亚铁糖浆的鉴别与含量测定

表2 硫酸亚铁糖浆的鉴别与含量测定

制剂	鉴别	含量测定
硫酸亚铁糖浆		

六、思考题

1. 试提出制备硫酸亚铁糖浆剂的新方法。

2. 硫酸亚铁糖浆剂含量的测定如何改进？

3. 硫酸亚铁制剂除了硫酸亚铁糖浆外，还有哪些品种？

4. 复方碘溶液中碘有刺激性，口服时宜做什么处理？

5. 复方硼酸钠溶液为消毒防腐剂,为什么漱口时宜加 5 倍量的温水稀释?

6. 制备薄荷水时加入滑石粉、轻质碳酸镁、活性炭的作用是什么? 还可以选用哪些具有类似作用的物质? 欲制得澄明液体的操作关键是什么?

7. 薄荷水中加入聚氧乙烯失水山梨醇酯 80 的增溶效果与其用量(临界胶团浓度)有关,临界胶团浓度可以用哪些方法测定?

实验二　混悬剂的制备

一、实验目的与要求

1. 掌握混悬液型液体药剂的一般制备方法。
2. 熟悉稳定剂的选择及混悬剂的质量评定方法。

二、实验原理

混悬剂系指难溶性固体药物以微粒状态分散于液体分散介质中形成的非均相分散体系,属于粗分散体系。分散质点一般在 $0.5\sim10\mu m$ 之间,但有的可达 $50\mu m$ 或更大。分散介质多为水,也可用植物油。优良的混悬剂其药物颗粒应细腻均匀、沉降缓慢;沉降后的微粒不结块,稍加振摇即能均匀分散;黏度适宜,易倾倒,且不沾瓶壁。

由于重力的作用,混悬剂中微粒在静置时会发生沉降。为使微粒沉降缓慢,应选用颗粒细小的药物以及加入助悬剂增加分散介质的黏度。如羧甲基纤维素钠等除使分散介质黏度增加外,还能形成一个带电的水化膜包在微粒表面,防止微粒聚集。此外,还可采用加润湿剂(表面活性剂)、絮凝剂、反絮凝剂的方法来增加混悬剂的稳定性。

混悬剂的制备方法有分散法和凝聚法(如化学凝聚法和物理凝聚法)。

分散法是将固体药物粉碎成微粒,再根据主药的性质混悬于分散介质中并加入适宜的稳定剂。亲水性药物可先干研至一定的细度,再加液研磨(通常一份固体药物,加 $0.4\sim0.6$ 份液体为宜)至适宜分散度,最后加入其余液体至全量。遇水膨胀的药物配制时不采用加液研磨。疏水性药物可加润湿剂或高分子溶液研磨,使药物颗粒润湿,在颗粒表面形成带电的吸附膜,再加其他液体研磨,最后加水性分散媒稀释至全量,混匀即得。

凝聚法是将离子或分子状态的药物借助物理或化学方法凝聚成微粒,再混悬于分散介质中形成混悬剂。

制备混悬剂的操作有以下几方面要点:

(1) 助悬剂应先配成一定浓度的稠厚液,固体药物一般宜研细、过筛;

(2) 分散法制备混悬剂,宜采用加液研磨法;

(3) 用改变溶剂性质析出沉淀的方法制备混悬剂时,应将醇性制剂(如酊剂、醑剂、流浸膏剂)以细流缓缓加入水性溶液中,并快速搅拌;

(4) 投药瓶不宜盛装太满,应留适当空间以便于用前摇匀,并应加贴印有“用前摇匀”或“服前摇匀”字样的标签。

三、仪器与材料

仪器:台式天平、称量纸、药匙、乳钵、具塞量筒、烧杯、量筒、移液管、玻璃棒。

材料:炉甘石、氧化锌、甘油、羧甲基纤维素钠、枸橼酸钠、吐温 80、三氯化铝、沉降硫黄、硫酸锌、樟脑。

四、实验方法与步骤

1. 炉甘石洗剂

1) 处方

成分	处方一	处方二	处方三	处方四	处方五
炉甘石/g	3.0	3.0	3.0	3.0	3.0
氧化锌/g	1.5	1.5	1.5	1.5	1.5
50%甘油/mL	2.4	2.4	2.4	2.4	2.4
羧甲基纤维素钠/g	0.15				
枸橼酸钠/g		0.15			
吐温 80/g			0.6		
三氯化铝/g				0.1	
蒸馏水/mL 加至	30	30	30	30	30

2) 制法

(1) 取炉甘石 18g,置乳钵中研细,再加入氧化锌 9g,研匀,过 100 目筛,分成 5 份(重量法,每份 4.5g),分别转入干燥乳钵中。

(2) 各加入 50%甘油 2.4mL,研磨成糊状。

(3) 处方一,加入 1.5%羧甲基纤维素钠胶浆 10mL,研磨。

处方二,加入 1.5%枸橼酸钠溶液 10mL,研磨。

处方三,加入 10%吐温 80 6mL,研磨。

处方四,加入 1%三氯化铝 10mL,研磨。

处方五,加入蒸馏水 10mL,研磨。

(4) 取蒸馏水 4mL 倒至乳钵中,继续研磨后转移至 50mL 量杯中,重复上述操作 3 次,至乳钵中内容物全部转移至量杯中,在量杯中加水至 30mL。

(5) 分别取 10mL 至有刻度的 10mL 具塞量筒中,塞住管口,同时用力振摇 1min,静置,记录原始高度 H_0,计时,于 5min,10min,15min,20min,30min,45min,60min 测定沉降物高度 H,计算沉降体积比 $F = H/H_0$。沉降体积比在 0~1 之间,其数值越大,混悬剂越稳定。

(6) 重新分散实验:将装有炉甘石洗剂的具塞量筒放置 2h,使其沉降,然后将具塞量筒倒置翻转(一反一正为一次),记录沉降物分散完全所需翻转的次数。所需翻转的次数越少,则混悬剂重新分散性越好。若始终未能分散,表示结块亦应记录。

1.5%羧甲基纤维素钠胶浆的制备:取蒸馏水 100mL,分次撒入 CMC - Na 1.5g,待充分溶胀后,于水浴(40~50℃)中加热溶解,即得。

2. 复方硫黄洗剂

1) 处方

沉降硫黄	1.5g
硫酸锌	1.5g

樟脑醋	12.5mL
50%甘油	10.0mL
蒸馏水	加至 50.0mL

2）制法

（1）复方硫黄洗剂的制备

① 称取硫酸锌 1.5g 置于小烧杯中，加入 10mL 蒸馏水，搅拌溶解，备用。

② 取沉降硫黄 1.5g 置于乳钵中，加入 50%甘油 10mL，研匀。

③ 将已溶解好的硫酸锌溶液缓缓加入乳钵中，边加边研匀。

④ 取 12.5mL 樟脑醋，以细流缓缓加入乳钵中，边加边研匀。

⑤ 取 5mL 蒸馏水倒至乳钵中，继续研磨后转移至 100mL 量筒，重复上述操作 3 次，至乳钵中内容物全部转移至量筒中。

⑥ 在量筒中加适量蒸馏水至 50mL，搅匀即得。

（2）沉降体积比的测定

取 10mL 复方硫黄洗剂至有刻度的 10mL 具塞量筒中，塞住管口，用力振摇 1min，静置，记录原始高度 H_0，计时，于 30min 测定沉降物高度 H，计算沉降体积比 $F = H/H_0$。

（3）重新分散实验

将装有复方硫黄洗剂的具塞量筒放置 2h，使其沉降，然后将具塞量筒倒置翻转（一反一正为一次），记录沉降物分散完全所需翻转的次数。所需翻转的次数越少，则混悬剂重新分散性越好。若始终未能分散，表示结块亦应记录。

樟脑醋的制备：取樟脑 100g 加 95%乙醇约 800mL 溶解后，再加 95%乙醇至 1000mL，过滤，搅匀即得。注意：①本品含醇量应为 80%～87%；②本品遇水易析出结晶，故滤材用乙醇湿润，所用器具应干燥。

五、实验记录及分析

1. 炉甘石洗剂

1）实验数据

表 1　炉甘石洗剂的沉降体积比与重新分散测定数据

原始高度 $H_0=$　　cm

时间/min	处方一		处方二		处方三		处方四		处方五	
	H/cm	H/H_0	H/cm	H/H_0	H/cm	H/H_0	H/cm	H/H_0	H/cm	H/H_0
5										
10										
15										
20										
30										
45										
60										
重新分散翻转次数										

2）作图

根据表中数据，以沉降体积比 H/H_0 为纵坐标，时间为横坐标作图，绘制沉降曲线。

3）结论：比较 5 个处方的稳定性。

2. 复方硫黄洗剂质量检查结果

表 2　复方硫黄洗剂沉降体积比与重新分散测定数据

	H_0/cm	Hcm	H/H_0	重新分散翻转次数
复方硫黄洗剂				

六、思考题

1. 综合各项指标，分析、比较 5 个炉甘石洗剂制品中，哪个处方最好？为什么？
2. 5 个炉甘石洗剂处方中各个附加剂起的作用是什么？
3. 樟脑醑加到水中，有什么现象发生？如何使产品微粒不致太大？
4. 混悬剂的稳定性与哪些因素有关？
5. 优良的混悬剂应达到哪些质量要求？
6. 混悬剂的制备方法有哪几种？

实验三　乳剂的制备

一、实验目的与要求

1. 掌握乳剂的一般制备方法。
2. 掌握乳剂类型的鉴别方法、比较不同方法制备乳剂的液滴粒度大小、均匀度及其稳定性。

二、实验原理

乳剂系指两种互不相溶的液体混合，其中一种液体以液滴状态分散于另一种液体中形成的非均相分散体系。形成液滴的一相称为内相、不连续相或分散相；而包在液滴外面的一相则称为外相、连续相或分散介质。分散相的直径一般在 $0.1 \sim 10 \mu m$ 之间。乳剂属热力学不稳定体系，须加入乳化剂使其稳定。乳剂可供内服、外用，经灭菌或无菌操作法制备的乳剂，也可供注射用。

乳剂根据内、外相的不同可分为 O/W 型和 W/O 型等类型，具体类型可用稀释法和染色镜检等方法进行鉴别。

通常小量制备时，可在乳钵中研磨制得或在瓶中振摇制得，如以阿拉伯胶作乳化剂，常采用干胶法和湿胶法。工厂大量生产多采用均质机、高速搅拌器、胶体磨制备。

三、仪器与材料

仪器：乳钵、具塞量筒、离心机、离心管、显微镜、载玻片、试管、台式天平、量筒、均质机。

材料：液状石蜡、阿拉伯胶、羟苯乙酯、氢氧化钙、花生油、司盘 80、吐温 80。

四、实验方法与步骤

1. 液状石蜡乳的制备

1）处方

液状石蜡	12mL
阿拉伯胶	4g
对羟基苯甲酸乙酯乙醇溶液（50g/L）	0.1mL
蒸馏水	加至 30mL

2）制法

（1）干胶法

① 取液状石蜡 12mL 置干燥乳钵中，将阿拉伯胶 4g 分次加入，研磨均匀。

② 将蒸馏水 8mL 一次性加入，迅速沿同一方向研磨均匀，直至发出噼啪声，即形成稠厚乳白色的初乳液。

③ 取蒸馏水 7mL 分次加入初乳液中，研磨均匀后将其转移至 50mL 量筒中。

④ 移液管量取 0.1mL 羟苯乙酯溶液加入量筒中，加蒸馏水至全量，即得液状石蜡乳。

（2）湿胶法

① 取蒸馏水 8mL 置乳钵中，加入阿拉伯胶 4g 配成胶浆，研磨均匀。

② 再将液状石蜡 12mL 分次加入（可采用滴加法），边加边研磨至初乳液形成。

③ 取蒸馏水 7mL 分次加入初乳液中，研磨匀，将其转移至 50mL 量筒中。

④ 移液管量取 0.1mL 对羟基苯甲酸乙酯乙醇溶液加入量筒中，加蒸馏水至全量，即得液状石蜡乳。

2. 石灰搽剂的制备

1）处方

氢氧化钙溶液	10mL
花　生　油	10mL

2）制法：取氢氧化钙溶液及花生油各 10mL，置于 50mL 容量瓶中，用力振摇至乳剂形成。

3）氢氧化钙溶液的配制：取氢氧化钙 0.3g 加入蒸馏水 100mL，振摇 15min，放置 1h 后取上清液即可。氢氧化钙溶解度为 1.7‰，此处为 3‰，即过饱和溶液。

3. 乳剂类型的鉴别

1）稀释法

取试管两支，分别加入液状石蜡乳和石灰搽剂各一滴，再加蒸馏水约 5mL，振摇或翻转数次。观察是否能混匀。并根据实验结果判断乳剂类型。

2）染色法

将上述两种乳剂用玻璃棒涂在载玻片上，分别用油溶性染料苏丹红和水溶性染料亚甲蓝染色，置于显微镜下观察着色情况。根据镜检结果判断乳剂类型。将实验结果记录于表1中。

4. 乳剂稳定性考察

1）离心法

分别取 5mL 液状石蜡乳（干胶法）、液状石蜡乳（湿胶法）及石灰搽剂置于刻度离心管中,编号后以 4000r/min 离心 15min,比较分层情况。

2）快速加热试验

分别取 5mL 液状石蜡乳（干胶法）、液状石蜡乳（湿胶法）及石灰搽剂置于具塞试管中，塞紧后置于 80℃ 恒温水浴 30min（或 60℃ 恒温水浴 60min），比较分层情况。

3）冷藏法

分别取 5mL 液状石蜡乳（干胶法）、液状石蜡乳（湿胶法）及石灰搽剂置于具塞试管中，塞紧后置于冰箱或冷冻 30min（冷藏 60min），比较分层情况。

乳剂稳定性考察结果记录于表 2 中。

5. 乳化植物油所需 HLB 值的测定

1）处方

花生油	5mL
混合乳化剂（司盘 80 与吐温 80）	0.5g
蒸馏水	加至 10mL

2）测定方法

（1）用司盘 80（HLB 值为 4.3）、吐温 80（HLB 值为 15.0）配成 6 种混合乳化剂各 5g，使其 HLB 值分别为 4.3、6.0、8.0、10.0、12.0 和 14.0。按 HLB 值（混）$= x\% \times 15 + (1 - x\%) \times 4.3$ 计算各单个乳化剂的用量（其中 $x\%$ 为吐温 80 的质量分数），并将结果填入表 3 中。

（2）取 6 支具塞量筒，各加入花生油 5mL，再分别加入上述不同 HLB 值的混合乳化剂各 0.5g，然后加蒸馏水至 10mL，加塞，在手中振摇 2min，即成乳剂。在放置第 5min、10min、30min 和 60min 后，分别测量水层高度，记录于表 4 中，并判断哪一处方较稳定，由此而得乳化植物油所需 HLB 值。

五、实验记录及分析

1. 乳剂类型鉴别

表 1　乳剂类型鉴别结果

	液状石蜡乳		石灰搽剂	
	内相	外相	内相	外相
苏丹红				
亚甲蓝				
乳剂类型				

2. 乳剂稳定性考察

表 2　乳剂稳定性考察结果

	离心法	快速加热试验	冷藏法
液状石蜡乳（干胶法）			
液状石蜡乳（湿胶法）			
石灰搽剂			

3. 乳化植物油所需 HLB 值的测定

表 3 混合乳化剂中单个乳化剂用量(g)

	混合乳化剂 HLB 值					
	4.3	6.0	8.0	10.0	12.0	14.0
聚山梨酯 80						
司盘 80						

表 4 乳剂稳定性测定数据(水层高度/mm)

处方号	HLB 值	放置时间/min			
		5	10	30	60
1	4.3				
2	6.0				
3	8.0				
4	10.0				
5	12.0				
6	14.0				

结论:乳化植物油所需 HLB 值＝＿＿＿＿＿＿＿＿＿＿＿＿＿＿。

六、思考题

1. 分析本实验中所涉及的各处方中各组分的作用。
2. 分析各处方中的乳化剂。
3. 分析乳剂的不稳定性类型及其产生原因。

实验四　大容量注射剂的制备

一、实验目的与要求

1. 掌握注射剂生产的工艺过程和操作要点。
2. 熟悉注射剂成品质量检查标准和方法。
3. 了解影响注射剂成品质量的因素。

二、实验原理

注射剂系指用药物制成的供注入人体内的无菌溶液、乳状液和混悬液,以及供临用前配制成溶液或混悬液的无菌粉末。

注射剂的特点是起效迅速、剂量准确,特别是常作急救危重病人用的静脉滴注的输液,由于注射剂直接注入人体内,吸收快,所以对生产过程和质量控制,都要求极其严格。注射剂的质量要求包括无菌、无热原、澄明度合格、使用安全、应无毒性和刺激性;注射液的 pH

应接近体液,一般控制在 4~9 内;凡大量静脉注射或滴注的输液,应调节渗透压与血浆渗透压相等或接近;稳定性合格,即在贮存期内稳定有效;含量合格;在水溶液中不稳定的药物,常制成注射用无菌粉末,以保证注射剂在贮存期内稳定、安全、有效。

三、仪器与材料

仪器:安瓿瓶、垂熔玻璃漏斗、微孔滤膜及其装置、二氧化碳钢瓶、灌注器、熔封灯、澄明度检查装置、蒸锅、天平、灭菌锅、干燥箱、减压过滤装置、容量瓶、玻璃棒、烧杯等、热压灭菌器、量筒、量杯等。

材料:维生素 C、碳酸氢钠、焦亚硫酸钠、依地酸二钠、盐酸、注射用水、葡萄糖、检漏用色素溶液、稀洗液、1%~2%硝酸钠硫酸洗液等。

四、实验方法与步骤

1. 处方

维生素 C	2.6g(即按 104%投料)
碳酸氢钠	1.2g
焦亚硫酸钠	0.1g
依地酸二钠	0.0025g
注射用水	50mL

2. 操作

(1) 灭菌制剂室的地面、台面先用水擦拭,然后用 2%煤酚皂擦拭,UV 照射 1h。

(2) 安瓿瓶的处理

目前国内大多使用易折安瓿,生产安瓿时已经将安瓿进行了切割和圆口,可直接进行洗涤。手工洗涤应先用水冲刷外壁,然后灌满蒸馏水或去离子水,加热至 100℃并保持 30min 后趁热甩水,再用过滤蒸馏水洗两次,澄明度合格的注射用水洗一次,倒置在插盘中,于 120~140℃下烘干备用(可根据空安瓿的清洁度来选择是否采用热处理或酸处理)。

(3) 注射液的配制

① 容器处理。配制用的一切容器,均需清洗保证洁净,避免引入杂质及热源。

② 滤器等处理。垂熔玻璃漏斗:先用水反冲,除去药液留下的杂质,沥后用洗液(1%~2%硝酸钠硫酸洗液)浸泡处理,用水冲净,最后用注射用水过滤至滤出水检查 pH 不显酸性,并检查澄明度直到合格为止。

③ 惰性气体的处理。

3. 质量检查与评定

(1) 装量:按照 2000 年版药典二部附录第 7 页检查方法进行,2mL 安瓿检查 5 支,每支装量均不少于其标示装量。

(2) 澄明度:按药典关于注射剂澄明度的检查规定进行。

(3) pH 值测定:应为 5~7。

(4) 含量测定:按 2000 年版药典二部第 793 页测定,应为标示量的 90%~110%。测定方法:精密量取本品适量(约相当于 0.2g 维生素 C),加水 15mL 与丙酮 2mL,摇匀,放置 5min,加稀醋酸 4mL 与淀粉指示液 1mL,用碘滴定液(0.1mol/mL)滴定,至溶液显蓝色并持续 30s 不退。每毫升碘滴定液(0.1mol/mL)相当于 8.806mg 的 $C_6H_8O_6$。

(5)热源:取本品依法检查(2000 年版药典二部附录第 85 页),剂量按家兔体重每千克注射 2mL,应符合规定。

(6)颜色:取本品,加水稀释成每毫升中含维生素 C 50mg 的溶液,按照分光光度法在 420nm 的波长处测定,吸收度不得大于 0.06。

(7)无菌:按无菌检查法检查,应符合规定。

4. 成品印字和包装

每支安瓿上印字应包括品名、规格、批号,字迹清晰,不易磨灭。

5. 注意事项

(1)配液时,注意将碳酸氢钠撒入维生素 C 溶液中的速度应慢,以防产生的气泡使溶液溢出,同时要不断搅拌,以免局部过碱。

(2)维生素 C 容易氧化变质致使含量下降,颜色变黄,尤其当溶液中存在金属离子时变化更快。故在处方中加入抗氧剂并通入二氧化碳,一切容器、工具、管道不得露铁、铜等金属。

(3)掌握好灭菌温度和时间,灭菌完毕立即检漏冷却,避免安瓿因受热时间延长而影响药液的稳定性,同时注意避光。

六、思考题

1. 影响注射剂澄明度的因素有哪些?
2. 维生素 C 注射液可能产生的质量问题是什么? 应如何控制工艺过程?

实验五 参脉饮口服液的制备

一、实验目的与要求

1. 掌握口服液的制备工艺。
2. 熟悉精制浸出剂型制备工艺。

二、实验原理

中药合剂是指用水或其他溶剂,采用适宜方法提取、纯化、浓缩制成的内服液体制剂(单剂量灌装品也可称"口服液")。中药合剂是在汤剂应用的基础上改进和发展起来的一种新剂型。它既是汤剂的浓缩品,又是按药材成分的性质,综合运用了多种浸出方法,故能综合浸出药材中多种有效成分,具有疗效可靠、安全的特点。中药合剂的制法与汤剂基本相似,所不同的是药材煎煮滤过后需要净化、浓缩,并添加相关的附加剂。中药合剂可成批生产,其制备工艺流程分为浸出、净化、浓缩、分装、灭菌等。

三、仪器与材料

仪器:抽滤瓶、水浴、电炉、易拉盖瓶、扎盖机、蒸馏瓶。

材料:党参、麦冬、五味子、乙醇(95%)、单糖浆、蒸馏水等。

四、实验方法与步骤

1. 处方

党参	30g
麦冬	20g
五味子	10g
乙醇(95%)	60mL
单糖浆	30mL
山梨酸钾	0.1g
蒸馏水	加至 100mL

2. 制法

(1) 将党参、麦冬、五味子三味药,加自来水 150mL,于 500mL 烧杯中煎煮 20min。

(2) 倾倒出煎液于另一烧杯中,药渣加自来水 100mL,再煎煮 20min。

(3) 合并煎液,过滤,滤液于烧杯中,加热浓缩至 30mL。

(4) 浓缩液转入 100mL 三角烧瓶中,加体积分数为 95% 的乙醇 60mL 后,置于 0~10℃ 冰箱中 30min。

(5) 过滤,滤液用球形管装置,回收乙醇,减压浓缩成稠膏状(大约剩余 30mL)。

(6) 加水适量稀释,过滤。

(7) 加单糖浆 30mL 与山梨酸钾,再加水至 100mL 搅匀。

(8) 灌装,塞胶塞,轧易拉盖,100℃ 常压流通蒸汽灭菌 15min(可于烧杯中放适量水煮 15min)。

(9) 经质量检查,贴签即得。

五、实验记录及分析

观察并记录产品的外观、色泽、澄明度、pH 值。

表 1 参脉饮口服液成品质量检查结果

制剂	色泽	澄明度	pH
参脉饮口服液			

六、思考题

1. 在制备参脉饮口服液过程中应注意哪些问题?

2. 口服液与中药合剂有何区别?

3. 用于中药合剂的附加剂常有哪些类型? 它们各有什么作用?

4. 100℃ 常压流通蒸汽灭菌 15min 与 100℃ 水煮 15min 灭菌,哪种灭菌方法效果更好? 为何有此差异?

实验六　维生素C注射液的处方考察

一、实验目的与要求

1. 掌握影响维生素C注射液稳定性的主要因素。
2. 了解处方设计中稳定性实验的一般方法。
3. 熟悉注射剂处方设计的一般思路。

二、实验原理

维生素C在干燥状态下较稳定,但在潮湿状态或溶液中,其分子结构中的连二烯醇结构被很快氧化,生成黄色双酮化合物,再迅速进一步水解、氧化,生成一系列有色的无效物质。

处方设计应主要从制剂的稳定性(物理、化学和生物学稳定性)、安全性(毒副作用)和有效性三个方面考虑,统筹兼顾,进行原辅料选择。此外,还应考虑生产条件和成本等。

针对维生素C易氧化的特点,在本注射剂的处方设计中应重点考虑怎样延缓药物的氧化分解,以提高制剂的稳定性。溶液的pH、氧、重金属离子、灭菌温度与时间等对维生素C的氧化均有加速作用。通常延缓药物氧化分解可采用除氧、加抗氧剂、调节pH、加金属离子螯合剂。

除氧:在维生素C注射液生产过程中,应尽量减少药物与空气接触,可在配液和灌封时通入惰性气体(二氧化碳或氮气)。

加抗氧剂:常用于偏酸性水溶液的抗氧剂有焦亚硫酸钠、亚硫酸氢钠、亚硫酸钠等。

调节pH:pH的大小会影响药物的稳定性。一般调节溶液的pH大小,除增加药物的稳定性外,还要兼顾到药物的溶解度及刺激性。《中国药典》规定维生素C注射液的pH应为5～7。

加金属离子螯合剂:微量的金属离子如Fe^{2+}、Cu^{2+}等对氧化反应有显著的催化作用,故维生素C注射液中可加入乙二胺四乙酸钙二钠(EDTA-2Na)或乙二胺四乙酸钙钠螯合溶液中的金属离子,以增加稳定性。

注射剂生产过程包括原辅料的准备、配制、过滤、灌封、灭菌、质量检查、包装等步骤。

三、仪器与材料

仪器:7200型可见分光光度计、水浴、具塞量筒、量杯。

材料:维生素C、碳酸氢钠、硫酸铜、硫酸铁、乙二胺四乙酸钙二钠(EDTA-2Na)、乙二胺四乙酸钙钠等。

四、实验方法与步骤

1. 加热时间的影响

(1) 取注射用水30mL于50mL量杯中,加入维生素C 6.25g;

(2) 分次加入碳酸氢钠约2.5g,边加边搅拌使完全溶解,补加注射用水至50mL;

(3) 用pH试纸测定溶液pH应为5.8～6.2(如未达要求可再加碳酸氢钠调节),用布氏漏斗过滤2～3次至澄明,滤液置于100mL烧杯中;

（4）立即取滤液约 5mL 于比色杯中，以蒸馏水作空白，用 7200 型可见分光光度计，在 420nm 波长处测定滤液的透光率；

（5）另取 3 个 10mL 具塞量筒，分别加入 10mL 上述滤液，再将这 3 个加了滤液的具塞量筒放入约 95℃ 的水浴锅里加热，按表 1 所示，间隔一定时间取出 1 个放入冷水中冷却后，以蒸馏水作空白，用 7200 型可见分光光度计，在 420nm 波长处测定各样液的透光率，按下式计算透光率比。

$$透光率比(\%) = \frac{加热后的透光率}{加热前的透光率} \times 100\%$$

2. 重金属离子的影响

（1）按 1 项下工艺配成 250g/L 的维生素 C 溶液 80mL，用移液管分别精密量取 15.00mL 置于 25mL 具塞量筒中，共 5 份。

（2）按表 2 所示，加入各种试剂，用注射用水稀释至刻度。

（3）振摇后，立即测定每一份样液的透光率。

（4）将每份溶液各取 10mL 于 10mL 具塞量筒中，做好标记，放入约 95℃ 的水浴锅里加热 40min 后取出。放入冷水中冷却后，以蒸馏水作空白，用 7200 型可见分光光度计，在 420nm 波长处测定透光率，并按透光率比计算式计算透光率比。

3. pH 的影响

（1）称取维生素 C 15g，配成 125g/L 溶液 120mL，过滤。用移液管分别精密量取 20.00mL 置于 25mL 具塞量筒中，共 6 份，编号。

（2）分别加 $NaHCO_3$ 粉末 0.2g、0.6g、0.8g、1.0g、1.2g、1.3g 左右，调节 pH 至 4.0、5.0、5.5、6.0、6.5、7.0（允许误差为 ±20%，先用 pH 试纸调节，后用 pH 计测定）。

（3）立即测定每一份样液透光率。

（4）塞紧，放入沸水中煮沸 40min 后取出，放入冷水中冷却后，以蒸馏水作空白，用 7200 型可见分光光度计，在 420nm 波长处测定透光率，并按透光率比计算式计算透光率比。

五、实验记录及分析

1. 加热时间的影响（实验结果填于表 1 中）及其分析。

表 1　加热时间对维生素 C 溶液稳定性的影响

样品编号	煮沸时间/min	透光率/%		透光率比/%
		加热前	加热后	
1	0			
2	15			
3	30			
4	60			

2. 重金属离子的影响（实验结果填于表 2 中）及其分析。

表2 重金属离子对维生素C溶液稳定性的影响

样品编号	添加试剂	透光率/%		透光率比/%
		加热前	加热后	
1	无			
2	0.002mol/LCuSO₄ 2.5mL			
3	0.002mol/LCuSO₄ 5.0mL			
4	0.002mol/LFeSO₄ 2.5mL+ 0.002mol/LCuSO₄ 2.5mL			
5	50g/LEDTA-2Na 1.0mL+ 0.002mol/LCuSO₄ 2.5mL			

3. pH值的影响(实验结果填于表3中)及其分析。

表3 pH对维生素C溶液稳定性的影响

样品编号	pH	透光率/%		透光率比/%
		加热前	加热后	
1				
2				
3				
4				
5				
6				

六、思考题

1. 分析影响注射剂澄明度的因素。

2. 用NaHCO₃调节维生素C注射液的pH,应注意什么问题? 为什么?

3. 影响药物氧化的因素有哪些? 如何防止药物被氧化?

4. 何谓注射用水? 制备时主要采用哪些方法和设备?

实验七 散剂及胶囊剂的制备

一、实验目的与要求

1. 掌握粉碎、过筛、混合的基本操作。

2. 掌握散剂制备工艺过程:粉碎、过筛、混合、分剂量、质量检查及包装。

3. 掌握硬胶囊剂的手工填充方法。

二、实验原理

散剂系指药物或与适宜辅料经粉碎、均匀混合而制成的干燥粉末状制剂,供内服或外用。内服散剂一般溶于或分散于水或其他液体中服用,亦可直接用水送服。外用散剂可供皮肤、口腔、咽喉、腔道等处应用;专供治疗、预防和润滑皮肤为目的的散剂亦可称撒布剂或撒粉。

散剂制备工艺过程:粉碎、过筛、混合、分剂量、质量检查及包装。

操作要点如下:

(1) 称取:正确选择天平,掌握各种结聚状态的药品的称重方法。

(2) 粉碎:是制备散剂和有关剂型的基本操作。要求学生根据药物的理化性质、使用要求,合理地选用粉碎工具及方法。

(3) 过筛:掌握基本方法,明确过筛操作应注意的问题。

(4) 混合:混合均匀度是散剂质量的重要指标,特别是含少量医疗用毒性药品及贵重药品的散剂,为保证混合均匀,应采用等量递加法(配研法)。对含有少量挥发油及共熔成分的散剂,可用处方中其他成分吸收,再与其他成分混合。

(5) 包装:学会分剂量散剂包五角包、四角包、长方包等包装方法。

(6) 质量检查:根据药典规定进行。

硬胶囊剂是指药物盛装于硬质空胶囊中制成的固体制剂。

药物的填充形式包括粉末、颗粒、微丸等,填充方法有手工填充和机械灌装两种。硬胶囊剂制备的关键在于药物的填充,以保障药物剂量均匀,装量差异合乎要求。

三、仪器与材料

仪器:台式天平、分析天平、乳钵、胶囊板、搪瓷盘。

材料:硫酸阿托品、胭脂红、乳糖、空胶囊。

四、实验方法与步骤

1. 硫酸阿托品散的制备

1) 处方

硫酸阿托品	1.0g
1%(质量分数)胭脂红乳糖	1.0g
乳糖	适量　加至1000g

2) 制法

(1) 研磨乳糖,使乳钵内壁饱和后倾出。

(2) 将硫酸阿托品1.0g与等容积的1%(质量分数)胭脂红乳糖(1.0g)在乳钵中混合。

(3) 取乳糖8g,按等量递加法操作,加入乳糖于研钵中,研磨混合均匀(共3次),使成质量比为1:10的十倍散。

(4) 取十倍散1.0g,乳糖9g按上述方法制成1:100的百倍散。

(5) 取百倍散1.0g,乳糖9g,按上述方法制成1:1000的千倍散。

(6) 将千倍散5g用重量法分成10包,每包含硫酸阿托品0.5mg。

（7）按五角包散剂包装即得。

（8）做散剂的质量检查：①外观均匀度；②装量差异。

3）注意事项

（1）硫酸阿托品为毒药，应加入稀释剂制成倍散。

（2）胭脂红乳糖为着色剂，观察混合均匀度。

2. 散剂的质量检查

1）外观均匀度 取供试品适量，置于光滑纸上，平铺约 $5cm^2$，将其表面压平，在亮处观察，应呈现均匀的色泽，无花纹与色斑。

2）装量差异检查 单剂量、一日剂量包装的散剂，装量差异限度应符合下表规定：

标示装量	装量差异限度
0.10g 及 0.10g 以下	±15%
0.10g 以上至 0.50g	±10%
0.50g 以上至 1.50g	±8%
1.50g 以上至 6.0g	±7%
6.0g 以上	±5%

检查方法：取供试品 10 包（瓶），除去包装，分别精密称定每包（瓶）内容物的重量，每包（瓶）内容物重量与标示装量相比应符合规定，超出装量差异限度的散剂不得多于 2 包（瓶），并不得有一包（瓶）超出装量差异限度的一倍。

检查结果记录如下：用分析天平称取每一包散剂重量做装量差异检查，结果填入表 2 中。

$$装量差异 = \frac{每包装量 - 标示装量}{标示装量} \times 100\%$$

3. 硬胶囊剂的制备

1）处方

每 2000 粒胶囊含

硫酸阿托品	1.0g
1%（质量分数）胭脂红乳糖	1.0g
乳糖	适量 加至 1000g

2）制法

（1）空胶囊的规格与选择 空胶囊有 8 种规格，其编号、重量、容积见表 1。由于药物填充多用容积控制，而各种药物的密度、晶型、细度及剂量不同，所占的体积也不同，故必须选用适宜大小的空胶囊。一般凭经验或试装来决定。

表 1 空心胶囊的编号、重量和容积

编号	000	00	0	1	2	3	4	5
重量/mg	162	142	92	73	53.3	50	40	23.3
容积/mL	1.37	0.95	0.68	0.50	0.37	0.30	0.21	0.13

（2）手工填充药物

先将固体药物的粉末置于纸或玻璃板上，厚度约为下节胶囊高度的 1/4～1/3，然后手持下节胶囊，口向下插入粉末，使粉末嵌入胶囊内，如此压装数次至胶囊被填满，使达到规定重量，将上节胶囊套上。在填装过程中所施压力应均匀，并应随时称重，使每一胶囊装量准确。

取硫酸阿托品千倍散平铺于搪瓷盘中，直径大约 2cm，捏取囊体切口朝下插进物料层，反复多次，直至装满囊体，套上囊帽即可。

（3）胶囊板填充药物

采用有机玻璃制成的胶囊板填充。板分上、下两层，上层有数百孔洞。先将囊帽、囊身分开，囊身插入胶囊板孔洞中，调节上、下层距离，使胶囊口与板面相平。将颗粒铺于板面，轻轻振动胶囊板，使颗粒填充均匀。填满每个胶囊后，将板面多余颗粒扫除，顶起囊身，套合囊帽，取出胶囊，即得硬胶囊剂成品。

3）注意事项

（1）一般采用试装掌握装量差异程度，使接近药典规定的范围内。

（2）制备过程中必须保持清洁，玻璃板、药匙、指套等用前须用酒精消毒。

（3）为了上下节封严粘密，可在囊口蘸少许 40％乙醇套上封口。

4. 硬胶囊剂的质量检查

1）外观：表面光滑、整洁，不得有粘连、变形或破裂，无异臭。

2）装量差异检查

检查方法：取供试品 20 粒，分别精密称定重量后，倾出内容物（不能损失囊壳），硬胶囊壳用小刷或其他适宜的用具（如棉签等）拭净，再分别精密称定囊壳重量，求得每粒内容物装量与平均装量。每粒装量与平均装量相比较，超出装量差异限度的胶囊不得多于 2 粒，并不得有 1 粒超出装量差异限度的 1 倍。

检查结果记录如下：用分析天平称取每一个胶囊重量做装量差异检查，结果填入表 3 中。

$$装量差异 = \frac{每粒装量 - 平均装量}{平均装量} \times 100\%$$

五、实验记录及分析

1. 散剂的质量检查

1）外观均匀度：

2）装量差异检查结果

表 2　散剂装量差异检查表

散剂编号	1	2	3	4	5	6	7	8	9	10
每包装量/g										
标示装量_____g		装量差异限度_____%			合格范围_____g			不得有 1 包超过_____g		
					超限的有_____包			超限 1 倍的有_____包		
结论										

2. 硬胶囊剂的质量检查

1) 外观均匀度：

2) 装量差异检查结果

表 3　硬胶囊剂装量差异检查表

每粒装量/g					
平均装量＿＿＿＿g	装量差异限度＿＿＿＿％	合格范围＿＿＿＿g		不得有 1 粒超过＿＿＿＿g	
		超限的有＿＿＿＿粒		超限 1 倍的有＿＿＿＿粒	
结论					

六、思考题

1. 何谓等量递加法？这种方法有何优点？

2. 在药房工作中，为何往往将剧毒药预先配成倍散？

3. 怎样配备胭脂红乳糖？

4. 要配每包含 5mg 的三氧化二砷散剂 100 包（每包重 0.3g），试计算用多少 2％三氧化二砷倍散和多少 1％甲基蓝乳糖。

5. 含医疗用毒性药品散剂的配制要点有哪些？

6. 胶囊剂与片剂相比，有何特点？

7. 胶囊剂有哪几类？两者有何不同？分别适用于哪些药物？

实验八　片剂的制备

一、实验目的与要求

1. 熟悉片剂制备的基本工艺过程，掌握湿法制粒压片的工艺过程。

2. 掌握片剂质量检查方法。

3. 了解单冲压片机的基本构造、使用和保养。

二、实验原理

片剂系指药物与适宜的辅料均匀混合，通过制剂技术压制而成片状的固体制剂。片剂由药物和辅料两部分组成。片剂中常用的辅料包括填充剂、润湿剂、黏合剂、崩解剂及润滑剂等。

片剂的制备方法主要有湿法制粒压片法、干法制粒压片法和直接压片法三种，其中湿法制粒压片法较为常用。湿法制粒压片法适用于对湿热稳定的药物。其一般工艺流程如下：

粉碎、过筛→混合 $\xrightarrow{\text{润湿剂、黏合剂、崩解剂}}$ 制软材→制湿颗粒→湿粒

干燥→整粒 $\xrightarrow{\text{润滑剂、崩解剂}}$ 混合→压片→包衣→包装

三、仪器与材料

仪器:单冲式压片机、六管崩解仪、分析天平、台式天平、烘箱、药筛(60 目)、尼龙筛(20 目)、搪瓷盘、乳钵。

材料:维生素 C、糊精、乳糖、淀粉、酒石酸、乙醇、硬脂酸镁。

四、实验方法与步骤

1. 维生素 C 颗粒剂的制备

1) 处方

维生素 C	1.0g
糊精	10.0g
乳糖	15.0g
淀粉	20.0g
酒石酸	1.0g
50%(体积分数)乙醇	适量
硬脂酸镁	1.0g

2) 制备

(1) 称取乳糖 15g,研磨后过 60 目筛制成糖粉。

(2) 称取糖粉 9g,糊精 10g,淀粉 20g,置于乳钵中,研磨均匀后过 60 目筛一次。

(3) 称取维生素 C 1.0g,置于乳钵中,研磨均匀后,按等体积递增法与步骤(2)过筛后的辅料,研磨混合均匀。

(4) 另将 1.0g 酒石酸溶于 5mL 50%乙醇中,一次加入上述混合粉末中,加入时分散面要大,混合均匀。

(5) 取适量 50%乙醇分次继续加入上述混合粉末中,加入时分散面要大,混合均匀,制成软材(50%乙醇用量以用手紧握成团而不粘手,手指轻压能裂开为度)。通过 20 目尼龙筛制成湿粒,湿粒置于搪瓷盘中铺平,放入烘箱 60℃以下干燥 60min。

(6) 干颗粒过 20 目筛,整粒。

2. 压片

将制得的过筛整粒后的干颗粒,加硬脂酸镁 1.0g,混合均匀,压片。

3. 片剂的质量检查

1) 外观检查:取样品 100 片,平铺于白底板上,置于 75W 光源下 60cm 处,距离片剂 30cm,以肉眼观察 30s。检查结果应以片形一致,表面完整光洁,边缘整齐,色泽均匀的片剂为标准。

2) 重量差异限度

重量差异应符合表 1 规定要求。

表 1 片剂重量差异要求

平均片量	重量差异限度
0.30g 以下	±7.5%
0.30g 及 0.30g 以上	±5%

检查方法:取供试品 20 片,精密称定总重量,求得平均片重,再精密称定各片的重量,每片重量与平均片重相比较,超出重量差异限度有片剂不得多于 2 片,并不得有 1 片超出限度的 1 倍。将结果填入重量差异检查数据表中。

$$片重差异＝\frac{每片重量－平均片重}{平均片重}×100\%$$

3) 崩解时限检查

取药片 6 片,分别置于吊篮的六支玻璃管中,每管各加 1 片,加入挡板(V 形槽尖端向下),吊篮挂于金属支架上,浸入盛有 37±1℃水的 1000mL 烧杯中,启动崩解仪,按一定的频率和幅度往复运动(每分钟 30～32 次)。定义片剂置于玻璃管时至片剂全部崩解成碎片并全部通过管底筛网止的时间为崩解时间,其值应符合表 2 规定崩解时限。如有 1 片崩解不全,应另取 6 片复试,均应符合表 2 规定。要求调节吊篮位置使其下降时筛网距烧杯底部 25mm,调节水位高度使吊篮上升时筛网在水面下 15mm 处。

表 2　片剂崩解时限要求

片剂类别	崩解时限/min
压制片	15
薄膜衣片、含片	30
糖衣片	60
泡腾片、舌下片	5
肠溶衣片	在 9mL 浓盐酸稀释为 1000mL 的稀盐酸溶液中 2h 不得有裂缝、崩解或软化现象,在磷酸盐缓冲液(pH 值为 6.8)中 1h 应全部崩解

五、实验记录及分析

1. 外观

2. 重量差异检查数据及结果

每片重量/g					
总重_____g	平均片重_____g	重量差异限度_____%	合格范围_____g 超限的有_____片	不得有 1 片超过_____g 超限 1 倍的有_____片	
结论					

3. 崩解时限检查结果

崩解时间/min					
结论					

六、思考题

1. 维生素 C 用量较小,如何保证维生素 C 能与辅料糊精、糖粉混匀?
2. 50%(体积分数)乙醇的加入量以多少合适?
3. 维生素 C 易氧化分解变色,制粒时间和干燥温度如何控制? 加入酒石酸的目的是什么?
4. 片剂制备的主要方法及湿法制粒压片的一般过程有哪些?
5. 压制片剂时,为何大多数药物需先制成颗粒?

实验九 片剂溶出度试验——阿奇霉素分散片溶出度与溶出速度的测定

一、实验目的与要求

1. 掌握片剂溶出度和溶出速度测定的基本操作和数据处理方法。
2. 熟悉溶出度测定仪的调试与使用。

二、实验原理

片剂等固体制剂服用后,在胃肠道中要先经过崩解和溶出两个过程,然后才能透过生物膜吸收。对于许多药物来说,其吸收量通常与该药物从剂型中溶出的量成正比。对难溶性药物而言,溶出是其主要过程,故崩解时限往往不能作为判断难溶性药物制剂吸收程度的指标。溶解度小于 $0.1\sim1.0g/L$ 的药物,体内吸收常受其溶出速度的影响。溶出速度除与药物的晶型、颗粒大小有关外,还与制剂的生产工艺、辅料、贮存条件等有关。为了有效地控制固体制剂的质量,除采用血药浓度法或尿药浓度法等体内测定法推测吸收速率外,体外溶出度测定法不失为一种较简便的质量控制方法。

溶出度系指药物从片剂或胶囊剂等固体制剂在规定溶剂中溶出的速度和程度。但在实际应用中溶出度仅指一定时间内药物溶出的程度,一般用标示量的百分数表示,如药典规定 30min 内阿奇霉素的溶出限度为标示量的 75%。溶出速度则指在各个时间点测得的溶出量的数据,经过计算而得出的各个时间点与单位时间内的溶出量,它们之间存在一定的规律,可要根据不同处理方法求出相应的参数。固体制剂溶出数据处理方法如下:①单指数模型;②威布尔(Weibull)分布模型。

对于口服固体制剂,特别是对那些体内吸收不良的难溶性的固体制剂,以及治疗剂量与中毒剂量接近的药物的固体制剂,均应做溶出度检查并作为质量标准。

三、仪器与材料

仪器:溶出度测定仪、7200 型可见分光光度计、$0.45\mu m$ 微孔滤膜。
材料:阿奇霉素分散片、磷酸盐缓冲液、14mol/L 浓硫酸。

四、实验方法与步骤

1. 缓冲液的配制

0.1mol/L 磷酸氢二钠溶液用盐酸调节 pH 至 6.0 ± 0.05。

2. 储备液的配制

取分散片 10 片,精密称定,计算出平均片重(W),将称定的片剂研细,再精密取相当于 W 的量,置于 250mL 容量瓶中,加入磷酸盐缓冲液稀释至刻度,混匀,于水浴上 37℃ 中振荡溶解 15min,用 0.45μm 的微孔滤膜过滤,即得。

3. 标准曲线的绘制

分别取上述母液 1.00mL,2.00mL,4.00mL,6.00mL,8.00mL,10.00mL 稀释至 100mL,得到浓度为 10μg/mL,30μg/mL,50μg/mL,70μg/mL,90μg/mL,110μg/mL 的溶液。用移液管分别移取 5.00mL 上述浓度的溶液至 100mL 烧杯中,加入 5.00mL 14mol/L 的浓硫酸,摇匀,室温放置 30min,放冷至室温,于 482nm 处测定它们的吸收度。以吸收度为纵坐标,以浓度为横坐标绘制标准曲线(可用计算机计算线性回归系数)。

4. 溶出度的测定

1)水浴箱加入蒸馏水至刻度。

2)调温控为 37.5℃,启动水泵。

3)取磷酸盐缓冲液 1000mL,加热至 37±0.5℃,倒入贮液槽中。

4)待调节温度,在 37±0.5℃,调节转速每分钟 100 转,停止转动。

5)取药片 6 片分别放在 6 个转篮内,以磷酸盐缓冲液接触药片开始计时,然后在 1min,3min,5min,7min,9min,12min,15min,20min,30min 定时取样(取样位置固定于转篮正中,距杯壁不小于 1cm 处),每次取样 5mL,并立即补加入磷酸缓冲液 5mL(37℃±0.5℃)于贮液槽中。

6)将所取样液用 0.45μm 微孔滤膜滤过后,取续滤液 2.00mL 于具塞量筒中,用移液管移取 3.00mL 磷酸缓冲液稀释,加入 5.00mL 14mol/L 的硫酸,摇匀,室温放置 30min,放冷至室温。

7)用移液管移取 5.00mL 磷酸缓冲液,做空白对照实验,于 482nm 处测定它们的吸收度。

五、实验记录及分析

1. 标准曲线的绘制

表 1　标准曲线测定数据

浓度/(μg/mL)	10	20	40	60	80	100
吸收度/A						

标准曲线方程:　　　　　　　　　　　　　　　$r^2 =$

$c = 100\mu$g/mL,$A_标 =$　　　　　(标准溶出量)

2. 溶出度的测定

表 2　阿奇霉素分散片溶出度测定结果

编号	1	2	3	4	5	6
$A(t=30\text{min})$						
溶出量/%($A/A_标$)						
结论						

3. 溶出速度的测定

（1）实验数据

表 3　阿奇霉素分散片溶出速度测定数据

取样时间/min	1	3	5	7	9	12	15	20	30
吸收度/A									
累积溶出量/%（$A/A_标$）									
残留待溶量/%									
lg 残留待溶量/%									

（2）作图：以 lg 残留待溶量对 t 作图。

（3）从直线斜率求出溶出速度常数即 $K = -2.303 \times$ 斜率。

六、思考题

1. 为什么某些药的固体制剂（如丸剂、片剂、胶囊剂）需测定溶出度？
2. 溶出度测定中应注意些什么问题？
3. 求溶出度参数有什么意义？

实验十　软膏剂的制备及体外释药速率测定

一、实验目的与要求

1. 掌握不同类型基质软膏的制备方法。
2. 熟悉软膏剂中药物的加入方法。
3. 掌握软膏中药物释放的测定方法。
4. 了解软膏基质对药物释放的影响。

二、实验原理

软膏剂系指药物与适宜基质均匀混合制成的具有适当稠度的膏状外用制剂，它可在局部发挥疗效或起保护和润滑皮肤的作用，药物也可透过皮肤吸收进入人体循环，产生全身治疗作用。

软膏由药物与基质组成，其中基质占软膏的绝大部分，它除起赋形剂的作用外，还对软膏剂的质量及疗效的发挥起重要作用。常用的基质有油脂性基质、乳剂型基质和水溶性基质三类。

软膏的制备可根据药物及基质的性质选用研和法、融和法和乳化法。

药物加入方法，分为可溶于基质中的药物、不溶性药物、半黏稠性药物、共熔成分药物及中草药软膏剂等的加入方法。

实验操作要点如下：

1. 选用的基质应纯净，否则应加热熔化后过滤，除去杂质，或加热灭菌后备用。
2. 混合基质熔化时应将熔点高的先熔化，再将熔点低的熔化。

3. 基质中可根据含药量的多少及季节的不同,酌加蜂蜡、石蜡、液状石蜡或植物油以调节软膏硬度。

4. 不溶性药物应先研细过筛、再按等量递加法与基质混合。药物加入熔化基质后,应不停搅拌至冷凝,否则药物分散不匀。但已凝固后应停止搅拌,否则空气进入膏体使软膏不能久贮。

5. 挥发性或受热易破坏的药物,需待基质冷却至 40℃以下时加入。

6. 含水杨酸、苯甲酸、鞣酸及汞盐等药物的软膏,配置时应避免与铜、铁等金属器具接触,以免变色。

7. 水相与油相两者混合的温度一般应控制在 80℃以下,且两者温度应基本相等,以免影响乳膏的细腻性。

8. 乳化法中两相混合的搅拌速度不宜过慢或过快,以免乳化不完全或因混入大量空气使成品失去细腻和光泽并易变质。

软膏剂无论是发挥局部疗效还是全身疗效,首要前提均是软膏剂中的药物以适当的速度释放一定的量到皮肤表面,软膏剂中药物的释放主要依赖药物本身的性质,但基质在一定程度上也影响药物的释放。对软膏剂中药物的释放有多种体外测定方法,比较常用的方法是琼脂扩散法。

琼脂扩散法是用琼脂凝胶为扩散介质,将软膏剂涂在含有指示剂的凝胶表面,当药物分子进入琼脂凝胶中,就与其中的指示剂三氯化铁起反应产生红色。放置一定时间后,以测定药物与指示剂产生的色层高度来比较药物自不同基质中释放的速度。

扩散池也是研究药物经皮吸收的重要装置,可用于软膏剂的处方筛选,透皮吸收促进剂的选择,研究基质、处方组成及促进剂等对药物透过速度的影响,控制经皮给药制剂的质量等。

药物的透皮渗透实验是将剥离的皮肤夹在扩散池中,将药物置于皮肤的角质层面,于一定时间间隔测定皮肤另一侧接受介质中药物的浓度,分析药物通过皮肤的动力学模型。

理想的透皮扩散池应该具有适宜大小的扩散面积、密合性好,接收液保持漏槽条件,即接收液中药物浓度始终接近零(因为在体皮肤真皮内毛细血管丰富,药物渗透至该部位立即进入容积庞大的体循环而使浓度接近零)、搅拌系统易于消除界面扩散层,可维持稳定的温度以及操作简便等。

为了减少药物量的损失,扩散池一般以硬质玻璃或不锈钢材料制成。常用的有直立式扩散池、卧式扩散池及微量流通扩散池等。扩散池目前尚无统一的标准化商品,根据上述不同要求和研究目的可自行设计。

本实验采用测定软膏中药物穿过无屏障性能的半透膜到达接受介质的速度即半透膜扩散法来评定药物的释放。

在一些情况下,软膏剂中药物经半透膜的扩散遵循 Higuchi 公式,即药物累积释药量 Q 与时间 t 的平方根成正比。即 $Q=K_1 t^{\frac{1}{2}}$,但有时也符合下列关系式:$Q=K_2 t$,因此,若以 Q 对 $t^{\frac{1}{2}}$ 作图(或 Q 对 t 作图),可得一直线,斜率为 K(K_1 或 K_2),K 值大小可反映出软膏剂中药物释放的快慢。

本实验直接以吸收度(A)代替浓度(累积释药量)计算扩散系数(K)。因为溶液在 530nm

波长处的吸收度与浓度存在正比关系,故以 A 代替 Q 可简化标准曲线的制作和计算。

三、仪器与材料

仪器:乳钵、水浴锅、显微镜、载玻片、烧杯、试管、橡皮筋、纱布、$0.45\mu m$ 微孔滤膜、移液管、7200 型可见分光光度计。

材料:水杨酸、硬脂酸、单硬脂酸甘油酯、白凡士林、羊毛脂、液状石蜡、石蜡、三乙醇胺、司盘 80、OP 乳化剂。

四、实验方法与步骤

1. O/W 型乳剂基质软膏

1) 处方

水杨酸	2.0g
硬脂酸	4.8g
单硬脂酸甘油酯	1.4g
白凡士林	0.4g
羊毛脂	2.0g
液状石蜡	2.4g(约 2.8mL)
三乙醇胺	0.16g(约 4d)
蒸馏水	加至 40.0g

2) 制法

(1) 将硬脂酸、单硬脂酸甘油酯、白凡士林、羊毛脂、液状石蜡置于 100mL 烧杯内,于水浴上加热至 80℃左右,搅拌使其熔化。

(2) 将三乙醇胺与计算量蒸馏水(26.84g,约 27mL)置于 50mL 烧杯中,于水浴上加热至约 85℃,搅拌混匀。

(3) 在等温下将水相以细流加到油相中(加入时间大于 5min),并于水浴上不断顺时针搅拌至呈乳白色半固体,取出,再在室温下不断搅拌至接近冷凝(大约 50℃),即得 O/ W 型乳剂基质。

(4) 取水杨酸细粉(将水杨酸过 100 目筛即得)置于乳钵中,采用等量递加法分次加入制得的 O/ W 型乳剂基质,研磨均匀即得。

2. W/O 型乳剂基质软膏

1) 处方

水杨酸	1.0g
单硬脂酸甘油酯	2.0g
石蜡	2.0g
液体石蜡(重质)	10.0g(约 12mL)
白凡士林	1.0g
司盘 80	0.05g(约 2d)
OP 乳化剂	0.1g(约 4d)
蒸馏水	5.0g(约 5mL)

2）制法

（1）将单硬脂酸甘油酯、石蜡置于 100mL 烧杯中，于水浴中加热熔化，再加入白凡士林、液体石蜡、司盘 80，于水浴上加热至完全熔化混匀后，保温于 80℃。

（2）将同温的 OP 乳化剂和蒸馏水加入上述油相溶液中，边加边不断地顺时针搅拌，至呈乳白色半固体状，即得 W/O 型乳剂基质。

（3）取水杨酸细粉（将水杨酸过 100 目筛即得）置于乳钵中，采用等量递加法分次加入制得的 O/W 型乳剂基质，研匀即得。

3. 乳剂型软膏剂基质类型鉴别

1）加苏丹-Ⅲ油溶液 1 滴，置于显微镜下观察，若连续相呈红色，则为 W/O 型乳剂。

2）加亚甲蓝水溶液 1 滴，置于显微镜下观察，若连续相呈蓝色，则为 O/W 型乳剂。

鉴别结果记录于表 1。

4. 软膏剂的体外释药速率测定：半透膜扩散法

1）取已制备的两种水杨酸软膏剂，分别填装于内径约为 2cm 的玻璃管内，装填量约为 2cm 高，管口用 $0.45\mu m$ 的微孔滤膜包扎，使管口的微孔滤膜无皱褶且与软膏紧贴无气泡。

2）将上述玻璃管按封贴微孔滤膜面向下置于装有 100mL，32℃生理盐水的烧杯中，管口置水面以下大约 5cm（烧杯置于磁力搅拌器上，搅拌加热至 32 ± 1℃），分别于 5min、10min、20min、30min、45min、60min 取样，每次取出 5mL（每次取前应搅拌均匀），并同时补加 5mL 生理盐水。

3）将取出的 5mL 接收液分别置于试管中，并精密加入 1mL 硫酸铁铵显色液，混匀，以 5mL 蒸馏水加 1mL 显色液作空白，在波长 530nm 处测定吸收度 A。将实验结果记录于表 2，求 45min 的累积吸收度。

五、实验记录及分析

1. 乳剂型软膏基质类型鉴别

表 1　乳剂型软膏基质类型鉴别结果

	O/W 型乳剂基质软膏		W/O 型乳剂基质软膏	
	内相	外相	内相	外相
苏丹红				
亚甲蓝				

2. 软膏剂的体外释药速率测定：半透膜扩散法

1）将实验结果记录于表 2。

表 2　半透膜扩散法测定数据

时间/min	O/W 型乳剂基质		W/O 型乳剂基质	
	A（吸收度）	$A_{累积}$（累积吸收度）	A（吸收度）	$A_{累积}$（累积吸收度）
5				
10				
20				
30				
45				
60				

累积吸收度 A 可按下式计算：$A = A_i + 5/(V\sum A_{i-1})$

式中，A 为累积吸收度；A_i 为各取样时间测得的吸收度；V 为接收液体积，mL。

2）作图：以 $A_{累积}$ 对 t 作图。

3）讨论水杨酸的不同基质软膏药物扩散速度的快慢及原因。

六、思考题

1. 影响药物从软膏基质中释放的因素有哪些？
2. 软膏剂制备过程中药物的加入方法有哪些？
3. 制备乳剂型软膏基质时应注意什么？为什么要升温到 70～80℃？
4. O/W 型乳剂与 W/O 型乳剂在构成上有何差异？
5. 苏丹-Ⅲ与亚甲蓝在性质上有何差异？如何利用它们的差异鉴定乳液？

实验十一　栓剂的制备

一、实验目的与要求

1. 了解各类栓剂基质的特点及适用情况。
2. 掌握热熔法制备栓剂的工艺。
3. 掌握置换值的测定及在栓剂制备中的应用。

二、实验原理

软膏剂是指药物与适宜基质制成的供腔道给药的制剂。目前常用的有肛门栓和阴道栓等。肛门栓一般做成鱼雷形或圆锥形，阴道栓有球形、卵形、鸭舌形等形状。栓剂应有一定硬度、无刺激性、外观完整光滑，常温下为固体，纳入人体腔道后，在体温下能迅速软化熔融或溶解于分泌液，逐渐释放药物而产生局部或全身作用。

栓剂的治疗作用受基质影响较大。栓剂的基质可分为脂肪性基质、水溶性及亲水性基质两大类。前者如可可豆脂、半合成脂肪酸酯等。后者如甘油明胶、聚氧乙烯 40 单硬脂酸酯（S-40）和聚乙二醇类等。某些基质中还可加入表面活性剂使药物易于释放和被机体吸收。

栓剂的制备方法有热熔法、冷压法和搓捏法三种，可按基质的不同性质选择制备方法。脂肪性基质栓剂的制备可采用三种方法中的任何一种，而水溶性及亲水性基质的栓剂多采用热溶法制备。热熔法制备栓剂的工艺流程如下：

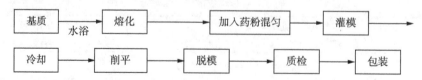

操作要点如下：

采用模制成型法（热熔法）制备栓剂时，需用栓模，在使用前应将栓模洗净、擦干，再用棉签蘸润滑剂少许，涂布于栓模内，注模时应稍溢出模孔，若含有不溶性药物应随搅随注，以免药物沉积于模孔底部,冷后再切去溢出部分,使栓剂底部平整;取出栓剂时,应自底部推出,如有多余的润滑剂,可用滤纸吸去。

栓模内所涂润滑剂,脂肪性基质多用肥皂醑(用软肥皂、甘油各 1 份与 95% 乙醇 5 份混合所制的醇溶液),水溶性及亲水性基质多用液状石蜡、麻油等。栓剂制成后,分别用药品包装纸包裹,置于玻璃瓶或纸盒内,在 25℃ 以下贮藏。

在栓剂处方设计及制备中,为了正确确定基质用量以保证栓剂剂量准确,常需预测药物的置换价。药物的重量与同体积基质重量的比值称为该药物对基质的置换价 f。

$$f = \frac{W}{G - (M - W)}$$

式中,G 为纯基质栓的平均重量;M 为含药栓的平均重量;W 为每枚栓剂的平均含药重量。

用置换价可以方便地计算出制备这种含药栓 n 枚所需要基质的重量 X

$$X = [G - (W/f)]n$$

同一种药物针对不同的基质有不同的置换价,所以谈及药物的置换价时应指明基质类别。

栓剂的质量评定内容包括主药含量、外观、重量差异、融变时限、硬度、变形温度及体外溶出试验等。

三、仪器与材料

仪器:栓模、蒸发皿、水浴、冰浴、研钵。

材料:阿司匹林、半合成脂肪酸酯、甘油、干燥碳酸钠、硬脂酸、蒸馏水、液状石蜡。

四、实验方法与步骤

1. 阿司匹林栓的制备(脂肪性基质栓)

1) 处方

阿司匹林	3.0g
半合成脂肪酸酯	适量
制成圆锥形肛门栓	5 枚

2) 阿司匹林置换价的测定

(1) 纯基质栓的制备

称取半合成脂肪酸酯 10g 置于蒸发皿中,于水浴上加热,待 2/3 基质熔化时停止加热,搅拌使全熔,待基质呈黏稠状态时,灌入已涂有润滑剂的栓剂模型内,冷却凝固后削去模口上溢出部分,脱模,得到完整的纯基质栓数枚,称重,每枚纯基质的平均重量为 $G(\mathrm{g})$。

(2) 含药栓的制备

称取半合成脂肪酸酯 6g 置于蒸发皿中,于水浴上加热,待 2/3 基质熔化时停止加热,搅拌使全熔;称取研细的阿司匹林粉末(过 100 目筛)3g,分次加入熔化的基质中,不断搅拌使药物均匀分散,待此混合物呈黏稠状态时,灌入已涂有润滑剂的模型内,冷却凝固后削去模口上溢出部分,脱模,得到完整的含药栓数枚,称重,每枚含药栓的平均质量为 $M(\mathrm{g})$,其含药量 $W = M \cdot X\%$,其中,$X\%$ 为含药质量分数。

(3) 置换价按置换价计算式计算

将上述得到的 G、M、W 代入置换价计算式,可求得阿司匹林的半合成脂肪酸酯的置换价。

3)根据置换价计算处方所需基质的用量

将上述得到的置换价 f 代入 $X=[G-(W/f)]n$ 中,求得 5 枚阿司匹林栓需用的基质量。

2. 甘油栓的制备(亲水性基质栓)

1)处方

甘油(相对密度 1.25)	16g
干燥碳酸钠	0.4g
硬脂酸	1.6g
蒸馏水	2.0mL
制成圆锥形肛门栓	6 枚

2)制法

取干燥碳酸钠与蒸馏水置于蒸发皿内,搅拌溶解,加甘油混合后置于水浴上加热,加热同时缓缓加入硬脂酸细粉,边加边搅,待泡沸停止,溶液澄明后,注入涂有润滑剂(液状石蜡)的栓模中,稍为溢出模口,冷却凝固后削去模口溢出部分,脱模,得甘油栓。

附注:

(1)欲求外观透明,皂化必须完全(水浴上需 1～2h)加酸搅拌不宜太快,以免搅入气泡。制备甘油栓时,水浴要保持沸腾,硬脂酸细粉应少量分次加入,与碳酸钠充分反应,直至泡沸停止,溶液澄明,皂化反应完全才能停止加热。

(2)碱量比理论量超过 10％～15％,皂化反应速度快,得到的成品软而透明。

(3)水分含量不宜过多,否则成品混浊,也有主张不加水的。

(4)栓模预热至 80℃左右,注模后应缓慢冷却,得到的成品硬度更适宜。

3)质量检查

(1)外观与色泽:本品为无色或几近无色的透明或半透明栓剂,外观应完整光洁。

(2)质量差异

栓剂的质量差异限度可按下法测定:取栓剂 10 粒,精密称定总质量,求得平均粒重后,再分别精密称定各粒的质量。每粒质量与平均粒重相比较,超出质量差异限度的栓剂不得多于 1 粒,并不得超出限度 1 倍。质量差异限度可用下式计算:

$$质量差异限度 = \frac{每粒质量-平均质量}{平均质量} \times 100\%$$

表 1　质量差异限度表

平均质量	质量差异限度
1.0g 以下或 1.0g	±10％
1.0g 以上至 3.0g	±7.5％
3.0g 以上	±5％

五、实验记录及分析

1. 置换价

记录阿司匹林的半合成脂肪酸酯置换价测定数据与计算结果。

2. 将栓剂的质量检查结果记录于下表中。

表 2 栓剂质量检查结果

每粒质量/g					
平均质量/g	质量差异限度				
结论					

六、思考题

1. 制备阿司匹林栓时计算置换价有何意义？
2. 甘油栓的制备原理是什么？操作时有哪些注意点？

实验十二　膜剂的制备

一、实验目的与要求

1. 掌握涂膜法小批量制备膜剂的方法。
2. 熟悉常用成膜材料的性质和特点。

二、实验原理

膜剂是指药物与适宜的成膜材料经加工制成的膜状制剂。膜剂可供内服（如口服、含片、舌下）、外用（如皮肤、黏膜）、腔道（如阴道、子宫腔）给药、植入及眼用等。一些膜剂，尤其是鼻腔、皮肤用药的膜剂，亦可起到全身的作用。

成膜材料的性能、质量不仅对膜剂成型工艺有影响，而且对膜剂的药效及成品质量产生重要影响。膜剂的处方主要由主药、成膜材料和附加剂组成，附加剂主要有增塑剂、着色剂等。膜剂的制备方法主要有流延法（匀浆制膜法），挤压法与压延法。小量制备可采用手工刮板法，即选用洁净玻璃板（或不锈钢板），撒上少许滑石粉，用干净的纱布擦净，然后将浆液倒上，用有一定间距的刮刀或推杆刮平，涂成具有一定厚度、均匀的薄层，于 $80 \sim 100 \, ^{\circ}\!C$ 干燥即可。

三、仪器与材料

仪器：玻璃板、玻璃棒（或刮刀）、恒温水浴。
材料：硝酸钾、羧甲基纤维素钠（CMC‑Na）、吐温 80、甘油、蒸馏水。

四、实验方法与步骤

1. 硝酸钾牙用膜剂的制备

1）处方

硝酸钾	1.0g
CMC - Na	2.0g
吐温 80	0.2g
甘油	0.5g
蒸馏水	50mL

2）制法

（1）取 CMC - Na 2.0g 加蒸馏水 40mL 浸泡过夜后，于水浴上加热溶解，制成 CMC - Na 胶浆，保温于 40℃。

（2）取吐温 80 0.2g、甘油 0.5g、硝酸钾 1.0g 溶解于 10mL 蒸馏水中，必要时加热溶解。

（3）将上述溶液加入 CMC - Na 胶浆中，搅拌混匀，保温于 40℃，静置除去气泡。

（4）将玻璃板预热至相同温度后，将膜材料在玻璃板上涂膜，涂成厚度约 0.15mm，面积约 400cm^2 的药膜，80℃干燥 15min。

（5）脱膜，放冷至室温，称重，切成每张面积约 0.5cm×1.0cm 的药膜。

五、实验记录及分析

观察硝酸钾牙用膜剂外观。

六、思考题

1. 膜剂在应用上有哪些特点？
2. 试分析实验处方中各成分的作用。

实验十三　包合物的制备及其验证

一、实验目的与要求

1. 掌握饱和水溶液法制备包合物的工艺。
2. 掌握包合物形成的验证方法。

二、实验原理

包合技术系指一种分子被包嵌于另一种分子的空穴结构内，形成包合物（Inclusion Compound）的技术。这种包合物是由主分子（Host Molecule）和客分子（Guest Molecule）两种组分加合组成的，主分子具有较大的空穴结构，足以将客分子容纳在内，形成分子囊（Molecule Capsule）。

目前，常用包合物的主分子以环糊精（CYD）为最多。环糊精系淀粉用嗜碱性芽孢杆菌经培养得到的环糊精葡聚糖转位酶作用后所形成的产物。是由 6～10 个 D-葡萄糖分子以 1,4-糖苷键连接而成的环状低聚糖化合物。环糊精为水溶性、非还原性的白色结晶性粉末。常见的有 α - CYD，β - CYD，γ - CYD 三种，分别由 6 个、7 个、8 个葡萄糖分子构成。

药物作为客分子经包合后，溶解度增大，稳定性提高，液体药物可粉末化，可防止挥发性成分挥发，掩盖药物的不良气味或味道，调节释药速率，提高药物的生物利用度，降低药物的刺激性与毒副作用等。

符合下列条件之一的有机药物,通常都可以与环糊精包合成包合物:药物结构中的原子数大于 5 个且药物的稠环小于 5 个;药物相对分子质量在 100～400 之间;药物在水中的溶解度小于 10mg/mL;药物的熔点低于 250℃。也有药物符合上述条件而不能与环糊精包合的,如几何形状不合适;也有因环糊精用量不合适而不能包合的。无机药物大多数不宜与环糊精包合。环糊精包合物的制备方法很多,有饱和水溶液法、研磨法、喷雾干燥法、冷冻干燥法及中和法等,其中以饱和水溶液法(亦称重结晶法或共沉淀法)最为常用。

包合物根据主分子的构成可分为多分子包合物、单分子包合物和大分子包合物;根据主分子形成空穴的几何形状又分为管形包合物(Channel 或 Tunnel Inclusion Compound)、笼形包合物(Chathrate 或 Cage Inclusion Compound)和层状包合物(Layer Inclusion Compound)。

本实验的客分子为莪术挥发油,具有较强的挥发性,临床证明具有抗肿瘤作用。莪术醇是莪术油中抗癌有效成分,现有莪术油静脉注射液及乳剂等剂型,但稳定性较差,对光敏感,强光下易分解。将莪术油制成包合物后,可减少莪术油的挥发,使液态油状态改变成固体粉末,便于配方,还可具有缓释作用。

三、仪器与材料

仪器:挥发油提取器,量筒,烧杯,烧瓶,温度计,加热套,玻璃棒,水浴锅,布氏漏斗,干燥箱,天平等。

材料:药材粗粉,β-环糊精,冰,蒸馏水,无水乙醇,无水硫酸钠。

四、实验方法与步骤

1. 莪术挥发油-β-环糊精包合物的制备与含油量测定

1)莪术挥发油的制备

将莪术粉碎成中等粉末,取 200g,加入 10 倍量的蒸馏水,经挥发油提取器提取 3.0h,得棕褐色油状液体,用无水硫酸钠脱水后,即得莪术挥发油,备用。

2)莪术挥发油乙醇溶液的制备

精密吸取莪术挥发油 1mL,加无水乙醇 5mL,溶解即得,备用。

3)β-环糊精饱和水溶液的制备

称取 β-环糊精 8g 置于烧杯中,加蒸馏水 100mL,在(60±1)℃下制成饱和水溶液,保温备用。

4)莪术挥发油-β-环糊精包合物的制备

将 β-环糊精饱和水溶液 100mL 置于烧杯中,于磁力搅拌器上保持 60℃恒温,另精密吸取莪术油乙醇液 5mL,缓慢滴入到 60℃的 β-环糊精饱和水溶液中,不断搅拌,并用 5mL 无水乙醇洗涤移液管,同时将洗涤液滴入 β-环糊精饱和溶液中。待出现混浊逐渐有白色沉淀析出,继续搅拌 4h(本实验中为掌握方法,可暂定搅拌 1h),停止加热,继续搅拌至室温,最后置于冰箱中放置 12h(实验中也可用冰浴冷却),待沉淀析出完全后抽滤,用无水乙醇 5mL 洗涤三次,抽滤至干,50℃以下干燥,称重,计算收率。

5)莪术油-β-环糊精包合物中含油量的测定

(1)精密量取莪术油 1mL 置于圆底烧瓶中,加蒸馏水 100mL,用挥发油测定法提取莪术油,并计量。

(2) 称取相当于 1mL 莪术挥发油的包合物置于圆底烧瓶中,加水 100mL,按上述方法提取莪术挥发油并计量。

根据所测数值,利用下述公式计算包合物的含油率、利用率及收率。

$$含油率 = \frac{包合物中实际含油量(g)}{包合物量(g)} \times 100\% \tag{1}$$

$$利用率 = \frac{包合物中实际含油量(mL)}{投油量(mL)} \times 100\% \tag{2}$$

$$包合物收率 = \frac{包合物实际量(g)}{\beta\text{-环糊精}(g) + 投油量(g)} \times 100\% \tag{3}$$

2. 薄荷油-β-环糊精包合物的制备与含油量测定

称取 β-环糊精 4g,置于 100mL 具塞锥形瓶中,加入 50mL 蒸馏水,加热溶解,降温至 50℃滴加薄荷油 1mL,50℃恒温搅拌 2.5h,冷却,有白色沉淀析出,待沉淀完全后过滤,用无水乙醇 5mL 洗涤沉淀 3 次,至表面无油迹,将包合物置于干燥箱中干燥,称重,计算收率。

同前述"莪术油-β-环糊精包合物中含油量的测定"的方法测定薄荷油包合物中含油率。

3. 陈皮挥发油-β-环糊精包合物的制备与含油量测定

1) 陈皮挥发油的制备:取陈皮粗粉 120g,加入 10 倍量的蒸馏水,经挥发油提取器提取 2.5h,得淡黄色混浊液体,用无水硫酸钠脱水后,得淡黄色油状澄清液体,即为陈皮挥发油。

2) 陈皮挥发油乙醇液的制备

量取陈皮挥发油 2mL(约 1.75g),加无水乙醇 10mL 溶解即得,备用。

3) β-环糊精饱和水溶液的制备

称取环糊精 16g,加蒸馏水 200mL,在 60℃制成饱和水溶液,保温备用。

4) 陈皮挥发油-β-环糊精包合物的制备

陈皮挥发油乙醇溶液与 β-环糊精饱和水溶液按 10mL 与 200mL 分别量取,将 β-环糊精饱和水溶液置于 500mL 烧杯中,保持 60℃恒温搅拌,将陈皮挥发油乙醇溶液缓慢滴入搅拌的饱和水溶液中,待出现混浊有白色沉淀析出,继续搅拌 1h 后,取出烧杯,再继续搅拌至室温,最后用冰浴冷却,待沉淀析出完全后,抽滤至 50℃以下干燥,称量计算收率。

同前述"莪术油-β-环糊精包合物中含油量的测定"的方法测定陈皮包合物中含油率。

五、实验记录及分析

包合物的含油率、利用率及吸收率见下表。

表 1　包合物的含油率、利用率及收率

样品	含油率/%	利用率/%	收率/%
包合物			

六、思考题

1. 制备包合物的关键是什么? 应如何进行控制?

2. 制备包合物时,主分子对客分子有何要求?

3. 验证包合物的方法有哪些?

实验十四　固体分散体的制备与验证

一、实验目的与要求

1. 掌握共沉淀法制备固体分散体的制备工艺。

2. 初步掌握固体分散体形成的验证方法。

二、实验原理

固体分散体(Solid Dispersion)是指药物以分子、无定形或微晶等状态均匀分散在固态载体物质中所形成的分散体系。固体分散体的主要特点是利用不同性质的载体使药物高度分散以达到不同要求的用药目的:提高难溶性药物的溶解度和溶出速率,从而提高药物的生物利用度;或控制药物在小肠释放等。

固体分散体作为中间产物,可以根据需要进一步制成胶囊剂、片剂、软膏剂、栓剂及注射剂等。固体分散体所用载体材料可分为水溶性载体材料、难溶性载体材料、肠溶性载体材料三大类。载体材料在使用时可根据制备目的选择单一载体或混合载体,若以增加难溶性药物的溶解度和溶出速率为目的时,一般可选择水溶性载体材料,如聚乙二醇类,聚维酮类等。

固体分散体的类型有固体溶液、简单低共溶混合物、共沉淀物。固体分散体制备方法主要有熔融法、溶剂法、溶剂熔融法等。固体分散体中药物分散状态可呈现分子状态、无定形态、胶体状态、微晶状态。物相的鉴别方法有溶解度及溶出速率法、热分析法、粉末 X 射线衍射法、红外光谱法、紫外光谱法等,必要时可同时采用几种方法进行鉴别。

固体分散体的速释原理是药物分散状态,即药物所形成的高能态可增加药物溶出度,同时载体材料对药物的溶出具有促进作用。

三、实验方法与步骤

1. 黄芩苷－PVP 共沉淀物的制备

1) 处方

黄芩苷	0.5g
PVPk－30	4.0g

2) 操作

(1) 黄芩苷－PVP 共沉淀物的制备

称取黄芩苷 0.5g,PVPk－30 4.0g,置于蒸发皿内,加入无水乙醇 10mL,在 60~70℃ 水浴上加热溶解,在搅拌下快速蒸去溶剂,取下蒸发皿,置于氯化钙干燥器内干燥、粉碎即得。

(2) 黄芩苷－PVP 物理混合物的制备

称取黄芩苷 0.5g,PVPk－30 4.0g 置于乳钵内,研磨混匀即得。

3) 操作注意

(1) 在制备黄芩苷－PVP 共沉淀物时,溶剂蒸发速度是影响共沉淀物均匀性及防止药物结晶析出的重要因素,常在搅拌下快速蒸发,均匀性好,结晶不易析出,否则共沉淀物均匀性差,如果有药物结晶析出,将影响所制备固体分散物的溶出度。

(2) 共沉淀物蒸去溶剂后,倾入不锈钢板上(下面放冰块)迅速冷凝固化,有利于提高共沉淀物的溶出速度。

(3) 在制备共沉淀物时,应尽量避免湿气的引入,否则不易干燥,难以粉碎。

4) 质量检查:固体分散体的物相鉴别(可选下列一项做)

(1) 紫外光谱的测定

① 黄芩苷溶液的制备:精密称取干燥的黄芩苷 5mg,用 50% 的乙醇溶解并定容至 50mL 容量瓶中即得。

② 实验样品溶液的制备:分别精密称取黄芩苷－PVP 固体分散体及物理混合物各 45mg(相当于黄芩苷标准品 5mg),用 50% 的乙醇溶解并定容至 50mL 容量瓶中即得。

③ 以 50% 的乙醇为空白,分别在波长 200～400nm 内,对上述溶液进行 UV 扫描,并在 278nm 波长处测定吸收度。

(2) 红外光谱的测定

分别取黄芩苷、PVP、黄芩苷－PVP 固体分散体及物理混合物适量于玛瑙乳钵中,加入约 200mg KBr 极细粉压成透明 KBr 薄片,在 500～4000cm^{-1} 间测定红外光谱。

四、实验记录及分析

保存并打印光谱图,比较黄芩苷、黄芩苷－PVP 固体分散体及物理混合物的 UV 光谱、IR 光谱的差异。

五、思考题

1. 固体分散体的制备方法有哪些? 各种方法在什么情况下可选用?
2. 固体分散体的类型有哪些?
3. 本实验中还有哪些方面需要改进? 你是否可以设计其他的相关实验?

实验十五　微囊的制备

一、实验目的与要求

1. 掌握复凝聚法制备微型胶囊(微囊)的工艺。
2. 熟悉利用光学显微镜目测法,测定微囊体积径的方法。

二、实验原理

微型胶囊(简称微囊)系利用天然、半合成或合成的高分子材料(通称囊材),将固体或液体药物(通称囊心物)包裹而成的、直径一般为 5～250μm 的微小胶囊。药物制成微囊后,具有:①缓释(按零级、一级或 Higuchi 方程释放药物)作用;②可提高药物的稳定性;③掩盖不良口味;④降低胃肠道的副反应;⑤减少复方药物的配伍禁忌;⑥改善药物的流动性与可压性;⑦将液态药物制成固体制剂等优点。

微囊的制备方法很多,可归纳为物理化学法、化学法及物理机械法。可根据囊心物及囊材的性质、设备条件及对所制备微囊的要求等,选择制备方法。在实验室中常用制备微囊的方法是物理化学法中的复凝聚法。

物理化学法又分为相分离凝聚法和液中干燥法。其中相分离凝聚法中应用得较多是单凝聚法和复凝聚法。单凝聚法是在制备微囊过程中,只使用一种高分子化合物作为包材,将囊芯物分散在包材溶液中后,加入凝聚剂,使水分与凝聚剂结合,致使体系中包材的溶解度降低而凝聚,即可形成微囊。复凝聚是利用两种电荷相反的水溶性高分子的混合水溶液体系,造成两种高分子间电荷相反的条件,使高分子包材溶解度降低,产生聚集,将分散的囊芯物包裹。

本实验采用水作介质、以鱼肝油为液态囊心物,明胶-阿拉伯胶为囊材,采用复凝聚工艺制备鱼肝油微囊。本工艺操作简易、重现性好,其主要目的是掩盖不良口味。

明胶-阿拉伯胶复凝聚成囊工艺的机理:明胶在水溶液中可形成解离基团—NH_3^+与—CO_2^-。当 pH 低于等电点时,—NH_3^+数目多于—CO_2^-,带正电荷;反之,当 pH 高于等电点时,—CO_2^-数目多于—NH_3^+,带负电荷。阿拉伯胶为多聚糖,分子链上的—COOH,可解离为—CO_2^-,带负电荷。因此,在明胶与阿拉伯胶混合的水溶液中,调节 pH 在明胶的等电点以下,即可使明胶与阿拉伯胶因电荷相反而中和形成复合物(即复合囊材),溶解度降低,在搅拌的条件下,自体系中凝聚成囊而析出。但是这种凝聚是可逆的,一旦解除形成凝聚的这些条件,就可解凝聚,使形成的囊消失。加入固化剂甲醛溶液,与明胶进行胺缩醛反应,在 pH 为 8～9 时使反应完全,明胶分子交联成网状结构,微囊能较长久地保持囊形,不粘连、不凝固,成为不可逆的微囊。若囊心物不宜用碱性介质时,可用 25％戊二醛或丙酮醛在中性介质中使明胶交联完全。

三、仪器与材料

仪器:水浴锅、搅拌器、烧杯、冰浴、显微镜、温度计、抽滤瓶、布氏漏斗、真空泵、量筒、pH 试纸或 pH 计。

材料:鱼肝油、甘油、明胶、阿拉伯胶、36％～37％甲醛溶液、5％氢氧化钠溶液、10％醋酸溶液。

四、实验方法与步骤

1. 鱼肝油复凝聚微囊的制备

1) 处方

鱼肝油	3g
甘油	1.3g
明胶	5g
阿拉伯胶	5g
10％醋酸溶液	适量
36％～37％甲醛溶液	适量
5％氢氧化钠	适量
蒸馏水	适量

2）操作

（1）预备液的制备：

A 液：称取明胶 3g，加甘油 0.8g，加蒸馏水 60mL，在 60℃水浴中溶解即得。

B 液：称取明胶 2g，加甘油 0.5g，加蒸馏水 40mL，在 60℃水浴中溶解即得。

C 液：称取阿拉伯胶 2g，加蒸馏水 50mL，在 60℃水浴中溶解即得。

（2）鱼肝油乳的制备：称取阿拉伯胶 3g 与鱼肝油 3g，于干研钵中混匀，加入蒸馏水 6mL，迅速朝同一方向研磨至初乳形成，然后加入 C 液，边加边研磨，使呈均匀的乳剂。另取 1000mL 的烧杯，加水 300mL，加热至 50℃左右，然后在搅拌下加入上述乳剂，使之均匀，同时在显微镜下观察，记录结果（绘图），并测定乳剂的 pH。

（3）微囊的制备：

混合：在搅拌下将 A 液加入（2）项中的鱼肝油乳中，取此混合液在显微镜下观察（绘图），同时测定混合液的 pH，混合液的温度保持在 50℃左右。

成囊：在不断搅拌下，用 10％醋酸溶液调节混合液的 pH 至 4.0 左右，同时在显微镜下观察，看是否成为微囊，并绘图记录观察结果，比较与 pH 调节前有何不同。再取 B 液加入上述微囊液中使之全部成囊（用显微镜观察，必要时加酸调节）。

固化：在不断搅拌下，加入预热至 40℃左右的 250mL 蒸馏水，除去水浴，在不断搅拌下，自然冷却，待温度冷却至 32～35℃时，将微囊置于冰浴中，继续搅拌，急速降温至 10℃以下，加入 37％甲醛溶液 4mL，搅拌约 20min，用 5％氢氧化钠溶液调节 pH 至 8～9，继续搅拌约 1h，同时在显微镜下观察，绘图表示结果并测定微囊大小。

（4）过滤干燥：将制备的微囊液于室温下静置约 1h 待微囊沉淀，倾去上清液，抽滤，用蒸馏水洗至无甲醛气味（或用 Schiff 试剂试至不显色），pH 接近 7，抽干即得。另可加入 3％～6％辅料（如淀粉、糊精、蔗糖等）制成软材，过 16 目筛，50℃以下干燥，得微囊颗粒。

3）操作注意

（1）复凝聚工艺制成的微囊不可室温或低温烘干，以免黏结成块。欲得固体，加辅料制成颗粒。欲得其他微囊剂型，可暂混悬于蒸馏水中。

（2）操作过程中的水均系蒸馏水或去离子水，否则因有离子存在可干扰凝聚成囊。

（3）制备微囊的搅拌速度应以产生泡沫最少为度，必要时可加入几滴戊醇或辛醇消泡，可提高收率。在固化前切勿停止搅拌，以免微囊粘连成团。

4）微囊大小的测定

本实验所制备的微囊，均为圆球形，可用光学显微镜进行目测法测定微囊的体积径。具体操作为：取少许湿微囊，加蒸馏水分散，盖上盖玻片（注意除尽气泡），用有刻度标尺（刻度已校正其每格的微米数）的接目镜的显微镜，测量 100 个微囊，按不同大小计数。亦可将视野内的微囊进行显微照相后再测量和计数。

五、实验记录及分析

1. 绘制复凝聚工艺制成的微囊形态图，并记录制备过程观察到的现象。

2. 分别将制得的微囊大小记录于下表。

表1　微囊的粒径(总个数)

微囊直径/μm	<10	10~20	20~30	30~40	40~50	50~60	60~70	70~80	>80
数/个									
频率/%									

3. 囊径分布　微囊以每隔 $10\mu m$ 为一单元,每个单元的微囊的个数除以总个数,得微囊分布的频率(%)为纵坐标,微囊的直径(μm)为横坐标,绘制微囊囊径方块图。

六、思考题

1. 复凝聚或单凝聚工艺制备微囊的关键是什么? 在实验时应如何控制其影响因素?
2. 制备中加水和甲醛的目的是什么?
3. 微囊的特点是什么?

实验十六　脂质体的制备及包封率的测定

一、实验目的与要求

1. 掌握薄膜分散法制备脂质体的工艺。
2. 掌握用阳离子交换树脂法测定脂质体包封率的方法。
3. 熟悉脂质体形成原理、作用特点。
4. 了解主动载药与被动载药的概念。

二、实验原理

脂质体是由磷脂与(或不)与附加剂为骨架膜材制成的具有双分子层结构的封闭囊状体。

常见的磷脂分子结构中有两条较长的疏水烃链和一个亲水基团,将适量的磷脂加至水或缓冲溶液中,磷脂分子定向排列,其亲水基团面向两侧的水相,疏水的烃链彼此相对缔和为双分子层,构成脂质体。用于制备脂质体的磷脂有天然磷脂,如豆磷脂、卵磷脂等;合成磷脂,如二棕榈酰磷脂酰胆碱、二硬脂酰磷脂酰胆碱等。

常用的附加剂为胆固醇。胆固醇也是两亲性物质,与磷脂混合使用,可制得稳定的脂质体,其作用是调节双分子层的流动性,减低脂质体膜的通透性。其他附加剂有十八胺、磷脂酸等,这两种附加剂能改变脂质体表面的电荷性质,从而改变脂质体的包封率、体内外其他参数。

脂质体可分为三类:①小单室(层)脂质体,粒径为 20~50nm,经超声波处理的脂质体绝大部分为小单室脂质体;②多室(层)脂质体,粒径约为 400~3500nm,显微镜下可观察到犹如洋葱断面或人手指纹的多层结构;③大单室脂质体,粒径约为 200~1000nm,用乙醚注入法制备的脂质体多为这一类。

脂质体的制法有多种,根据药物的性质或需要进行选择。

(1)薄膜分散法:这是一种经典的制备方法,它可形成多室脂质体,经超声处理后得到小单室脂质体。此法的优点是操作简便,脂质体结构典型,但包封率较低。

(2) 注入法:有乙醚注入法和乙醇注入法等,其中乙醚注入法是将磷脂等膜材料溶于乙醚中,在搅拌下慢慢滴于 55~65℃ 含药或不含药的水性介质中,蒸去乙醚,继续搅拌 1~2h,即可形成脂质体。

(3) 逆相蒸发法:系将磷脂等脂溶性成分溶于有机溶剂,如氯仿中,再按一定比例与含药的缓冲液混合、乳化,然后减压蒸去有机溶剂即可形成脂质体。该法适合于水溶性药物、大分子活性物质,如胰岛素等的脂质体制备,可提高包封率。

(4) 冷冻干燥法:适于在水中不稳定药物脂质体的制备。

(5) 熔融法:采用此法制备的多相脂质体,其物理稳定性好,可加热灭菌。

在制备含药脂质体时,根据药物装载的机理不同,可分为主动载药与被动载药两大类。所谓主动载药,即通过内外水相的不同离子或化合物梯度进行载药,主要有 K^+-Na^+ 梯度和 H^+ 梯度(即 pH 梯度)等。

传统上,人们采用最多的方法是被动载药法。所谓被动载药,即首先将药物溶于水相或有机相(脂溶性药物)中,然后按所选择的脂质体制备方法制备含药脂质体,其共同特点是:在装载过程中脂质体的内外水相或双分子层膜上的药物浓度基本一致,决定其包封率的因素为药物与磷脂膜的作用力、膜材的组成、脂质体的内水相体积、脂质体数目及药脂比(药物与磷脂膜材比)等。对于脂溶性的、与磷脂膜亲和力高的药物,被动载药法较为适用。而对于两亲性药物,其油水分配系数受介质的 pH 和离子强度的影响较大,包封条件的较小变化,就有可能使包封率有较大的变化。

评价脂质体质量的指标有粒径、粒径分布和包封率等。其中脂质体的包封率是衡量脂质体内在质量的一个重要指标。常见的包封率测定方法有分子筛法、超速离心法、超滤法、阳离子交换树脂法等。本实验采用阳离子交换树脂法测定包封率。

阳离子交换树脂法是利用离子交换作用,将荷正电的未包进脂质体中的药物(也称为游离药物),如本实验中的游离的小檗碱,被阳离子交换树脂吸附除去。而包封于脂质体中的药物(如小檗碱),由于脂质体荷负电荷,不能被阳离子交换树脂所吸附,从而达到分离目的,并用以测定包封率。

三、实验方法与步骤

1. 空白脂质体的制备

1) 处方

注射用豆磷脂	0.9g
胆固醇	0.3g
无水乙醇	1~2mL
磷酸盐缓冲液	适量

按处方制成 30mL 脂质体。

2) 操作

(1) 磷酸盐缓冲液(PBS)的配制:称取磷酸氢二钠($Na_2HPO_4 \cdot 12H_2O$)0.37g 与磷酸二氢钠($NaH_2PO_4 \cdot 2H_2O$)2.0g,加蒸馏水适量,溶解并稀释至 1000mL(pH 约为 5.7)。

(2) 称取处方量磷脂、胆固醇于 50mL 小烧杯中,加无水乙醇 1~2mL,置于 65~70℃ 水浴中,搅拌使溶解,旋转该小烧杯使磷脂的乙醇液在杯壁上成膜,用吸耳球轻吹风,将乙醇挥发除去。

(3) 另取磷酸盐缓冲液 30mL 于小烧杯中,同置于 65～70℃水浴中,保温,待用。

(4) 取预热的磷酸盐缓冲液 30mL,加至含有磷脂和胆固醇脂质膜的小烧杯中,65～70℃水浴中搅拌水化 10min。随后将小烧杯置于磁力搅拌器上,室温,搅拌 30～60min,如果溶液体积减小,可补加水至 30mL,混匀即得。

(5) 取样,在油镜下观察脂质体的形态,画出所见脂质体结构,记录最多和最大的脂质体的粒径;随后将所得脂质体溶液通过 0.8μm 微孔滤膜两遍,进行整粒,再于油镜下观察脂质体的形态,画出所见脂质体结构,记录最多和最大的脂质体的粒径。

3) 操作注意

(1) 在整个实验过程中禁止用明火;

(2) 磷脂和胆固醇的乙醇溶液应澄清,不能在水浴中放置过长时间;

(3) 磷脂、胆固醇形成的薄膜应尽量薄;

(4) 60～65℃水浴中搅拌水化 10min 时,一定要充分保证所有脂质水化,不得存在脂质块。

2. 被动载药法制备盐酸小檗碱脂质体

1) 处方

注射用豆磷脂	0.6g
胆固醇	0.2g
无水乙醇	1～2mL
盐酸小檗碱溶液(1mg/mL)	30mL

按处方制成 30mL 脂质体。

2) 操作

(1) 盐酸小檗碱溶液的配制:称取适量的盐酸小檗碱溶液,用磷酸盐缓冲液配成 1mg/mL 和 3mg/mL 的两种浓度的溶液。

(2) 盐酸小檗碱脂质体的制备

按处方量称取豆磷脂、胆固醇置于 50mL 的小烧杯中,加无水乙醇 1～2mL,余下操作除将磷酸盐缓冲液换成盐酸小檗碱溶液外,其他与空白脂质体制备相同,即被动载药法制备的小檗碱脂质体。

3) 操作注意:同前。

3. 主动载药法制备盐酸小檗碱脂质体

1) 柠檬酸缓冲液:称取柠檬酸 10.5g 和柠檬酸钠 7g 置于 1000mL 量瓶中,加水溶解并稀释至 1000mL,混匀即得。

2) NaHCO$_3$ 溶液:称取 NaHCO$_3$ 50g,置于 1000mL 量瓶中,加水溶解并稀释至 1000mL,混匀。

3) 空白脂质体制备:称取磷脂 0.9g 和胆固醇 0.3g,置于 50mL 或 100mL 烧杯中,加 2mL 无水乙醇,于 65～70℃水浴中溶解并挥散乙醇,于烧杯上成膜后,加入同温的柠檬酸缓冲液 30mL,65～70℃水浴中搅拌水化 10min,随后将烧杯取出,置于电磁搅拌器上,在室温下搅拌 30～60min,充分水化,补加蒸馏水至 30mL,所得脂质体溶液通过 0.8μm 微孔滤膜两遍,进行整粒。

4) 主动载药:准确量取空白脂质体 2mL、药液(3mg/mL)1mL、NaHCO$_3$ 溶液 0.5mL,在振摇下依次加入 10mL 西林瓶中,混匀,在 70℃水浴中保温 20min,随后立即用冷水降温即得。

5) 操作注意

(1)"主动载药"过程中,加药顺序一定不能颠倒,加三种液体时,边加边摇,确保混合均匀以保证体系中各部位的梯度一致。

(2) 水浴保温时,也应注意随时轻摇,摇动时只需保证体系均匀即可,无须剧烈振摇。

(3) 在用冷水冷却过程中,也应轻摇。

4. 盐酸小檗碱脂质体包封率的测定

1) 阳离子交换树脂分离柱的制备

称取已处理好的阳离子交换树脂适量,装于底部已垫有少量玻璃棉的 5mL 注射器筒中,加入 PBS 水化阳离子交换树脂,自然滴尽 PBS,即得。

2) 柱分离度的考察

(1) 盐酸小檗碱与空白脂质体混合液的制备:精密量取 3mg/mL 盐酸小檗碱溶液 0.1mL,置于小试管中,加入 0.2mL 空白脂质体,混匀即得。

(2) 对照品溶液的制备:取(1)中制得的混合液 0.1mL 置于 10mL 量瓶中,加入 95%乙醇 6mL,振摇使之溶解,再加 PBS 至刻度,摇匀后过滤并弃去初滤液,取续滤液 4mL 于 10mL 量瓶中,加 PBS 至刻度,摇匀,得对照品溶液。

(3) 样品溶液的制备:取(1)中制得的混合液 0.1mL 至分离柱顶部,待柱顶部的液体消失后,放置 5min,仔细加入 PBS(注意不能将柱顶部离子交换树脂冲散),进行洗脱(需 2~3mL PBS),同时收集洗脱液于 10mL 量瓶中,加入 95%乙醇 6mL,振摇使之溶解,再加 PBS 至刻度,摇匀后过滤并弃去初滤液,取续滤液为样品溶液。

(4) 空白溶剂的配制:取乙醇(95%)30mL,置于 50mL 量瓶中,加 PBS 至刻度,摇匀后即得。

(5) 吸收度的测定:以空白溶剂为对照,在 345nm 波长处分别测定样品溶液与对照品溶液的吸收度,按下式计算柱分离度。分离度要求大于 0.95,有

$$柱分离度 = 1 - \frac{A_{样}}{A_{对} \times 2.5}$$

式中,$A_{样}$ 为样品溶液的吸收度;$A_{对}$ 为对照品溶液的吸收度;2.5 为对照品溶液的稀释倍数。

3) 包封率的测定

精密量取盐酸小檗碱脂质体 0.1mL 两份,一份置于 10mL 量瓶中,按柱分离度考察项下(2)进行操作,另一份置于分离柱顶部,按"柱分离度考察"项下(3)进行操作,所得溶液于 345nm 波长处测定吸收度,按下式计算包封率。

$$包封率(\%) = \frac{A_{L}}{A_{T}} \times 100\%$$

式中,A_{L} 为通过分离柱后收集脂质体中盐酸小檗碱的吸收度;A_{T} 为盐酸小檗碱脂质体中总的药物吸收度。

四、实验记录及分析

1. 绘制显微镜下脂质体的形态图,观察从形态上看,脂质体、乳剂及微囊有何差别。
2. 记录显微镜下可测定的脂质体的粒径。

最大粒径(μm):

最多粒径(μm):

3. 计算柱分离度与包封率。
4. 以包封率为指标,评价主动载药法与被动载药法制备盐酸小檗碱脂质体方法的优劣。

五、思考题

1. 以脂质体作为药物载体的机理和特点,讨论影响脂质体形成的因素。
2. 如何提高脂质体对药物的包封率?
3. 包封率测定方法如何选择?本文所用的方法与分子筛法、超速离心法相比,有何优、缺点?
4. 请设计一个有关脂质体的实验方案。本实验方案还有哪些方面有待改进?

实验十七 茶碱缓释制剂的制备及释放度测定

一、实验目的与要求

1. 熟悉缓释制剂的基本原理与设计方法。
2. 掌握溶蚀性和亲水凝胶骨架型缓释片的释放机制和制备工艺。
3. 熟悉缓释片释放度的测定方法。

二、实验原理

缓释制剂系指用药后能在较长时间内持续释放药物以达到长效作用的制剂。其中药物释放主要是一级速度过程,如口服缓释制剂在人体胃肠道的转运时间一般可维持 8~12h,根据药物用量及药物的吸收代谢性质,其作用可达 12~24h,患者 1 天口服 1~2 次。

缓释制剂的种类很多,按照给药途径有口服、肌肉注射、透皮及腔道用制剂。其中口服缓释制剂研究最多,口服缓释制剂又根据释药动力学行为是否符合一级动力学(或 Higuchi 方程)和零级动力学方程分为缓释制剂和控释制剂。

缓释制剂按照剂型可分为片剂、颗粒剂、小丸、胶囊剂等。其中,片剂又分为骨架片、膜控片、胃内漂浮片等。骨架片是药物和一种或多种骨架材料以及其他辅料,通过制片工艺成型的片状固体制剂。骨架材料、制片工艺对骨架片的释药行为有重要影响。

按照所使用的骨架材料可分为不溶性骨架片、溶蚀性骨架片和亲水凝胶骨架片等。不溶性骨架片采用乙基纤维素、丙烯酸树脂等水不溶骨架材料制备,药物在不溶性骨架中以扩散方式释放。溶蚀性骨架片采用水不溶但可溶蚀的硬脂醇、巴西棕榈蜡、单硬脂酸甘油酯等蜡质材料制成,骨架材料可在体液中逐渐溶蚀、水解。亲水凝胶骨架片主要采用甲基纤维素、羧甲基纤维素、卡波姆、海藻酸盐、壳聚糖等材料。这些材料遇水形成凝胶层,随着凝胶层继续水化,骨架膨胀,药物可通过水凝胶层扩散释出,延缓了药物的释放。

本实验以茶碱为模型药物制备溶蚀性骨架片和亲水凝胶骨架片。由于缓释制剂中含药物量较普通制剂多,制剂工艺复杂。为获得可靠的治疗效果,避免突释引起的毒副作用,需要制定合理的体外药物释放度试验方法。通过释放度的测定,找出其释放规律,从而可选定所需的骨架材料,同时也用于控制缓释片剂的质量。释放度的测定方法采用溶出度测定仪,释放介质一般采用人工胃液、人工肠液、水等介质。一般采用3个取样点作为药物释放度的标准,第一个时间点通常为1h或2h,主要考察制剂有无突释效应;第2个或第3个时间点主要考察制剂释放的特性和趋势,具体时间及释放量根据各品种要求而定;最后一个时间点主要考察制剂是否释放完全,释放量要求75%以上。

三、实验方法与步骤

1. 仪器与材料

仪器:单冲压片机、溶出度仪、紫外分光光度计。

材料:茶碱、硬脂醇、羟丙基甲基纤维素(HPMC K10M)、乳糖、乙醇、硬脂酸镁。

2. 实验部分

1) 茶碱亲水凝胶骨架片的制备

(1) 处方

茶碱	3.0g
HPMC K10M	1.2g
乳糖	1.5g
80%乙醇	溶液适量
硬脂酸镁	0.069g

按处方共制得茶碱亲水凝胶骨架片30片。

(2) 制备　工艺流程见图5-6。

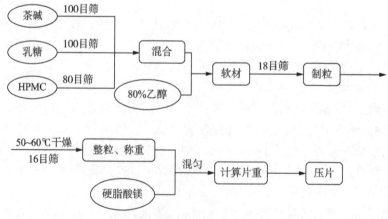

图5-6　茶碱亲水凝胶骨架片的制备工艺流程图

① 将茶碱、乳糖分别过100目筛,羟丙基甲基纤维素过80目筛,混合均匀,加80%乙醇溶液制成软材,过18目筛制粒。

② 于50~60℃干燥,16目整粒,称重,加入硬脂酸镁混匀。

③ 计算片重,压片即得。每片含茶碱 100mg。

（3）质量检查与释放度试验

2）茶碱溶蚀性骨架片的制备

（1）处方

茶碱	3g
硬脂醇	0.3g
HPMC K10M	0.03g
硬脂酸镁	0.039g

按处方共制得茶碱溶蚀性骨架片 30 片。

（2）制备 工艺流程见图 5-7

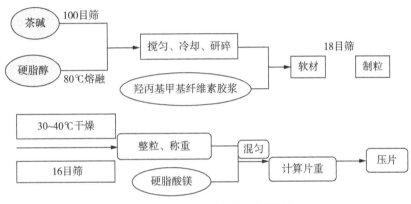

图 5-7　茶碱溶蚀性骨架片的制备

① 取茶碱过 100 目筛,另将硬脂醇置于蒸发皿中,于 80℃水浴上加热融化,加入茶碱搅匀,冷却,置于研钵中研碎。

② 加羟丙基甲基纤维素胶浆(以 80％乙醇 3mL 制得)制成软材(若胶浆量不足,可再加80％乙醇适量),18 目筛制粒。

③ 于 50～60℃干燥,16 目筛整粒,称重,加入硬脂酸镁混匀。

④ 计算片重,压片即得。每片含茶碱 100mg。

（3）质量检查与释放度试验

3）释放度试验方法

（1）标准曲线的制作:精密称取茶碱对照品约 20mg,置于 100mL 容量瓶中,加 0.1mol/L的盐酸溶液溶解,摇匀并定容。精密吸取此溶液 10mL 置于 50mL 容量瓶中,加蒸馏水摇匀并定容。然后精密吸取该溶液 2.5mL、5mL、7.5mL、10mL、12.5mL、15mL、17.5mL,分别置于 50mL 容量瓶中,加蒸馏水定容。按分光光度法,在波长 270 nm 处测定吸光度,以吸光度对浓度进行回归分析,得到标准曲线回归方程。

（2）释放度试验:取制得的亲水凝胶缓释片或溶蚀型骨架缓释片 1 片,按《中国药典》(2010 年版)释放度测定方法规定,采用溶出度测定法桨法的装置,以蒸馏水 900mL 为释放介质,温度为(37±0.5)℃,转速为 50r/min,经 1h、2h、3h、4h、5h、6h 分别取样 6mL,同时补加同体积释放介质,样品经 0.45μm 微孔滤膜过滤,取续滤液 1mL,置于 10mL 容量瓶中加蒸馏水定容,在 270nm 处测定吸光度,分别计算出每片在上述不同时间的溶出量。

四、实验记录及分析

1. 片剂外观及质量检测

包括制备过程照片、片剂照片、样品质量、平均质量、每一片与平均质量的差异,并讨论是否符合标准,如果不符合标准讨论原因。

表1 茶碱缓释片剂样品质量及差异

编号	1	2	3	4	5	6	7	8	9	10	11	12	13	14	15
片重/mg															
差异															
是否符合标准															
编号	16	17	18	19	20	21	22	23	24	25	26	27	28	29	30
片重/mg															
差异															
是否符合标准															

平均片重: mg

原因讨论:

2. 标准曲线的绘制

表2 茶碱标准曲线数据

茶碱浓度/(mg/mL)				
吸光度(A_{270})				

3. 累积释放率的计算和释放曲线的绘制

表3 标准片和缓释片的累积释放量(%)

样品编号		标准片(对照)				缓释片		
		A	B	C	D	$1^{\#}$	$2^{\#}$	$3^{\#}$
	V/mL							
	n							
T_1	A_{270}							
h	c/(mg/mL)							
	Rel/%							
T_2	A_{270}							
h	c/(mg/mL)							
	Rel/%							

样品编号		标准片（对照）				缓释片		
		A	B	C	D	1#	2#	3#
T_3	A_{270}							
h	$c/(\text{mg/mL})$							
	Rel/%							
T_4	A_{270}							
h	$c/(\text{mg/mL})$							
	Rel/%							
T_5	A_{270}							
h	$c/(\text{mg/mL})$							
	Rel/%							
T_6	A_{270}							
h	$c/(\text{mg/mL})$							
	Rel/%							

累积释放率按照下式计算：

$$释放量 = \frac{c \times G}{标示量} \times 100\%$$

其中，Rel 为累积释放率，%；n 为稀释倍数；V 为取样体积，mL；c 为按照标准曲线计算的样品浓度，mg/mL；G 为缓释片平均所含茶碱量，或标准片的标示量，mg；T_1，T_2，T_3，T_4，T_5，T_6 为取样时间，分别为 1h，2h，3h，4h，5h，6h。

根据实验结果，比较不同处方茶碱缓释片的释放曲线，做出评价。

五、思考题

1. 设计口服缓释制剂时主要考虑哪些影响因素？
2. 缓释制剂的释放度实验有何意义？如何使其具有实用价值？

实验十八　经皮渗透实验

一、实验目的与要求

1. 掌握体外药物经皮渗透实验的方法。
2. 熟悉药物经皮渗透实验中数据的处理方法。
3. 了解经皮渗透实验中所用皮肤的处理方法。

二、实验原理

药物通过皮肤（或人工膜）渗透的体外实验是经皮给药系统开发的必不可少的研究步

骤,它可以预测药物经皮吸收的速度,研究介质、处方组成和经皮吸收促进剂等对药物经皮速度的影响,是药物经皮制剂有效性和安全性的前提保障。药物经皮渗透实验是将剥离的皮肤(或人工膜)夹在扩散池中,角质层面向给药池;将药物置于给药池中,于给定的时间间隔测定皮肤另一侧接受池内的介质中药物浓度,分析药物经皮肤渗透的动力学。

皮肤由角质层、表皮、真皮、皮下组织等组成,药物置于皮肤表面后向皮肤内渗透,通过表皮达到真皮,由于真皮内有丰富的毛细血管,药物能很快吸收进入体循环,因此药物在皮肤内表面的浓度很低,即符合所谓"漏槽"条件,药物的浓度接近于零。在体外实验条件下,如果置于皮肤表面的药物浓度保持不变,而接受介质中的药物满足漏槽条件,即接受池中的药物浓度远远小于给药池中的药物浓度。如果以 t 时刻药物通过皮肤的累积量 M 对时间作图,则在达到稳态后可以得到一条直线,直线的斜率为药物的稳态流量(稳态经皮吸收速度)。为了处理问题使其简单化,可以将皮肤可看作简单的膜,用 Fick 扩散定律分析药物在皮肤内的渗透行为,药物的稳态流量 J 与皮肤中的药物浓度梯度成正比,可以用式 1 表示:

$$J = \Lambda \frac{dM}{dt} = \Lambda \frac{DK}{h}(c_0 - c_t) \tag{1}$$

式中,Λ 为药物的有效扩散面积;D 为药物在皮肤中的扩散系数;K 为药物在皮肤/介质中的分配系数;h 为药物在皮肤中的扩散路径;c_0 为给药池中药物的浓度;c_t 为 t 时刻接受池中药物的浓度。

如果接受池中的药物浓度远远小于给药池中的药物浓度,即 $c_0 \gg c_t$,式(1)则可以改写为

$$J = \Lambda \frac{dM}{dt} = \Lambda \frac{DK}{h}c_0 \tag{2}$$

对于特定的皮肤和介质来说,D、K 和 h 均为常数,所以可以令 $\frac{Dk}{h} = P$,称渗透系数。则式(2)可写作:

$$J = \Lambda P c_0 \tag{3}$$

渗透系数是扩散阻力的倒数,单位为 cm/s 或 cm/h,其大小由皮肤与药物的性质决定,即由 D、K 和 h 所决定,而与药物浓度无关,P 值大,表示药物容易透过皮肤。根据求得的稳态流量、给药池中药物的浓度和有效扩散面积,可以求出药物经皮渗透系数。

M-t 曲线中的直线部分反向延长线与时间轴的交点处的时间称为滞后时间(简称时滞 T_L),

$$T_L = \frac{h^2}{6D} \tag{4}$$

经皮渗透实验所用的皮肤除人的皮肤外,常用一些动物,如猴、乳猪、无毛小白鼠、豚鼠和大白鼠等动物皮肤。实验装置可以是单室、双室或流通扩散池。常用的接受介质是 pH=7.4 的磷酸缓冲液和生理盐水,有时为增加药物溶解度,可采用一定浓度不影响皮肤渗透性的非水溶剂。

三、实验方法与步骤

1. 水杨酸溶解度的测定

1) 饱和溶液的制备

取 100mL 的锥形瓶,放置在 32℃恒温水浴中,加入 1g 研细的水杨酸与 100mL 煮沸放

冷至室温的蒸馏水,用磁力搅拌器不断搅拌,分别与 0.5h、1.0h、1.5h、2.0h、2.5h、3h 取样,过滤,弃去初滤液,取续滤液测定水杨酸浓度。如最后 2 次测得的浓度相同,即可计算该室温条件下水杨酸的溶解度;反之,还需继续搅拌,直至溶液浓度不再增大为止。

2）标准曲线绘制

精密称取水杨酸适量,配制成浓度为 $10\mu g/mL$、20、$40\mu g/mL$、$50\mu g/mL$、$80\mu g/mL$、$100\mu g/mL$ 的标准溶液,分别精密量取 5mL,加硫酸铁铵显色剂 1mL,以蒸馏水 5mL 加硫酸铁铵显色剂 1mL 为空白,于 530nm 的波长处测定吸收度,将吸收度对水杨酸浓度回归得标准曲线方程。

3）硫酸铁铵显色剂配制

称取 8g 硫酸铁铵溶于 100mL 蒸馏水中,取 2mL 加 1mol/L HCl 1mL,加蒸馏水至 100mL 即得(本品需新鲜配制)。

4）水杨酸浓度的测定

取过滤后的水杨酸饱和溶液用蒸馏水稀释 100 倍,取稀释液 5mL 加硫酸铁铵显色剂 1mL,于 530nm 的波长处测定吸收度,用标准曲线计算水杨酸浓度,乘以稀释倍数即得水杨酸在室温下的溶解度。

2. 水杨酸的经皮渗透

1）皮肤的处理

取体重为 150～200g 的雄性大白鼠,脱臼处死后立即电动剪毛刀剪去腹部皮肤毛,剥离去毛部位皮肤,去除皮下组织后用生理盐水冲洗干净,置于生理盐水中浸泡约 30min 取出,用滤纸吸干,备用。

2）皮渗透实验

将处理好的鼠皮置于水平扩散池的两个半池之间,用夹子固定好。角质层面向的半池为给药池,真皮面向的半池为接受池。接受池中加入生理盐水 10mL,给药池加入水杨酸的饱和水溶液或 30%乙醇中的饱和溶液 10mL,并分别在两个半池中加入小搅拌子。夹层通 32℃ 的水,在持续搅拌下,于 0.5h、1.0h、1.5h、2.0h、3.0h、4.0h、5.0h、6.0h 于接受池中取样,取样体积为 8mL,并立即加入新的生理盐水。取出接受液用微孔滤膜过滤,弃取初滤液,用于测定水杨酸浓度。

3）水杨酸浓度测定

按照实验一中水杨酸浓度测定项的方法配制硫酸铁铵显色剂及制备标准曲线,取接受介质 5mL 加硫酸铁铵显色剂 1mL,于 530nm 的波长处测定吸收度 A,用标准曲线回归方程计算水杨酸浓度。

4）操作注意

（1）动物处死后,应立即去毛和剥离皮肤,剥离皮肤的皮下组织时应注意不要剪破皮肤。

（2）每次抽取接受介质后应立即加入新的接受介质,并排尽与皮肤接触界面的气泡。

（3）应用水杨酸在 30%乙醇中的饱和溶液作为样品室的药物溶液能在 4h 的实验时间内得到较好的渗透曲线,而作为对照的水杨酸饱和水浴液渗透速度小,如要得到理想的渗透曲线需延长取样的时间间隔和实验持续时间,如每隔 1h 取样,持续 6h 以上。

（4）测定接受介质中水杨酸浓度时,如溶液混浊需过滤。

四、实验记录及分析

1. 累积渗透量的计算　应注意水杨酸浓度的校正,校正公式为

$$c'_n = c_n + \frac{V}{V_0} \sum_{i}^{n-1} c_i \tag{5}$$

式中,c'_n 为校正的浓度;c_n 为 n 时间点的测得浓度;V 为取样体积;V_0 为接受池中的接受液的总体积。则,

$$M = c'_n \times V \tag{6}$$

2. 经皮渗透曲线的绘制　以单位面积累积渗透量为纵坐标,时间为横坐标,绘制水杨酸经皮曲线。曲线尾部的直线部分外推与横坐标相交,求得时滞。

3. 渗透速度与渗透系数的计算　将渗透曲线尾部直线部分的 $M-t$ 数据进行线性回归,求得直线斜率即为渗透速度 $J[\mu g/(cm^2 \cdot h)]$。将渗透速度除以给药池的药物浓度得渗透系数 $P(cm/h)$。

4. 讨论水杨酸饱和水溶液和 30% 乙醇饱和溶液的渗透系数的差异。

五、思考题

1. 影响药物透皮渗透速度和渗透系数的因素有哪些?
2. 进行累积渗透量的计算时,为什么需进行水杨酸浓度的校正? 如何校正?

第六章　天然药物化学实验基础及典型实验

第一节　天然药物化学实验的作用与任务

天然药物化学是一门实践性很强的学科,天然药物化学实验是本学科的一个重要组成部分,为体现其实践性,有必要在制药工程专业课程中进行天然药物化学实验的教学。

天然药物化学实验教学是制药工程专业课程的重要组成部分,有助于学生进一步将理论联系实际,掌握天然药物有效成分提取、分离和鉴定的基本操作技能,提高自身分析和解决问题能力,养成严谨的科学态度和良好的工作作风。

在实验中,重点是要加强对学生基本操作技能的训练。通过天然药物化学实验的教与学,将要求学生掌握以下技能:

1. 提取分离方面

1) 要求掌握常用经典提取方法的原理及操作。其中包括液－固提取法(浸渍、渗漉、回流提取等)、液-液萃取法(简单萃取法、梯度萃取法)、重结晶法等。

2) 掌握纸色谱、薄层色谱、柱色谱(包括吸附柱、离子交换柱等)的分离原理和基本操作。

2. 鉴定方面

1) 化学方法

(1) 掌握一般定性反应在鉴定中的应用。

(2) 了解重要降解反应的原理及应用。

2) 光谱法

学习 UV、IR、MS、NMR 等现代仪器分析方法在天然药物结构测定中的应用,了解黄酮类化合物、麻黄生物碱等典型天然药物的 UV、NMR、IR 波谱,掌握典型天然药物的 UV、NMR、IR 和 MS 波谱的解析原则与基本步骤。

天然药物化学实验是在学生已经进行了天然药物化学理论学习后,并初步掌握了天然药物化学的基本理论和实验方法开设的一门实践性教学课程。为保证课程的学习效果,进行课程的学习时学生需要能够掌握系统掌握无机化学实验、有机化学实验、仪器分析实验等前期课程的基本知识和操作技能。

第二节　典型天然药物化学实验

实验一　薄层板的制备及薄层层析的应用

一、实验目的与要求

1. 掌握薄层板的制备及薄层层析的操作方法。
2. 掌握应用薄层层析法检测中草药化学成分方法。

二、实验原理

层析法是目前一种被广泛应用的分离纯化的方法。层析法按操作形式的不同可分为薄层层析(TLC)、纸层析(PC)和柱层析(CC)。

薄层层析:将固定相均匀涂布在表面光滑的平板上,形成薄层而进行色谱分离和分析的方法。

操作过程:铺板→活化→点样→展开→定位(定性)/洗脱(定量)。

分离机制:吸附-解吸附。

特　　点:分析快速、灵敏、显色方便。

薄层板根据在制备过程中是否加入黏合剂分为黏合薄层和非黏合薄层两种,加入黏合剂的为硬板,不加黏合剂的为软板(也有为硬板,如纤维素板)。黏合剂常用的有羧甲基纤维素钠(CMC-Na)或锻石膏(G)。加羧甲基纤维素钠制备的板机械强度较好,但对一些需加热的腐蚀性显色剂不适用。加煅石膏制备的板性能相反,机械强度较差,但适合于使用需加热的腐蚀性显色剂。

薄层层析在一般情况下属于吸附层析(少数为分配层析),利用吸附剂对化合物吸附能力的不同而达到分离。化合物极性大,被吸附得牢,R_f 值小;化合物极性小,被吸附得弱,R_f 值大。展开剂极性大,化合物 R_f 值大;展开剂极性小,化合物 R_f 值小。

对层析用吸附剂活度的测定,主要是利用吸附剂自身对某些偶氮染料吸附力的大小和在薄层板上展开距离来确定,故采用测量比移值(R_f 值)的方法来确定吸附剂的极性大小和强度级数。

$$R_f = \frac{原点至色斑的距离(cm)}{原点至前沿的距离(cm)}$$

三、主要仪器及耗材

1. 仪器

天平、烘箱、干燥器、电吹风、电炉、三用紫外分析仪。

2. 材料及试剂

薄层层析用硅胶 G,氧化铝,羧甲基纤维素钠(CMC-Na),偶氮苯,苏丹红,小檗碱醇溶液,人参皂苷 Rg1、Re,Rb$_1$,Rd 乙醇溶液,黄连乙醇溶液,甲醇,乙醇,石油醚,苯,氯仿,正丁醇,醋酸,硫酸,研钵,药匙,玻璃棒,玻璃板,胶布,镊子,喷雾器,显色喷雾瓶,点样毛细管,层析缸,卧式层析槽,量筒。

四、实验方法与步骤

1. 薄层板的制备

1) 不含黏合剂的氧化铝薄层

(1) 薄层板的制备(干法铺板)

本实验主要用下述简易操作涂布薄层,取表面光滑,直径统一的玻璃棒一支,依据所制备薄层的宽度、厚度要求,在玻璃棒两端套上厚度为 0.3~1mm 的塑料圈或胶布(2 或 3 圈)缠上,在玻璃板上撒一层硅胶粉,操作时,由后向前轻轻平推,要求铺平、均匀。

点样:在制备好的薄层板上一端 1.5cm 处,轻轻画一直线,用点样毛细管点上苏丹红Ⅲ和偶氮苯的混合液及各自的甲醇液,每两点间相距 1.5cm,待点样液干后,进行展开。

展开方式:倾斜上行法。

展开剂:石油醚∶苯(体积比 4∶1)

显色:自然光下观察。

结果:绘图并记录 R_f 值大小。

(2) 纤维素薄层

方法一:一般取纤维素粉 1 份加水约 5 份,在烧杯中混合均匀后,倒在玻璃板上,轻轻振动,使涂布均匀,水平放置,待水分蒸发至近干,于(100±2)℃下干燥 30~60min 即得。

方法二:取脱脂棉 20g,置于 100mL 圆底烧瓶中,加 1%HCl 550mL,在电炉上直火加热0.5h,放冷,过滤,先用蒸馏水洗去氯离子(中性),再用 95%乙醇洗 3 次,用乙醚洗 1 次,室温挥去溶剂后,过 120 目筛,80℃干燥 2h,即可照上法制备。

(3) 聚酰胺薄层

取锦纶丝(无色干净废丝即可)用乙醇加热浸泡 2~3 次,除去蜡质等。称取洗净的锦纶丝 1g,加 85%甲酸 6mL,在水浴上加热使溶解,再加 70%乙醇 3mL。继续加热使完全溶解成透明胶状溶液。将此溶液适量倒在水平放置的,用清洁液洗净的玻璃片上,并自然向周围推匀,厚度约 0.3mm,薄层太厚时,干后会裂开。将铺好的薄层水平放在盛温水的盘上,使盘中的水蒸气能熏湿薄层,盘子加玻璃板盖严密,薄板放置约 1h 完全固化变不透明白色,再放数小时后,泡在流水中洗去甲酸,先在空气中晾干,后在烘箱 80℃恒温加热活化 15min,冷却后置于干燥器中贮存备用。

2) 加黏合剂薄层的涂布法

羧甲基纤维素钠(CMC-Na)和石膏(Gypsum,简称 G)均为制备层析板常用的黏合剂,前者为一大分子有机化合物,可溶于水,借助其分子间的作用力而起到黏结作用,使吸附剂在一玻璃片上形成坚固的薄层;其特点是机械强度好,但对一些需加热的腐蚀性显色剂不适用。后者则是利用熟石膏吸水后凝固的性质而使吸附剂黏结成一均匀薄层;其特点是机械强度差,但适合于使用需加热的腐蚀性显色剂。

一般加入黏合剂的为硬板,不加黏合剂的多为软板(也有的为硬板,如纤维素板)。

（1）硅胶 G 薄层

取硅胶 G，置于烧杯中加水约 5 份混合均匀，放置片刻，随即用药匙取一定量，分别倒在一定大小的玻璃片上（或倒入涂布器中，推动涂布），均匀涂布成 0.25～0.5mm 厚度，轻轻振动玻璃板，使薄层面平整均匀，在水平位置放置，待薄层发白近干，于烘箱中 110℃活化 0.5～1h，冷却后贮存于干燥器内备用。活化温度和时间可依需要调整，一般检测水溶性成分或一些极性大的成分时，所用薄层板只在空气中自然干燥，不经活化即可贮存备用。

（2）硅胶-羧甲基纤维素钠（CMC－Na）薄层

取羧甲基纤维素钠 0.5g，溶于 100mL 水中，在水浴上加热搅拌使完全溶解，倒入烧杯中。取上述溶液 36mL 置于研钵中，加薄层层析用硅胶 G（250 目以上）12g，研磨成匀浆，用药勺取一定量倒在薄板上并涂布均匀，然后轻轻振动，使薄层面平整均匀，平放，待阴干后，于烘箱中 110℃下烘半小时，进行活化，活化后的薄层板置于干燥器中备用。（大约可制备 10cm×10cm 板 3 块、5cm×10cm 板 2 块、2.5cm×7.5cm 板 2 块）。

目前国内外市场有预先制好的薄层板，底板用玻璃、塑料、铝片等。可按需要用玻璃刀划割，也有用剪刀剪成所要的大小，使用方便，价格略高。

（3）硅胶（H）-羧甲基纤维素钠薄层

取羧甲基纤维素钠 0.2g，溶于 25mL 水中，在水浴上加热搅拌使完全溶解，倒入烧杯中，加薄层层析用硅胶 H（颗粒度 10～40μm 的约 15g）。混成均匀的稀糊，按照硅胶 G 薄层涂布法制备薄层，或取 0.5％羧甲基纤维纳 10mL，倒入广口瓶（高 10～12cm）中，然后逐步加入薄层层析用硅胶 H 3.3g，不断振摇成均匀的稀糊，把两块载玻片面对面结合在一起，这样每片只有一面与硅胶糊接触，使薄片浸入硅胶稀糊中，然后慢慢取出，分开两块薄片，将未黏附硅胶糊的那一面水平放在一张清洁的纸上，让其自然阴干，100℃下烘 30min。冷却后于干燥器内备用。未消耗的硅胶稀糊可贮存在广口瓶内，以供再用。

（4）氧化铝-羧甲基纤维纳薄层

制备方法同上，一般所需要氧化铝比硅胶稍多。

目前国内外市场有预先制好的薄层板，底板用玻璃、塑料、铝片等。可按需要用玻璃刀划割，也有用剪刀剪成所要的大小，使用方便，但价格略高。

3）特殊薄层的制备

根据分离工作的特殊需要，可制成以下几种特制薄层。

（1）酸、碱薄层和 pH 缓冲薄层

为了改变吸附剂的酸碱性，以改进分离效果，可在吸附剂中加入稀酸溶液（如 0.1～0.5mol/L 草酸溶液）代替水制成酸性氧化铝薄层使用，硅胶微呈酸性，可在铺层时用稀碱溶液（如 0.1～0.5mol/L 氢氧化钠溶液）代替水制成碱性的硅胶薄层。用醋酸钠、磷酸盐等不同 pH 的缓冲液代替水铺层，制成一定 pH 缓冲的薄层。

羧甲基纤维素钠的溶液一般用 0.5％～1％浓度，宜预先配制后静置，取其上层澄清溶液应用，则所制备的薄层表面较为细腻平滑。常用 0.8％浓度。CMC－Na 系中黏度，300～500cP[①]（黏度单位）。CMC－Na 系碳水化合物，调制时应在水浴上进行。活化温度不应过高，防止碳化。

---

① 1cP＝10⁻³Pa·S。

（2）配合薄层

硝酸银薄层的制法,可在吸附剂中加入 5％～25％硝酸银水溶液代替水制成均匀糊状,再按常法铺成薄层,制成薄层避光阴干,于105℃活化半小时后避光贮存,制成的薄层以不变成灰色为好,在三天内应用。也可先把硝酸银用少量水溶解,再用甲醇稀释成10％溶液,把预先制好的硅胶 G 薄层浸入此溶液中约 1min,取出避光阴干,按上法活化,贮存。

2. 吸附剂的活度测定

1）氧化铝活度的测定

一般可用4～5 种偶氮染料以薄层层析法进行测定。

染料试剂的配制：取偶氮苯（Azobenzene）50mg,对甲氧基偶氮苯（P - Methoxyuzobenzene）,苏丹黄（Sudan I, Benzeneazo - β - naphthol）,苏丹红（Sudan Ⅲ Tetrazobenzol - β - naphthol）,对氨基偶氮苯（P - Aminoazobenzene）各 20mg,分别溶于50mL 经过重蒸馏的四氯化碳（或经氢氧化钠干燥）中。

常法制备不含黏合剂氧化铝薄层,以铅笔尖或毛细管尖在薄层板一端 2～3cm 处间隔1cm 左右轻轻点上 5 个可以看清的小点,各吸取约 0.02mL 染料试剂分别点滴于原点上,以四氯化碳为展开剂,展开时薄层板与容器底部交角为10°～40°,展开后测出各斑点的 R_f 值,从表 6 - 1 确定氧化铝的活度（一般高活性氧化铝I～Ⅲ级活度使用本法时,结果往往偏低）。

另取不含黏合剂氧化铝薄层板一块,置于水蒸气饱和容器内,2～3h 后取出,按上述方法测定活度。观察有无变化。

表 6 - 1 氧化铝活度的 Hermanck 定级

偶氮染料	氧化铝活度级（R_f 值）			
	Ⅱ	Ⅲ	Ⅳ	Ⅴ
偶氮苯	0.59	0.72	0.85	0.95
对甲基偶氮苯	0.16	0.45	0.69	0.89
苏丹黄	0.02	0.25	0.87	0.98
苏丹红	0.00	0.10	0.35	0.50
对氨基偶氮苯	0.00	0.05	0.08	0.19

2）硅胶活度的测定

一般选用三种染料的薄层层析法进行测定。

欧洲药典 1969 年记载用 0.01％二甲基黄。苏丹红,靛酚蓝的苯溶液各 10μL 点滴于硅胶 G 或硅胶 H 薄层上,以苯为展开剂,展开 10cm（约 20min）,三种染料应明显分离,靛酚蓝斑点接近于起始线。二甲基黄斑点在薄层的当中。苏丹红斑点与二甲基黄斑点之间,则认为薄层板活性符合要求。

国内青岛海洋化工厂出售薄层层析用的硅胶在吸附剂名称之后加几个字标明的意思是：硅胶 G（G 是 Gypsum 石膏的缩写,表示加了石膏）,硅胶 H（H 表示不加石膏）,硅胶GF254（F254 表示加石膏和波长 254 显绿色荧光的硅酸锌锰）,硅胶 GF365（表示加石膏和波长 365nm 显黄色荧光的硫化锌镉）。氧化铝则类推。

3. 薄层层析的应用

薄层层析法在天然药物化学成分的研究中,主要应用于化学成分的预试、化学成分的鉴定及探索柱层析分离的条件。用薄层层析进行中草药化学成分检识,可依据各类成分性质及熟知的条件有针对性地进行。由于在薄层上展开后,可将一些杂质分离,选择性高,可使预试结果更为可靠,不仅可通过显色获知成分类型,而且可初步了解主要成分的数目及其极性大小。

例1:

点样:取毛细管 2 支,分别吸取小蘗碱乙醇溶液和黄连乙醇提取液,距板一端 1.5cm 处,进行点样,随点随用吹风机吹干。

展开方式:上行法。

展开剂:V(正丁醇):V(醋酸):V(水)=7:1:2。

显色:先置于紫外线灯下,观察荧光,用铅笔画出荧光斑点位置。

结果:找出黄连中小蘗碱的斑点,绘图并计算 R_f 值。

例2:

点样:取毛细管 4 支,分别吸取人参皂苷 Rg_1、Re、Rb_1、Rd 醇溶液,距板 1.5cm 处,进行点样,随点随用吹风机吹干。

展开:上行法。

展开剂:V(氯仿):V(甲醇):V(水)=65:35:10(下层)。

显色:10%硫酸乙醇溶液。

结果:绘图并计算 R_f 值。

4. 柱层析

柱层析是天然药物中有效成分研究的一种常用的分离方法。许多结构相似而不能用一般的萃取、重结晶等方法分离的天然药物有效成分,通过选择一定的吸附剂和洗脱剂,采用柱层析法可得到满意的分离效果。

常用的吸附剂有氧化铝、硅胶、聚酰胺、活性炭、淀粉、硅藻土等,根据不同的化合物而选用不同的吸附剂。

操作步骤:称量柱填料、搅成匀浆、装柱、上样、洗脱、收集、检测、鉴定。

1)湿法装柱

将吸附剂加入合适量的色谱最初使用的洗脱剂,调成糊状,打开带有砂芯板的色谱柱(或预先在下端加少许棉花或玻璃棉的普通色谱柱)的下口,然后徐徐将制好的糊浆灌入柱子。注意整个操作过程要慢慢进行,不要将气泡压入吸附剂中,而且要始终保持吸附剂上端有溶剂,切勿流干。最后让吸附剂自然下沉,当洗脱剂刚好覆盖吸附剂平面时,关紧下口活塞。

2)干法装柱

用带有砂芯板的色谱柱(或在普通色谱柱下端加少许棉花或玻璃棉),打开下口,然后将吸附剂经漏斗缓缓加入柱中,同时轻轻敲动色谱柱,使吸附剂松紧一致。样品从柱顶加入,在柱顶被吸附剂吸附后,从柱顶部加入洗脱剂洗脱,由于吸附剂对各组分吸附能力不同,各组分以不同的速率下移,于是形成了不同层次,再用溶剂洗脱时,已经分开的各组分,可从柱的下端分别洗出收集。

五、注意事项

1. 一般,羧甲基纤维素钠溶液的使用浓度为 0.3%～0.8%。如预先配制后静置,取其上层澄清液或用棉花过滤后应用,则所制备的薄层表面较为细腻光滑。

2. 点样量的多少,对有色化合物可直接观察,对无色化合物可预先取一块薄层板,按一般薄层层析法操作,但在点样时可分别在不同原点上,点不同量的样品溶液,展层显色后,根据结果确定最佳点样量。因为如果点样量太少,则显色仍看不到斑点在哪儿,如果点样量太多,则展开后造成拖尾现象,使各组分分不开。

3. 干板要在展开剂未挥散前显色,否则会使吸附剂粉末吹散。

4. 湿板要在展开剂挥散完后,再进行显色,否则会造成展开剂与显色液不互溶状态,使斑点显现不出。

5. 进行层析时,如要得到一个比较理想的结果,在各步操作中都应严格要求,如点样时点样量的多少及样品原点直径不宜超过 0.5mm,展层时起始线不能浸在展开剂中,层析板两边不能和展开容器接触;层析缸应密闭以及选择灵敏的显色剂等。

6. 铺软板时,推移不宜过快,也不能中途停顿,否则厚薄将不均匀。

7. 软板薄层疏松,很不牢固,稍微振动或经风吹就会把薄层破坏,因此点样、展开、显色等操作中都要特别小心。

8. 活化后的薄层板应放于干燥器中,以免吸收湿气而降低活性。

六、思考题

欲使实验得到满意的结果时,操作薄层层析中应注意什么问题?

实验二　中草药化学成分的一般鉴别方法

一、实验目的与要求

1. 学习主要类型化学成分的性质及其重要定性反应的基本操作方法,为中草药的分析打下基础。

2. 掌握中草药预试验的程序及对其结果的判断方法。

二、实验原理

中草药含有多种类型化学成分,某些类型化学成分可以与某些特定试剂发生颜色反应或沉淀反应,根据反应现象可以分析判断化学成分的结构类型,从而有助于中草药中化学成分类型的鉴别和鉴定。

根据中药化学成分溶解度不同进行系统提取分离,达到分离后,再利用各种沉淀试剂和显色剂进行实验,并配合 TLC 及 PC,初步判定和了解药材中含有的化学成分。

三、主要仪器及耗材

1) 仪器

水浴锅 、电炉 、电吹风 、托盘天平 、三用紫外分析仪。

2) 材料及试剂

黄连、虎杖、槐花米、三七、乙醇、甲醇、碘化铋钾试剂、碘化汞钾、硅钨酸试剂、碘-碘化钾试剂、盐酸、碳酸钠、乙醚、H_2O_2、氢氧化钠、硫酸、苯、乙酸乙酯、醋酸镁、氨水、醋酸铅、三氯化铝、镁粉、氯仿、醋酐、滴管、试管、试管夹、喷雾器、显色喷雾瓶、点样毛细管、量筒、漏斗、培养皿、圆形滤纸。

四、实验方法与步骤

1. 生物碱的鉴别

1) 待检样品溶液的制备

称取粉碎的黄连药材约 2g 置于大试管中，加蒸馏水 20mL，并滴加数滴盐酸（10～12滴），使溶液呈酸性。在 60℃水浴上加热 20min，过滤，滤液供做以下试验。

2) 生物碱类成分的鉴别

生物碱类成分（除有少数例外）均与多种生物碱沉淀试剂在酸性溶液（水液或稀醇液）中产生沉淀反应。操作如下：

（1）取上述制备的酸性水浸出液四份（每份 1mL 左右即可），分别滴加碘-碘化钾、碘化汞钾试剂、碘化铋钾试剂、硅钨酸试剂。若四者均有或大多有沉淀反应，表明该样品可能含有生物碱，再进行下项试验，进一步识别。

（2）取上述制备的其余酸性水浸出液，加 Na_2CO_3 溶液呈碱性，置于分液漏斗中，加入乙醚约 10mL 振摇，静置后分出醚层，再用乙醚 10mL，如前萃取，合并乙醚溶液。将乙醚液置于分液漏斗中，加酸水液 10mL 振摇，静置分层，分出酸水液，再以酸水（2%HCl）液 10mL 如前提取，合并酸水液，如此酸提液四份，分别做以下沉淀反应。

① 碘化汞钾试剂（Mayer 试剂）：酸水提液滴加碘化汞钾试剂，产生白色沉淀。

② 碘化铋钾试剂（Dragendorff 试剂）：酸水提液滴加碘化铋钾试剂，产生橘红色沉淀。

③ 碘-碘化钾试剂（Wagner 试剂）：酸水提液滴加碘-碘化钾试剂，产生棕色沉淀。

④ 硅钨酸试剂：酸水提取液滴加硅钨酸试剂产生淡黄色或灰白色沉淀。

此酸性水提取液与以上四种试剂均（或大多）产生沉淀反应，即预示本样品含有生物碱。

（3）备注：以上（1）（2）沉淀反应结果：沉淀的多少以"＋＋＋""＋＋""＋"表示，无沉淀产生则以"—"表示。若（1）项试验全呈负反应，可另选几种生物碱沉淀试剂（可参考有关资料）进行试验，若仍为负反应，则可否定样品中有生物碱的存在，不必再进行（2）项试验。

2. 苷类的鉴别

A. 蒽醌的鉴别

1) 检品溶液的制备

取虎杖粉末 2g，加乙醇 20mL，在 60℃水浴上加热 20min，过滤供鉴别用。

2) 鉴别试验

（1）与碱成盐显色反应（Borntrager 反应）：取 1mL 乙醇提取液，加入 1mL 10% NaOH 溶液，如产生红色反应，加入少量 30%过氧化氢溶液，加热后红色不褪，加酸使呈酸性时，则红色消褪再碱化又出现红色。

注：或取虎杖粉末少许，置于小试管中，加水 2mL，加浓 H_2SO_4 溶液 2～3 滴，置于水浴中加热 10min，冷却，加乙醚 2mL 振摇。用吸管吸取醚液（黄色）于另一洁净试管中，加入

NaOH 试液 1mL 振摇,则醚层应褪为无色,碱层(下层)为红色,表示有蒽醌类成分存在,如供试的中草药在以上试验中碱水层仅显黄色,可分出碱水溶液,置于试管中,加 30%H_2O_2 溶液 1~2 滴,在沸水浴中加热数分钟,混液如能转为橙红色,说明中草药中可能有蒽酚类成分存在。

（2）圆形滤纸层析(径向展开)：

样品:虎杖醇溶液。

用圆形定性滤纸按下列操作进行试验。

① 准备:选好所需规格的圆形滤纸,滤纸的直径应比所用的培养皿(或其他浅皿)的直径略大。

② 点样:取一张圆形滤纸,在圆心位置上用玻璃毛细管点上虎杖醇溶液,点好的试样斑点直径约 0.5cm,晾干。

③ 展开:在试样斑点的中心位置上用小铁钉穿一个小圆孔,小圆孔的直径约 0.15~0.2cm。取一段长约 1.5cm 的滤纸芯(直径为 0.15~0.2cm),垂直插入小圆孔中,使滤纸芯的上端稍冒出滤纸平面。

量取约 10mL 苯-乙酸乙酯(体积比为 3∶2 或 97∶9)混合溶液,注入小培养皿中,将准备好的圆形滤纸盖在培养皿上,使纸芯下端浸入展开剂中,再罩上培养皿盖,展开。

④ 显色:a. 于自然光下观察色带;

　　　　b. 于紫外光下观察荧光环;

　　　　c. 氨熏,观察是否出现红色环,再置于 UV 下观察荧光环;

　　　　d. 喷 0.5%$MgAC_2$ 甲醇液,于 90℃下烘 5min,是否出现橙红或紫红色环。

B. 黄酮的鉴别

1) 检品溶液的制备

取槐花米 2g 压碎后放入于试管中,加乙醇 20mL,在 60℃水浴上加热 20min。过滤,滤液供以下试验。

2) 鉴别试验

(1) 取醇浸液 2mL,加浓盐酸 2~3 滴及镁粉少量,振荡摇匀(或于水浴中微热),产生红色反应。

(2) 取醇浸液 1mL,滴加 $PbAC_2$ 溶液数滴,产生黄色沉淀。

(3) 纸片法:将槐花米醇浸液滴于滤纸上,分别进行以下试验:

① 先在紫外灯下观察荧光,然后喷 1%$AlCl_3$ 乙醇溶液,再观察荧光是否加强。

② 喷以 3%$FeCl_3$ 乙醇溶液,出现绿色、蓝色或棕色斑点。

C. 皂苷的鉴别

1) 检品溶液的制备

(1) 取粉碎三七药材 1g 于大试管(或小烧杯)中,加蒸馏水 15mL 于 60℃水浴上浸渍 20min 后过滤,滤液供鉴别用。

(2) 取粉碎三七药材 1g 于大试管或小锥形瓶中,加无水乙醇 15mL 于 60℃水浴上温浸 20min 后过滤,滤液供鉴别用。

2) 鉴别试验

(1) 泡沫试验

三七水浸液,置于试管中。用力振摇 1min 后放置,在 10min 内观察是否有持久性泡沫产生。

（2）醋酐浓硫酸试验（Liebermann-Burchard 反应）

三七乙醇浸液 5mL，于蒸发皿中在水浴上蒸干，加入 1mL 醋酐使其溶解，滴于干燥比色盘中，从边沿缓缓滴加浓硫酸 1 滴，观察颜色变化。

（3）氯仿-浓硫酸试验（Salkowski 反应）

取三七乙醇提取液 2mL，在水浴上蒸干，有氯仿 1mL 溶解，转入干燥小试管中，沿壁小心加浓硫酸 1mL，氯仿层显红或蓝色，硫酸层有绿色荧光。

五、注意事项

1. 用分液漏斗萃取时不要振摇剧烈防止产生乳化现象。
2. 萃取时静置分配时间不能太短，否则分配得不彻底。

六、思考题

1. 天然药物化学成分的主要类型化合物的显色反应有哪些？其反应原理各是什么？
2. 显色反应在实际工作中有何应用？

实验三　葛根中异黄酮类化合物的提取、分离与鉴定

一、实验目的与要求

1. 掌握索氏提取方法及使用原理。学生通过此实验学会从葛根中提取、分离并鉴定异黄酮的方法。
2. 掌握正相硅胶柱色谱的原理和基本操作。掌握旋转蒸发仪的操作。

二、实验原理

葛根是豆科植物葛和野葛的根，是很重要的传统中药，明朝著名的医学家李时珍对葛根进行了系统的研究，认为葛根的茎、叶、花、果、根均可入药。化学成分研究表明其含有多种异黄酮类化合物大豆素（Daidzein）、大豆苷（Daidzin）、葛根素（Puerarin）、葛根素-7-木糖苷（Puerarin-7-Xyloside）等。葛根素（Puerarin）对心血管系统有较强的活性，有明显的扩张冠状动脉，增加冠脉流量，降低血压的作用。本实验是用乙醇回流提取葛根中的总异黄酮，采用硅胶柱层析法分离其中的大豆苷元和葛根素。异黄酮及异黄酮苷是具有中等极性的成分，能用乙醇进行提取，在 n-BuOH 和 H_2O 中进行分配，再进行柱层析分离。异黄酮类化合物能用硅胶薄层层析、氯仿-甲醇混合溶剂展开，与三氯化铁-铁氰化钾试剂显蓝色。

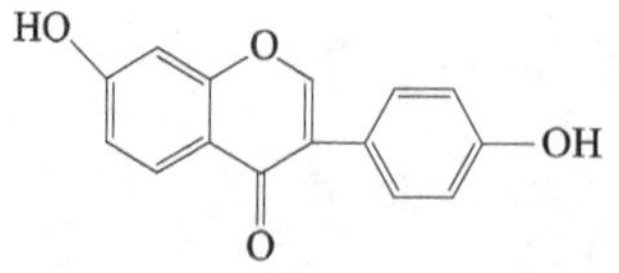

大豆苷元（Daidzin）

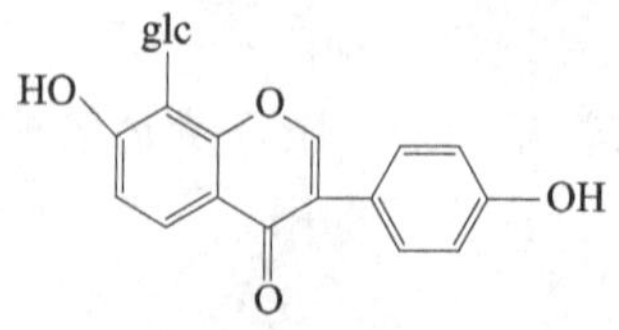

葛根素（Puerarin）

三、主要仪器及耗材

1. 仪器

水浴锅、电吹风、旋转蒸发仪、电炉、三用紫外分析仪。

2. 材料及试剂

氯仿、甲醇、正丁醇、乙醇、三氯化铁、铁氰化钾、柱层析用硅胶、大豆苷元标准品、葛根素标准品、索氏提取器、小层析柱(直径 2cm×20cm)、分液漏斗、硅胶 G 薄层层析板、薄层层析缸、喷雾瓶、锥形瓶(50mL)、旋转瓶、螺旋夹、铁架台、量筒、镊子。

四、实验方法与步骤

1. 提取

称取葛根粉 10g,用滤纸包好,放到索氏提取器
(图 6-1)抽提筒里提取,加入 80％乙醇,95℃回流提
取 3h。过滤,提取液用旋转蒸发仪器减压下回收乙
醇,浓缩至无醇味,得到的水浓缩液用等体积水饱和
正丁醇萃取三次,每次萃取 15min,合并三次正丁醇
萃取液,减压浓缩至 15mL 左右,用胶头滴管把浓缩
液转移至蒸发皿中,蒸馏烧用少量无水乙醇冲洗两
次,冲洗液合并至蒸发皿中,水浴上蒸干,得到粗异黄
酮混合物。

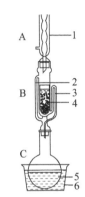

图 6-1　索氏提取器
1—冷凝管;2—溶剂蒸气上升管;
3—虹吸管;4—装有药粉的滤纸袋;
5—溶剂;6—水浴

2. 装硅胶柱

(1) 安装层析柱　取一根 2cm×10cm 的层析柱,层析柱下端连上硅胶管,硅胶管上加上螺旋夹,柱底用棉花塞上,把层析柱用铁夹垂直固定到铁架台上。

(2) 称量填料　称 200～300 目柱层析硅胶 13g,置于 150mL 干燥烧杯中。

(3) 搅成匀浆　加入干硅胶体积一倍的溶剂用玻璃棒充分搅拌。如果洗脱剂是氯仿-甲醇体系,就用氯仿搅拌。

(4) 装柱　先关上层析柱上的螺旋夹,在层析柱中加入约 1/3 体积氯仿,将匀浆加入层析柱中,打开下端螺旋夹,匀浆不断沉降,上端不断添加氯仿保持氯仿一直高于硅胶面。

(5) 压实　沉降完成后,加入更多的氯仿,至硅胶面不再沉降。

3. 分离及检测

将提取物用少量(2～3mL)甲醇溶解,加到层析柱中,进行硅胶柱层析分离,用氯仿-甲醇(体积比为 7∶1)洗脱,硅胶薄层层析检测,氯仿-甲醇(体积比为 5∶1)为展开剂,三氯化铁-铁氰化钾喷雾显色或者碘熏,用葛根素标准品进行对照。鉴定分离得到的化合物,合并 R_f 值相同的流分。

五、注意事项

装硅胶柱时应始终保持液面在硅胶面上。

六、思考题

1. 从葛根中分离出了多少种异黄酮类化合物?
2. 分离大豆苷元和葛根素的洗脱条件是如何确定的?

实验四　大黄中蒽醌类成分的提取分离和鉴定

一、实验目的与要求

1. 学习缓冲纸色谱的基本操作技术,并能根据色谱结果,设计液-液萃取法分离混合物的实验方案。
2. 掌握 pH 梯度法的原理及操作技术。
3. 学习蒽醌类化合物鉴定方法。

二、实验原理

大黄记载于《神农本草经》等许多文献中,用于泄下、健胃、清热、解毒等。

大黄中含有多种游离的羟基蒽醌类化合物以及它们与糖所形成的苷。已经知道的羟基蒽醌主要有如表 6-1 所示五种:

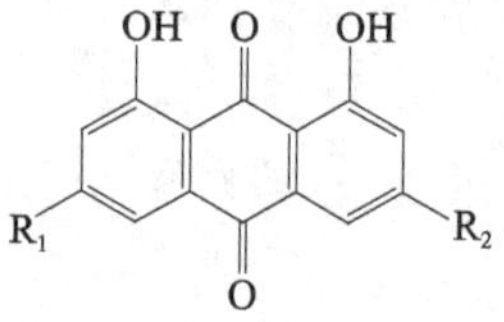

表 6-1　几种类型的羟基蒽醌及其性质

R₁	R₂	名　　称	晶形	熔点
—H	—COOH	大黄酸(Rhein)	黄色针晶	318～320℃
—CH₃	—OH	大黄素(Emodin)	橙色针晶	256～257℃
—H	—CH₂OH	芦荟大黄素(Aloe-emodin)	橙色细针晶	206～208℃
—CH₃	—OCH₃	大黄素甲醚(Physcion)	砖红色针晶	207℃
—H	—CH₃	大黄酚(Chyrsophanol)	金色片状结晶	196℃

大黄中蒽醌苷元,其结构不同,因而酸性强弱也不同。大黄酸连有—COOH,酸性最强;大黄素连有 β-OH,酸性第二;芦荟大黄素连有苄醇—OH,酸性第三;大黄素甲醚和大黄酚均具有 1,8-二酚羟基,前者连有—OCH₃ 和—CH₃,后者只连有—CH₃,因而后者酸性排在第四位。因为它们的酸性强弱不同,故可用 pH 梯度法进行分离。但因大黄酚和大黄素甲醚酸性近似,而极性稍有差异(大黄酚较大黄素甲醚少一个—OCH₃,故极性较后者稍小),因此不能用 pH 梯度法对这两者进行分离,而可利用两者极性的差异,选用其他方法如磷酸氢钙柱层析法进行分离(用石油醚洗脱,大黄酚因极性小于大黄素甲醚,故先出柱)。

蒽醌类化合物在植物体内主要以苷的形式存在,其中有大黄酸葡萄糖苷、大黄素葡萄糖苷、芦荟大黄素葡萄糖苷、大黄素甲醚葡萄糖苷、大黄酚双葡萄糖苷。此外新鲜大黄中还含有属于双蒽酮的番泻苷 A 及番泻苷 B 等。

本实验是先用酸水将总蒽醌苷水解成总蒽醌苷元，再根据各蒽醌苷元酸性强弱的不同，利用 pH 梯度法即选用不同的碱液进行分步萃取，以分离不同酸度的蒽醌苷元。

三、主要仪器及耗材

1. 仪器

水浴锅、电炉、干燥箱。

2. 材料及试剂

大黄、氯仿、缓冲液（pH 为 2～13）、5％ NaHCO$_3$、Na$_2$CO$_3$、5％ Na$_2$CO$_3$、0.5％ KOH、1.0％ KOH、0.5％醋酸镁乙醇溶液、5％ NaOH 乙醇液、20％ H$_2$SO$_4$、甲苯、1000mL 圆底烧瓶、锥形瓶、层析滤纸 5cm×14cm、层析滤纸 10cm×16cm、脱脂棉、层析缸、1000mL 分液漏斗、烧杯、漏斗、漏斗架、滴瓶、玻璃棒、镊子、pH 试纸等。

四、实验方法与步骤

1. 大黄总蒽醌苷元的提取

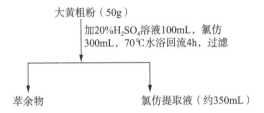

注意要点：

（1）大黄中的蒽醌类成分大部分与糖结合，并以其衍生物的形式存在于植物组织中，所以要用酸水解使其生成苷元。蒽醌苷元可溶于氯仿、苯及乙醚等有机溶剂，用苯时应注意苯蒸气的挥发；

（2）所得的氯仿液中如带有酸水液，应该用分液漏斗分出弃去，并用蒸馏水回洗一次除去酸性以免影响梯度萃取。氯仿提取液放置中如有沉淀析出，过滤取之，该沉淀多为大黄素，余液进行下一步分离试验用。

2. 总蒽醌苷元分离方案的设计

根据大黄总蒽醌苷元的缓冲纸层析实验，可以确定分离总蒽醌苷元的最适宜的 pH 缓冲液。

（1）大黄总蒽醌苷元的纸色谱；

（2）蒽醌类成分的缓冲纸色谱试验；

（3）最佳萃取剂及其用量的确定。

缓冲纸层析实验的具体操作如下：

（1）缓冲滤纸的制备

取层析滤纸 5cm×16cm，离下端 2cm 处画 1 条起始线，再每隔 1.5cm 画 8 条横向平行线，每一条带处顺次涂布不同的 pH 缓冲液（pH 为 2～13），涂完后，将湿滤纸夹在两张普通滤纸中间至半干备用。（pH：4，6，8，5％ NaHCO$_3$；pH：10，0.5％ Na$_2$CO$_3$，0.5％ KOH）

（2）点样

在起始线上点含大黄总蒽醌苷元的氯仿提取液。

（3）展开

用水饱和过的氯仿为展开剂进行上行展开，当溶剂上升 10cm 时，取出，烤干或烘干。

（4）显色

喷 0.5％醋酸镁乙醇溶液或 5％NaOH 乙醇溶液进行显色（前者须 100℃下干燥 5min）。观察层析结果，确定最佳分离条件。

通过缓冲纸层析实验可知：

pH＝8 缓冲带：在 pH 为 8 时，大黄酸可完全成盐，留在 pH＝8 缓冲带，其他 4 种成分全游离可被氯仿展开推向前沿。

pH＝10 缓冲带：在 pH 为 8 时，大黄素也已完全成盐，留在 pH＝10 缓冲带，其他 3 种成分全游离可被氯仿展开推向前沿。

0.5％KOH 液缓冲带：芦荟大黄素也完全成盐留在 0.5％KOH 液缓冲带，其他 2 种成分（大黄酚和大黄素甲醚）全游离，可被氯仿展开推向前沿。

因此，本实验根据上述缓冲纸层析实验结果，可以确定 pH＝8，pH＝10，0.5％KOH 液（pH 约为 13）三种 pH 缓冲液（碱液），为适宜的分离总蒽醌苷元中四种组分：①大磺酸；②大黄素；③芦荟大黄素；④大黄酚与大黄素甲醚的 pH 缓冲液（碱液），故可选用上述三种缓冲液（碱液），按着碱性由弱到强的顺序，依次从含有大黄总蒽醌苷元的氯仿提取液中进行 pH 梯度萃取，则可将上述四种组分分离开。

3. 蒽醌类成分的分离与精制

（1）大黄酸的分离与精制

将含有总游离蒽醌的氯仿液 350mL 移至 1000mL 的大分液漏斗中，加 pH＝8 缓冲液 250mL 振摇萃取，静置至彻底分层，放出氯仿液后，倒出碱水液置于 250mL 烧杯中，加 HCl 酸化至 pH＝3，待黄色沉淀析出完全后，过滤、干燥，干燥后的样品加冰醋酸 10mL 加热使溶化，趁热过滤，滤液静置，析出黄色针晶为大黄酸，过滤即得纯品。

（2）大黄素的分离与精制

将提过大黄酸的氯仿液继续移至分液漏斗中，用 pH＝10 缓冲液 250mL 振摇萃取，彻底分层后，分出碱水层，并用 HCl 酸化至 pH＝3，析出棕黄色沉淀，过滤，沉淀经干燥后，用 10mL 冰醋酸加热使溶化，趁热过滤，析出橙色大针晶，过滤后，即得大黄素纯品。

（3）芦荟大黄素的分离和精制

余下氯仿移液至分液漏斗后，用 0.5％KOH 250mL 振摇萃取，碱水液加 HCl 酸化，析出的沉淀过滤干燥，用 10mL 乙酸乙酯重结晶，得黄色针晶的芦荟大黄素纯品。

（4）大黄酚和大黄素甲醚的分离——磷酸氢钙柱色谱

4. 蒽醌类成分的鉴定

纸色谱鉴定

支持剂：层析滤纸 10cm×16cm。

展开剂：甲苯。

展开方式：上行。

显色剂：（1）0.5％醋酸镁乙醇溶液（喷后 100℃干燥 5min 显色）

（2）5％NaOH 乙醇溶液。

五、注意事项

1. 大黄中蒽醌的存在形式以结合状态为主，游离状态的仅占小部分，为了提高游离蒽醌的收率，在提取过程中采取酸水解和萃取相结合的方法。

2. 两相萃取时，不可猛力振摇，只能轻轻旋转摇动，时间可长一些，以免造成严重乳化现象而影响分层，氯仿液用水洗时，尤其易乳化，可加入氯化钠盐析，使两层分离。

3. 分离萃取时一定注意乳化层的分出，不要混入，并且每步最好用新鲜的 $CHCl_3$，回洗碱水液。

4. 每次加碱液进行梯度萃取时，要注意测一下 pH。

六、思考题

1. 梯度洗脱法的原理是什么？适用哪些中草药成分的分离？
2. 大黄中五种蒽醌类成分的酸性和极性应如何排列？为什么？
3. 分离大黄总蒽醌苷元的最适宜 pH 缓冲液是如何确定的？为什么？
4. 纸层析鉴定大黄蒽醌苷元的原理及操作如何？

实验五　槐花米中芦丁的提取及鉴定

一、实验目的与要求

1. 掌握碱提取酸沉淀法提取芦丁的原理。
2. 掌握芦丁酸水解的方法原理。
3. 熟悉煎煮法的操作要点及注意事项。

二、实验原理

槐花米系豆科属植物槐树的花蕾，自古用作止血药物，所含主要成分为芸香苷，又称芦丁(Rutin)，其含量高达 12%～16%。芦丁具有维生素 P 的作用，有助于保持及恢复毛细血管的正常弹性，主要用于防治高血压病的辅助治疗剂，亦可用于防治因缺乏芦丁所致的其他出血症。

芦丁为浅黄色粉末或极细的针状结晶，含有三分子的结晶水，熔点为 174～178℃，无水物 188～190℃。溶解度：冷水中为 0.01g/100g 水；热水中为 0.5g/100g 水；冷乙醇中为 0.154g/100g 乙醇；热乙醇中为 1.67g/100g 乙醇；冷吡啶中为 8.33g/100g 吡啶。微溶于丙酮、乙酸乙酯，不溶于苯、乙醚、氯仿、石油醚，溶于碱而呈黄色。

1g 芦丁可溶于约 300mL 冷水，200mL 沸水，7mL 甲醇，溶吡啶，甲酰胺和碱液，微溶于乙醇、丙酮、乙酸乙酯，不溶于氯仿，二硫化碳、乙醚、苯和石油醚。

根据芦丁溶于碱液，不溶于酸液的性质，采取碱提取酸沉淀的方法得到芦丁粗品；石灰乳可达到碱溶解提取芦丁，还可以除去槐花米中含有的大量糖类黏液质。以 1mL∶200mL 溶于沸水的性质，采取沸水溶解，放置冷却析出沉淀的方法精制芦丁。

芦丁是由槲皮素(Quercetin)3 位上的羟基与芸香糖(Rutinose)(为葡萄糖与鼠李糖(Rhamnose)组成的双糖)脱水合成的苷，所以芦丁酸水解可得到苷元槲皮素和葡萄糖、鼠李糖。

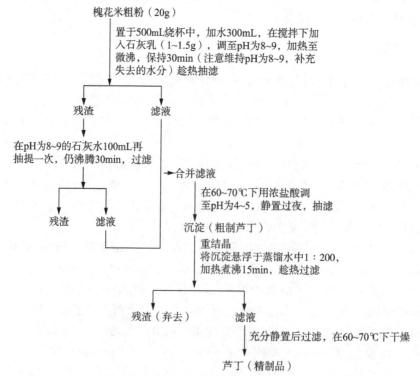

槲皮素（Quercetin）　　　　芦丁（Rutin）

三、主要仪器及耗材

1. 仪器

水浴锅、电炉、天平、三用紫外分析仪等。

2. 材料及试剂

槐花米 、浓硫酸、乙醇、$BaCO_3$、葡萄糖和鼠李糖标准品、正丁醇-醋酸-水（BAW 系统）（体积比为 4：1：5）上层、苯胺-邻苯二甲酸、NaAC、$CHCL_3 - MeOH - HCOOH$（体积比为 15：5：1）、氯仿-丁酮-甲酸（体积比为 5：3：1）、1％$FeCl_3$ 和 1％$K_3[Fe(CN)_6]$ 水溶液、锥形瓶、醋酐、甲醇、10％CaO、500mL 锥形瓶、沸石、烧杯、滤纸、pH 试纸、脱脂纱布、布氏漏斗、试管、试管架。

四、实验方法与步骤

1. 芦丁的提取与分离和纯化（图 6－2）

槐花米粗粉（20g）

置于500mL烧杯中，加水300mL，在搅拌下加入石灰乳（1~1.5g），调至pH为8~9，加热至微沸，保持30min（注意维持pH为8~9，补充失去的水分）趁热抽滤

残渣　　　　滤液

在pH为8~9的石灰水100mL再抽提一次，仍沸腾30min，过滤

残渣　　滤液

合并滤液

在60~70℃下用浓盐酸调至pH为4~5，静置过夜，抽滤

沉淀（粗制芦丁）

重结晶
将沉淀悬浮于蒸馏水中1：200，加热煮沸15min，趁热过滤

残渣（弃去）　　　滤液

充分静置后过滤，在60~70℃下干燥

芦丁（精制品）

图 6－2　芦丁的提取与分离流程图

2. 芦丁的鉴定

1) 芦丁的定性反应

取芦丁 5～6mg,加乙醇 5～6mL 使其溶解,分成三份做下述试验:

(1) 取上述溶液 1～2mL,加 2 滴浓盐酸,再酌加少许镁粉,注意观察颜色变化情况。

(2) 取上述溶液 1～2mL,然后加入 2％ZrOCl₂ 的甲醇溶液,注意观察颜色变化情况,再继续向试管中滴加 2％柠檬酸的甲醇溶液,并详细记录颜色变化情况。

(3) 取上述溶液 1～2mL,然后再加入等体积的 10％α-萘酚乙醇溶液,摇匀,沿管壁滴加浓硫酸,注意观察两液面产生的颜色变化。

2) 芦丁水解后糖与苷元的鉴定

(1) 芦丁的酸催化水解

精密称取芦丁 1g($\pm$0.01g),加 1％硫酸 100mL,投入 500mL 锥形瓶中,放沸石,直火沸腾后,保持 40min,放冷后抽率,滤液保留做糖分的鉴定,水洗沉淀(槲皮素)后(除酸),粗品用 95％乙醇大约 20mL 回流溶解,趁热过滤,放置,加水至 50％左右浓度,得黄色针状结晶(槲皮素)。

(2) 苷元的鉴定

用纸色谱法与对照品对照。将上述所得芦丁和槲皮素用乙醇溶解,进行纸层析鉴定

展开剂:正丁醇-醋酸-水(体积比为 4∶1∶5),上行展开;

醋酸-水(体积比为 15∶85);上行展开。

观　察:日光下的颜色、斑点大小;

紫外灯下的颜色、斑点大小;

喷 1％AlCl₃-EtOH 溶液,紫外灯下的颜色、斑点大小。

标记斑点位置,说明鉴定结果。

(3) 糖的鉴定

纸层析鉴定:取水解母液 20mL,于水浴上加热,同时于搅拌下加 Ba(OH)₂ 细粉中和至中性,滤除 Ba₂SO₄ 后,滤液在水浴加热后浓缩至 2～3mL,得样品液,以葡萄糖和鼠李糖标准品作对照。

展开剂:正丁醇-醋酸-水(BAW)(体积比为 4∶1∶5)上层,上行展开。

显色剂:苯胺-邻苯二甲酸试液,喷后在 105℃下烘 10min,显棕红色斑点。计算糖的 R_f 值。

(4) 芦丁和槲皮素(苷元)的薄层层析鉴定

吸附剂:硅胶 G 以 0.5％ CMC-Na 水液制板,105℃活化 1h。

展开剂:正丁醇-醋酸-水(体积比为 4∶1∶5),上行展开。

醋酸-水(体积比为 15∶85),上行展开。

氯仿-甲醇-甲酸(体积比为 15∶5∶1),上行展开。

氯仿-丁酮-甲酸(体积比为 5∶3∶1),上行展开。

显色剂:1％FeCl₃ 和 1％K₃[Fe(CN)₆]水溶液,应用时等体积混合。

观察:颜色。

3) 芦丁的紫外光谱解析

取芦丁溶于色谱纯甲醇中,加入规定的试剂并测其 UV 光谱,试解析光谱并初步判断其

结构。

五、注意事项

1. 加石灰乳既能达到碱溶解提取芦丁的目的,还可以除去槐花米中大量的黏液质和酸性树脂(形成钙盐沉淀),但 pH 不能过高和长时间煮沸,因为会导致芦丁的降解。

2. pH 过低会使芦丁形成锌盐而降低收率。

六、思考题

1. 煎煮过程中,如果 pH>10,会对收率产生什么影响?

2. 苷类水解有几种催化方法?

3. 怎样确定芦丁结构中糖基是连接在槲皮素 - 3 - O - 上的?

4. 怎样证明芦丁分子中只含有葡萄糖和鼠李糖?

实验六　苦参生物碱的提取分离与鉴定

一、实验目的与要求

1. 掌握用离子交换树脂提取、分离生物碱的原理和方法。

2. 熟悉离子交换树脂的处理与再生方法。

二、实验原理

中药苦参是豆科槐属植物苦参(Sophora Flavescens Ait)的干燥根,有清热燥湿、杀虫、利尿之功效。苦参主要含有多种生物碱和黄酮类化合物,其次还有烷基色原酮、醌类、三萜皂苷、脂肪酸和挥发油等。苦参碱和氧化苦参碱是中药苦参所含的主要生物碱。

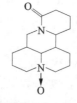

苦参碱（Matrine）　　　　氧化苦参碱（Oxymatrine）

苦参生物碱可与酸结合成盐,因此用酸水提取后,生物碱呈离子状态而被阳离子交换树脂所交换,再用氨水碱化后使生物碱游离,用有机溶剂回流提取之。

离子交换树脂法提取生物碱的原理是:利用生物碱能与酸类成盐并在水中解离成离子,可以和阳离子交换水质的阳离子[H^+]发生交换,被树脂吸附,然后再将树脂碱化使生物碱游离,并用有机溶剂洗脱。

离子交换及碱化时的反应如下:

$$R{-}H^+ + AlKH^+ \Longleftrightarrow R{-}AlKH^+ + H^+$$

$$R{-}AlKH^+ + NH_4OH \Longleftrightarrow R{-}NH^+ + AlK + H_2O$$

其中 R 代表树脂,AlK 代表生物碱。

三、主要仪器及耗材

1. 仪器

水浴锅、电吹风、电炉、电冰箱。

2. 材料及试剂

苦参、HCl、氨水、氯仿、甲醇、丙酮、苦参碱、氧化苦参碱标准品、硅胶薄层板、硅钨酸试剂、碘化铋钾试剂、碘-碘化钾试剂、pH 试纸、阳离子交换树脂、脱脂棉、纱布、螺旋夹、层析柱、渗漏筒、分液漏斗、索氏提取器、显色瓶、三角瓶、烧杯、蒸发皿、试管、滴瓶。

四、实验方法与步骤

1. 苦参碱的提取分离

1）树脂的处理

由于市售的阳离子交换树脂为钠型，同时含水量不足未充分膨胀，而且往往含有杂质。因此使用前须进行转型、除杂和吸水膨胀处理，其方法如下：取市售阳离子交换树脂（如聚苯乙烯磺酸型树脂，交联度 1×7)90g，置于烧杯中，加蒸馏水洗至水色较浅，再加蒸馏水浸泡树脂并在 80℃水浴上加热 1h(或于室温下浸泡 1 天)，以便树脂充分膨胀。倾去水，减压抽干后加入 5％ HCl 200mL，不断搅拌，浸泡 1h，倾去酸水，再加 2mol/L HCl 全部通过树脂(4～5mL/min)，然后用蒸馏水洗至 pH 为 4～5 备用。

2）苦参生物碱的提取和交换

装树脂柱：用蒸馏水将已处理好的树脂悬浮起来加到底部垫有脱脂棉或纱布的交换柱中。当水和树脂加到交换柱一半时，打开交换柱底部的胶管上的螺旋夹，使柱中的水缓缓流出，上面不断加入新的树脂和水，至下沉后的树脂高度距柱口 3～4cm 止，关闭螺旋夹。

取苦参粗粉 90g，加适量 0.3％HCl 湿润膨胀后，装入渗漏筒中。将上方装有 0.3％HCl 水(750mL)的分液漏斗通过活塞往下流液来保持酸水没过渗漏筒内含物的表面，将渗漏筒下面的胶管打开，以流速 2～3mL/min 的滴速进行渗漏，让液体流入阳离子交换树脂，待不断加入分液漏斗中的酸水 750mL 全部交换完毕后。将吸附树脂倒入烧杯中，以蒸馏水洗至洗液无色，抽滤干后置于搪瓷盘中室温晾干。

3）总生物碱洗脱

将上述晾干的树脂置于烧杯中，加入浓氨水，拌匀，以手捏成团但不粘手为宜。放置 20min，装入滤纸袋置于索氏提取器中，以氯仿连续回流提取至提取液无生物碱反应(取提取器中部的氯仿液滴在滤纸上喷改良碘化铋钾试剂)。回收氯仿至 20mL 左右，氯仿液蒸干，回收氯仿至干。残留物用 20mL 丙酮溶解，加无水硫酸钠脱水，振摇 10min，过滤，放置，结晶。

4）精制

上述粗品总碱以少量丙酮(约总碱量的 30～40 倍)回流溶解，过滤。滤液回收少量丙酮后加盖放置，结晶后抽滤，干燥，即得以氧化苦参碱为主的精品总碱。

5）薄层鉴定

吸附剂：硅胶板-CMC-硬板。

样　品：精品总碱氯仿液。

标准品:氧化苦参碱对照品氯仿液。

展开剂:氯仿-甲醇-氨水(体积比为 15:4:0.5)或氯仿-甲醇(体积比为 9:2)。

6) 树脂再生

使用过的树脂用蒸馏水洗去杂质并抽干。然后以 2mol/L HCl 浸泡后装柱,使酸液通过树脂进行交换,再用水洗去酸液。接着再用 1~2mol/L NaOH(或 NaCl)进行交换,再用水洗去碱液,复用 2mol/L HCl 浸泡通过树脂,用水洗去酸液后即可再用。

2. 生物碱的定性试验

1) 取渗漏液 1mL,加硅钨酸试剂数滴,产生淡黄色沉淀。

2) 取渗漏液 1mL,加碘碘化钾溶液数滴,产生棕褐色沉淀。

3) 取渗漏液 1mL,加碘化铋钾数滴,产生棕红色沉淀。

五、注意事项

1. 将苦参粗粉加适量酸水液,以能将生药粉末润湿为度,充分拌匀,放置半小时,均匀而致密地装入渗筒内,用锥形瓶底部或其他平底工具压紧,供渗漉用。

2. 检查生物碱是否提尽的方法:取最后一次氯仿提取液约数滴,挥去氯仿,残渣加 5% HCl 0.5mL 溶解后,加改良碘化铋钾试剂一滴,无沉淀析出或有明显混浊时,表明生物碱已提尽或基本提尽。反之,应继续提取。

3. 先将提取器内滤纸筒取出。然后将提取玻璃筒内最后一次氯仿提取液倾出(另器贮存),再将提取玻璃筒安装好,继续加热,回收烧瓶中氯仿于玻璃筒中,至烧瓶内的氯仿提取液体积较小时,停止回收,将烧瓶中氯仿提取液倾出。

六、思考题

1. 简述酸水法提取及阳离子交换树脂法纯化生物碱的原理。

2. 如何检查渗滤液中是否含有生物碱?

3. 如何检查渗滤液中的生物碱是否被交换在树脂上?

4. 如何检查离子交换树脂是否饱和?

实验七 人参皂苷的提取、分离与结构鉴定

一、实验目的与要求

1. 掌握人参皂苷的提取和分离方法。

2. 掌握人参皂苷的 D101 大孔树脂纯化方法。

3. 掌握人参皂苷成分的 TLC 检测方法。

二、实验原理

人参为五加科人参属(Panax)植物人参(Panaxginseng C. A. Mey.)的干燥根,具有主补五脏、安神、止惊悸、除邪气、安神益智、益寿延年之功效。

人参皂苷易溶于水、甲醇、乙醇、正丁醇等,不溶于乙醚、丙酮、氯仿等。在人参皂苷提取过程,主要根据皂苷对水、甲醇、乙醇、正丁醇等的溶解性能和对人参皂苷是极性成分,能被

醇性溶剂(如甲醇、乙醇等)提取。通过 D101 大孔吸附树脂纯化。主要皂苷成分(Rb - 1 和 Rg - 1)可通过与标准品的 R_f 值比较而加以确定。

　　大孔吸附树脂主要以苯乙烯、α-甲基苯乙烯、甲基丙烯酸甲酯、丙腈等为原料加入一定量致孔剂二乙烯苯聚合而成,多为球状颗粒,直径一般在 0.3～1.25mm 之间,通常分为非极性、弱极性和中极性,在溶剂中可溶胀,室温下对稀酸、稀碱稳定。从显微结构上看,一方面,大孔吸附树脂包含有许多具有微观小球的网状孔穴结构,颗粒的总表面积很大,具有一定的极性基团,使大孔树脂具有较大的吸附能力;另一方面,这些网状孔穴的孔径有一定的范围,使得它们对通过孔径的化合物根据其相对分子质量的不同而具有一定的选择性。通过吸附性和分子筛原理,有机化合物根据吸附力的不同及相对分子质量的大小,在大孔吸附树脂上经一定的溶剂洗脱而达到分离的目的。吸附性是由于范德瓦尔斯引力或产生氢键的结果,分子筛性是由于其本身多孔性结构所决定的。

三、主要仪器及耗材

1. 仪器

旋转蒸发仪、电吹风、电炉子、三用紫外分析仪。

2. 材料及试剂

95％乙醇、石油醚、正丁醇、氯仿、甲醇、硅胶薄层板、10％硫酸乙醇、人参皂苷 Rb - 1 和 Rg - 1 标准品、脱脂纱布、长玻璃棒、层析柱、TLC 层析缸、显色瓶、三角烧瓶(50mL)、旋转瓶、烧杯、D101 型大孔树脂、点样毛细管、铁架台。

四、实验方法与步骤

　　1. 提取:将人参粉末用 70％乙醇冷浸 3 次,合并 3 次提取液,用旋转蒸发器进行减压回收,浓缩一定体积得浸膏。

　　2. 装大孔树脂柱:选取一定大小的层析柱,底部塞入松紧适宜的纱布。取 D101 大孔树脂,通过玻璃漏斗倒入柱中,下端用螺旋夹控制流速。用两个洗耳球轻轻对称敲击层析柱(以除去空隙中的空气),使吸附剂实而匀,上部平整。

　　3. 加样:人参提取液浸膏用水稀释后,慢慢滴入大孔树脂柱上,使其吸附完全。

　　4. 洗脱液的配制:用酒精计配制 15％,30％,60％的乙醇溶液。

　　5. 样品的洗脱与收集

先用蒸馏水洗脱树脂柱,保持柱顶液面必须高树脂顶端 1cm 以上。洗 4～6 个柱体积,更换洗脱液依次用 15％,30％,60％,95％乙醇洗脱。合并 60％乙醇的洗脱液,回收至干,得到人参总皂苷。

　　6. 薄层层析鉴定

标准品:Rb - 1 和 Rg - 1

样　品:人参总皂苷

展开剂:氯仿-甲醇-水(体积比为 65：35：10,下层)

乙醇-醋酸-水(体积比为 4：1：1)

显色剂:10％硫酸乙醇

5％香草醛-浓硫酸

五、思考题

1. 概括人参皂苷的提取和分离过程。
2. 在人参皂苷中存在哪几种皂苷元?

实验八　从红辣椒中分离红色素

一、实验目的与要求

学习用薄层层析和柱层析方法分离和提取天然产物的原理以及实验方法。

二、实验原理

红辣椒含有多种色泽鲜艳的天然色素,其中呈深红色的色素主要由辣椒红脂肪酸酯和少量辣椒玉红素脂肪酸脂所组成,呈黄色的色素则是 β-胡萝卜素。这些色素可以通过层析法加以分离。本实验以二氯甲烷为萃取剂,从红辣椒中提取出辣椒红。然后采用薄层层析分析,确定各组分的 R_f 值,再经柱层析分离,分段接收并蒸除溶剂,即可获得各个单组分。

三、药品

干燥红辣椒	1g
二氯甲烷	300mL
硅胶 G(200～300 目)	10g

四、实验方法与步骤

在 50mL 圆底烧瓶中,放入 1g 干燥并研细的红辣椒和 2 粒沸石,加入 10mL 二氯甲烷,装上回流冷凝管,加热回流 20min。待提取液冷却至室温,过滤,除去不溶物,蒸发滤液收集色素混合物。

以 200mL 广口瓶作薄板层析槽、二氯甲烷作展开剂。取极少量色素粗品置于小烧杯中,滴入 2～3 滴二氯甲烷使之溶解,并在一块 3cm×8cm 的硅胶 G 薄板上点样,然后置入层析槽进行层析。计算每一种色素的 R_f 值。

在层析柱(直径 1.5cm、长 30cm)的底部垫一层玻璃棉(或脱脂棉),用以衬托固定相。用一根玻璃棒压实玻璃棉,加入洗脱剂二氯甲烷至层析柱的 3/4 高度。打开活塞,放出少许溶剂,用玻璃棒压除玻璃棉中的气泡,再将 10mL 二氯甲烷与 10g 硅胶调成糊状,通过大口径固体漏斗加入柱中,边加边轻轻敲击层析柱,使吸附剂装填致密。然后,在吸附剂上层覆盖一层细砂。

打开活塞,放出洗脱剂直到其液面降至硅胶上层的耗层表面,关闭活塞。将色素混合物溶解在约 1mL 二氯甲烷中,然后用一根较长的滴管,将色素的二氯甲烷溶液移入柱中,轻轻注在砂层上,再打开活塞,待色素溶液液面与硅胶上层的砂层平齐时,缓缓注入少量洗脱剂(其液面高出砂层 2cm 即可),以保持层柱中的固定相不干。当再次加入的洗脱剂不再带有色素颜色时,就可将洗脱剂加至层析柱最上端。在层析柱下端用试管分段接收洗脱液,每段收集 2mL。用薄层层析法检验各段洗脱液,将相同组分的接收液合并,用旋转蒸发仪蒸发浓缩,收集红色素。对所得红色素样品作薄层色谱分析。

五、思考题

1. 在层析过程中有时会出现"拖尾"现象，一般是由于什么原因造成的？这对层析结果有何影响？如何避免"拖尾"现象？

2. 若层析柱中有气泡，会对分离带来什么影响？如何除去气泡？

3. 分析红色素的红外光谱图，从中可以获得有关分子结构的哪些信息。

实验九　用超临界流体萃取技术从中药郁金中提取挥发油成分

一、实验目的与要求

1. 通过本实验，掌握超临界流体萃取技术。

2. 了解郁金中有效成分的组成。

3. 用 HPLC 分析挥发油中各成分的含量。

二、实验原理

超临界流体是一种处于临界温度之上的流体，以超临界流体为溶剂，从液体或固体中将所需要的成分萃取出来的分离技术，称为超临界萃取技术。超临界流体具有特殊性，它的密度接近液体，而其黏度接近于气体，因它具有与气体一样的流动性、传质特性，同时溶解特性又接近于液体。它的许多物理化学性质如密度、介质常数和溶解度等在临界点附近随压力、温度的变化十分敏感，超临界流体萃取也就是利用了这一特性，在高压条件下，将原料中的有效成分溶于流体，经降低压力又与液体分离出来。

利用超临界流体二氧化碳流体作溶剂进行萃取，以其低温萃取和惰性保护气体的特点，防止了"敏感性"物质的氧化和逸散，使萃取和分离很容易合二为一，有效地提高了生产效率和节约了能耗，在生产过程中可以完全免除任何有机溶剂。所以萃取物不含有机溶剂残留，保持了萃取物的全天然性。整个过程不产生"三废"，不会对环境造成污染。

由于超临界萃取的独特优点，所以其很快在医药、化工、食品等多领域得到推广运用。

郁金是我国知名的中药材之一，一直用作祛瘀、解毒的主要药材。在郁金的化学成分中，姜黄素和挥发油类物质是其主要成分，并比较有代表性，其中挥发油又主要由莪术醇、新莪术二酮、吉马酮多种萜类和倍半萜类化合物构成。

过去中药材中的挥发油常以溶剂提取法或水蒸气提馏来提取。溶剂法不仅价格昂贵，而且造成环境污染引起人体中毒，水蒸气提馏法提取时间长且收率低。

超临界流体萃取是近代分离领域出现的高新技术，除了可以减少有机溶剂使用外，还具有萃取和选择性高，省时，萃取溶剂易于挥发，提取物较为干净，操作条件易于改变等特点。本实验采用 SFE - HPLC 测定郁金中的挥发油成分。

三、仪器与试剂

1. L - 1L/40MP - I 型超临界流体(二氧化碳)萃取装置。

2. HPLC 色谱仪。

3. 中药材郁金。

四、实验方法与步骤

1. 操作前准备

（1）检查管线管件、阀门、仪表有无异常。

（2）水套中的水是否充足。

（3）将郁金装进料筒放入萃取釜，并在装料后将釜盖上的螺堵拧到底，开机前应重点检查。

（4）按工艺要求分别将温度控制仪表预置到工艺要求温度。

（5）将电接点压力表的上限指针预拨到比萃取压力高 1～2MPa 的位置。

2. 循环萃取操作

（1）首先闭合漏电保护开关"DZ"。闭合致冷机组总开关"CK1"。

（2）预置 WK1～WK9 的温度设定数码开关，随即打开相应的加热开关 MK1～MK9，此时预置部分开始加热。打开所有循环、加热管道泵。

（3）驱赶装置各部分容器中的空气。

① 将系统中所有放气阀关闭。将系统中所有进气阀打开。

② 用二氧化碳钢瓶中的二氧化碳气体通过汇流排，净化器，蒸发器，贮罐，泵头，混合器，预热器，萃取釜，分离釜 1，分离釜 2，分离釜 3，回净化器，待系统压力平衡在 3～5MPa 后，首先打开 J33 将净化器中空气放出，直到 J33 出口出现白雾时可认为空气已排完，立即关闭 J33。同样办法开启 J30、J6、J13、J20、J25 以排除蒸发器（贮罐）萃取釜、分离釜中的空气，以此保证系统中二氧化碳纯度。

（4）加压过程。

① 观察蒸发器（贮罐）温度显示器 WK10 温度降到 0℃以下，才可打开主泵，经系统加压，闭合变频器开关"CK2"，计量泵开始工作。

② 打开 J1，待 J1 冒出浓白雾时关闭 J1（J1 的开闭过程操作应迅速进行），这时主泵会将二氧化碳液体泵入混合器。慢慢先后打开并细心调节 J7、J14、J17、J21、J24、J28 以使萃取釜，第Ⅰ、Ⅱ、Ⅲ分离釜的压力达到工艺要求的压力。

3. 收料操作

（1）萃取完毕后首先停主泵，关闭 CK2，立即关闭 J38。

（2）关闭 J7、J4，使萃取釜与系统隔离，关闭 J5，慢慢打开萃取釜放气阀 J6，将萃取釜中剩余二氧化碳气体放完。

（3）打开萃取釜上盖，取出料筒，待下一次萃取。

（4）将收集器皿分别于 J11、J18、J27 下方，分别慢慢打开 J11、J18、J27 直到第Ⅰ、Ⅱ、Ⅲ分离釜的分离物质放完为止。

4. 用 HPLC 分析三种目标组分的含量。

五、思考题

1. 影响超临界流体萃取的因素有哪些？各因素将如何影响萃取效果？如何操作使各因素改变？

2. 如何设计试验方案？

附录一 药物制剂中常用附加剂（辅料）种类及其简介

附加剂是药物制剂中除主药以外的一切附加材料的总称，也称辅料。

一、要求

1. 对人体无毒害作用，也无副作用；
2. 化学性质稳定，不易受温度、pH、保存时间等的影响；
3. 与主药无配伍禁忌，不影响主药的疗效和质量检查；
4. 不与包装材料相互发生作用；
5. 尽可能用较少的用量发挥较大的作用。

二、分类

药物附加剂按其使用目的和作用可分为数十个大类，在此只列出防腐剂、抗氧化剂、矫味剂、着色剂、表面活性剂、合成高分子化合物、天然高分子化合物等七大类。

1. 防腐剂：也叫抑菌剂，是为防止药剂因受微生物污染而引起霉败变质而加入药物制剂中的化学物质。但是，静脉和脊髓注射剂一律不准加入防腐剂，其他注射剂加防腐剂时，在标签上必须注明使用品种和用量。

常用于药物的典型防腐剂有苯甲酸、山梨酸、乙醇、尼泊金酯、苯甲醇、苯乙醇等。

1) 苯甲酸（Benzoic Acid）

白色或微黄色轻质鳞片或针状结晶，无臭，熔点 121.5～123.5℃，受热可升华。难溶于水（0.29%，20℃），易溶于沸水、乙醇（1∶2∶3，20℃）及油脂，溶于甘油。抑菌力与 pH 关系很大，酸性时抑菌力较好，当 pH 值超过 4.4 时，效果显著下降。适用于内服外用液体制剂，一般浓度为 0.05%～0.1%，口服日许量 5mg/kg。不适用于眼用溶液和注射剂。

2) 山梨酸（Sorbic Acid）

白色结晶性粉末，有微弱臭味，熔点 134.5℃。对霉菌和细菌有较强作用、特别适用于含有吐温的液体制剂，浓度为 0.2%，不含吐温的制剂为 0.05%～0.2%。当 pH 等于 3.0 时，抑菌作用较尼泊金强，可用于内服制剂。在碱性溶液中效力骤降。

3) 乙醇（Alcohol）

20% 时有抑菌作用，若同时含有甘油、挥发油等抑菌性物质时，稍低浓度也可抑菌。液体药剂中单独添加乙醇为抑菌剂的不多见。

4) 对羟基苯甲酸酯类（尼泊金类）（Parabene（Nipagin））

常用的有对羟基苯甲酸甲酯、对羟基苯甲酸乙酯、对羟基苯甲酸丙酯三种。为白色或微黄色结晶性粉末，无臭或有轻微香味，味灼麻而苦。抑制霉菌作用较强，但对细菌较弱。适用于弱酸和中性溶液，最适条件 pH 小于 6 或 7，被广泛用于内服制剂。低浓度丙二醇可加强其作用。浓度为 0.02%～0.05%。尼泊金乙酯应用较多。因尼泊金酯在水中溶解度小，需先加热至 80℃左右，搅拌溶解，温度过高细粉熔融后将聚结在一起，则不易溶解。

5）苯甲醇（Benzyl Alcohol）

无色液体，无臭，苛辣味，相对密度为 1.04～1.05，沸点为 203～208℃，溶于水 1:25，水溶液中性，与乙醇-氯仿、脂肪油等任意混合。苯甲醇（Benzyl Alcohol）无色液体，无臭，苛辣味，相对密度为 1.04～1.05，沸点 203～208℃，1:25 溶于水，水溶液中性，与乙醇-氯仿、脂肪油等任意混合，为局部止痛剂，有抑菌作用，用于偏碱性溶液，常用浓度为 1%～3%。有的产品在水中澄明度不好，主要是含不溶性氯化苄杂质的缘故。

6）苯乙醇（Phenethanolum）

无色液体，化学性质稳定，耐热，沸点 219～221℃，相对密度约 1.02。溶于水 1:50，易溶于矿物油，极易溶于乙醇、丙二醇、甘油和脂肪油。对革兰氏阴性菌尤有效，可用于滴眼液，浓度为 0.25%～0.5%，配伍禁忌少。

此外，《美国药典》（XXI，NF X VI）还收载有丙酸钠、麝香草酚、山梨酸钾、甲醛吡喃酮及其钠盐等。

2. 抗氧化剂：又称还原剂，其氧化电势比主药低，先与氧作用，而保持药物稳定。根据其水溶性或油溶性大小又分为水溶性抗氧剂和油溶性抗氧剂两种类型。

（1）水溶性抗氧剂：亚硫酸氢钠、焦亚硫酸钠、亚硫酸钠、干燥亚硫酸钠、硫代硫酸钠、抗坏血酸、甲硫氨酸（蛋氨酸）、硫脲、乙二胺四醋酸二钠（EDTA - Na$_2$）、磷酸、枸橼酸等。

（2）油溶性抗氧剂：叔丁基对羟基茴香醚（BHA）、叔丁基对甲酚（BHT）、去甲双氢愈创木酸（CDGA）、生育酚、棓酸酯类等。

3. 矫味剂：是一种能改变味觉的物质，主要用以掩盖药物的恶味。

1）甜味剂

表　典型甜味剂中英文及甜度表

中文名	山梨糖	木 糖	木糖醇	甘 油	甘草酸二钠	甘露醇	甘露糖
英文名	Sorbose	Sylose	Xylitol	Glycerin	Disodium Glycyrrhizinate	Mannitol	Mannose
甜度	0.51	0.67	1.25	1.08	200	0.69	0.59
中文名	半乳糖	麦芽糖	乳 糖	果 糖	甜 精	糖精钠	甜菊糖苷
英文名	Galactose	Maltose	Lactose	Fructose	Dulcin	Saccharin Sodium	Stevioside
甜度	0.63	0.46	0.16	1.15～1.5	265	675	300

注：甜度是指一定质量的甜味剂实现的甜味与蔗糖达到相同的甜味所相当的蔗糖质量倍数。

2）芳香剂

天然芳香性挥发油多为芳香族有机化合物的混合物。人工合成的香料有酯、醇、醛、酮、萜类等按不同比例制成的香精。常用的香料有:小茴香油、玫瑰油、玫瑰香精、柠檬油、柠檬香精、香草香精、香草醛、香蕉香精、菠萝香精、薄荷油、橙皮油、苹果香精等。

3）胶浆剂

具有黏稠和缓和特性,可干扰味蕾的味觉而达到矫味目的。常用的有淀粉、阿拉伯胶、西黄蓍胶、羧甲基纤维素、甲基纤维素、海藻酸钠、果胶、琼脂等。

4. 着色剂

着色剂分天然和合成两类染料。内服制剂尽量少用。

（1）食用色素:苋菜红、胭脂红、柠檬黄、可溶性靛蓝、橘黄 G。

（2）外用着色剂:伊红、品红、美蓝、苏丹黄、红汞。

注意:不同溶剂能产生不同色调和强度;pH 常对色素、色调发生影响;氧化剂、还原剂和日光对许多色素有褪色作用;着色剂可相互配色,产生多种色彩。

5. 表面活性剂

能使表面张力迅速下降。多为长链有机化合物,分子中同时存在亲水基团和亲油基团。

1）表面活性剂的种类:离子型(阴离子、阳离子和两性)表面活性剂和非离子型表面活性剂。

2）非离子型表面活性剂:聚山梨酯(吐温)－20、－40、－60、－80,失水山梨醇单月桂酸酯(司盘)－20、－40、－60、－80,聚氧乙烯月桂醇醚(卖泽)－45、－52、－30、－35,乳化剂 OP(壬基酚聚氧乙烯醚缩合物),乳百灵 A(聚氧乙烯脂肪醇醚),西士马哥－1000(聚氧乙烯与鲸蜡醇加成物),普流罗尼(聚氧乙烯聚丙二醇缩合物)、单油酸甘油酯及单硬脂酸甘油酯等。

3）阴离子表面活性剂:软皂(钾肥皂)、硬皂(钠肥皂)、单硬脂酸铝、硬脂酸钙、油酸三乙醇胺、月桂醇硫酸钠、鲸硬醇硫酸钠、硫酸化蓖麻油、丁二酸二辛酯磺酸钠等。

4）阳离子表面活性剂:洁尔灭、新洁尔灭、氯化苯甲烃铵、氯化苯麦洛、溴化十六烷三甲胺等,几乎均为消毒灭菌剂。

5）两性表面活性剂:较少,也都为消毒防腐剂。

6. 合成高分子化合物

常用作黏合剂、崩解剂、润滑剂、乳化剂、增塑剂、稳定剂等。

1）环糊精(Cyclodextrin):由 6~8 个 D-葡萄糖分子构成,有 a－、b－、g－三种。具有环状空洞结构,可将其他物质分子包在其中,也称分子胶囊。它可提高药物稳定性;防止药物挥发;增加溶解度;提高生物利用度;制成缓释制剂;降低药物刺激性、毒性、副作用、掩盖不良气味及分离提纯化合物等。

2）蔗糖酯(Suges):由蔗糖和食用脂肪酸形成的酯。有单、双、三酯……一般用作:软膏及栓剂基质;片剂润滑剂、崩解剂及包衣材料;控释制剂;乳剂及多相脂质体材料;分散剂、增溶剂、促吸收剂等。

3）月桂氮䓬酮(Laurocapram)(阿佐恩 Azone):即 1-正-12 烷基氮杂环庚烷-2-酮。本品为安全高效的透皮促渗剂。可增加药物的透皮吸收;也可增加抗病毒药的作用。

4）其他:微晶纤维素,乙酸纤维素,甲基纤维素(MC),乙基纤维素,邻苯二甲酸纤维素(CAP),羟丙基纤维素(HPC),羟丙基甲基纤维素(HPMC),羧甲基纤维素钠(SCMC),聚乙烯吡咯酮(PVP),羧甲基淀粉钠,丙烯酸树脂Ⅱ、Ⅲ、Ⅳ号,聚乙烯醇(PVA)等。

7. 天然高分子化合物

多作乳化剂，也有作黏合剂、混悬剂、崩解剂等。

主要有：阿拉伯胶（Gum Acacia）；西黄蓍胶（Tragacantha）；白芨胶（Bletilla）；明胶（白明胶）（Gelatine）；虫胶（紫胶）（Shellae）；（海）藻酸钠（Sodium Alginate）；（无水）羊毛脂（Lanolin）；琼脂（琼胶、洋菜）（Agar）；胆固醇、卵磷脂、蜂蜡、凡士林、鲸蜡醇、硬脂醇、鲸蜡、石蜡等。

附录二　天然药物化学常用
试剂及配制方法

一、生物碱沉淀试剂

1. 碘化铋钾(Dragendorff)试剂：取次硝酸铋 8g 溶于 30％硝酸(相对密度为 1.18) 17mL 中，在搅拌下慢慢加碘化钾浓水溶液(27g 碘化钾溶于 20mL 水)，静置一夜，取上层清液，加蒸馏水稀释至 100mL。

改良的碘化铋钾溶液如下：

甲液：0.85g 次硝酸铋溶于 10mL 冰醋酸，加水 40mL。

乙液：8g 碘化钾溶于 20mL 水中。

溶液甲和乙等量混合，于棕色瓶中可以保存较长时间，可作沉淀试剂用，如作色谱显色剂用，则取上述混合液 1mL 与醋酸 2mL 和水 10mL，混合即得。

碘化铋钾试剂可直接配制：7.3g 碘化铋钾，冰醋酸 10mL，加蒸馏水 60mL。

2. 碘化汞钾(Mayer)试剂：氯化汞 1.36g 和碘化钾 5g 各溶于 20mL 水中可混合后加水稀释至 100mL。

3. 碘-碘化钾(Wagner)试剂：1g 碘和 10g 碘化钾溶于 50mL 水中，加热，加 2mL 醋酸，再用水稀释至 100mL。

4. 硅钨酸试剂：5g 硅钨酸溶于 100mL 水中，加盐酸少量至 pH 为 2 左右。

5. 苦味酸试剂：1g 苦味酸溶于 100mL 水中。

6. 鞣酸试剂：鞣酸 1g 加乙醇 1mL 溶解后再加水至 10mL。

7. 硫酸铈-硫酸试剂：0.1g 硫酸铈混悬于 4mL 水中，加入 1g 三氯醋酸，加热至沸腾，逐滴加入硫酸至澄清。

二、苷类检出试剂

1. 糖的检出试剂

1) 碱性酒石酸铜(Fehling)试剂：本品分甲液与乙液，应用时取等量混合。

甲液：结晶硫酸铜 6.23g，加水至 100mL。

乙液：酒石酸钾钠 34.6g 及氢氧化钠 10g，加水至 100mL。

2) α-萘酚(Molisch)试剂

甲液：α-萘酚 1g，加 75％乙醇至 100mL。

乙液：浓硫酸。

3) 氨性硝酸银试剂：硝酸银 1g，加水 20mL 溶解，注意滴加适量的氨水，边加边搅拌，至开始产生的沉淀将近全溶为止,过滤。

4) 苯胺-邻苯二甲酸:苯胺 0.93g 和邻苯二甲酸 1.66g 溶于 100mL 水饱和正丁醇溶液中。

5) α-去氧糖显色剂

(1) 三氯化铁冰醋酸(Keller-Killiani)试剂

甲液:1%三氯化铁溶液 0.5mL,加冰醋酸至 100mL。

乙液:浓硫酸。

(2) 呫吨氢醇冰醋酸(Xanthydrol)试剂:10mg 呫吨氢醇溶于 100mL 冰醋酸(含 1%的盐酸中)

2. 酚类检出试剂

1) 三氯化铁试剂:5%三氯化铁的水溶液或醇溶液。

2) 三氯化铁-铁氰化钾试剂:应用时甲液、乙液等体积混合或分别滴加。

甲液:2%三氯化铁水溶液。

乙液:1%铁氰化钾水溶液。

3) 4-氨基安替比林-铁氰化钾(Emerson)试剂

甲液:2% 4-氨基安替比林乙醇液。

乙液:8%铁氰化钾水溶液(或用 0.9% 4-氨基安替比林和 5.4%铁氰化钾水溶液)。

4) 重氮化试剂:本试剂是由对硝基苯胺和亚硝酸钠在强酸性经重氮化作用而成的,由于重氮盐不稳定很容易分解,所以本试剂应临用时配制。

甲液:对硝基苯胺 0.35g,溶于浓盐酸 5mL 中,加水至 50mL。

乙液:亚硝酸钠 0.5g,加水至 50mL。

应用时取甲、乙液等量在冰水浴中混合后,方可使用。

5) Gibbs 试剂

甲液:0.5% 2,6-二氯苯醌-4-氯亚胺的乙醇溶液。

乙液:硼酸-氯化钾-氢氧化钾缓冲液(pH=9.4)。

3. 内酯、香豆素类检出试剂

1) 异羟肟酸铁试剂

甲液:新鲜配制的 1mol/L 羟肟盐酸盐($M=69.5$)的甲醇液。

乙液:1.1mol/L 氢氧化钾($M=56.1$)的甲醇液。

丙液:三氯化铁溶于 1%盐酸中的浓度 1%的溶液。

应用时甲、乙、丙三液体按顺序滴加,或甲、乙两液混合滴加后再加丙液。

2) 4-氨基安替比林-铁氰化钾(Emersen)试剂:同前。

3) 重氮化试剂:同前。

进行 2、3 试验时样品应先加 3%碳酸钠溶液加热处理,再分别滴加试剂。

4) 开环-闭环试剂

甲液:1%氢氧化钠溶液。

乙液:2%盐酸溶液。

4. 黄酮类检出试剂

1) 盐酸镁粉试剂:浓盐酸和镁粉。

2）三氯化铝试剂:2％三氯化铝甲醇溶液。

3）醋酸镁试剂:1％醋酸镁甲醇溶液。

4）碱式醋酸铅试剂:饱和碱式醋酸铅(或饱和醋酸铅)水溶液。

5）氢氧化钾试剂:10％氢氧化钾水溶液。

6）氧氯化锆试剂:2％氧氯化锆甲醇溶液。

7）锆-枸缘酸试剂

甲液:2％氧氯化锆甲醇液。

乙液:2％枸橼酸甲醇液。

5. 蒽醌类检出试剂

1）氢氧化钾试剂:10％氢氧化钾水溶液。

2）醋酸镁试剂:10％醋酸镁甲醇溶液。

3）1％硼酸试剂:1％硼酸水溶液。

4）浓硫酸试剂:浓硫酸。

5）碱式醋酸铅试剂:同前。

6. 强心苷类检出试剂

1）3,5-二硝基苯甲酸(Kedde)试剂

甲液:2％ 3,5-二硝基苯甲酸甲醇液。

乙液:1mol/L 氢氧化钾甲醇液或 5％氢氧化钠乙醇液。

应用前甲、乙两液等量混合。

2）碱性苦味酸(Baljet)试剂

甲液:1％苦味酸水溶液。

乙液:10％氢氧化钠溶液。

3）亚硝基铁氰化钠-氢氧化钠(Legal)试剂

甲液:吡啶。

乙液:0.5％亚硝基铁氰化钠溶液。

丙液:10％氢氧化钠溶液。

7. 皂苷类检出试剂

1）溶血试验:2％血细胞生理盐水混悬液;新鲜兔血(由心脏或耳静脉取血),适量,用洁净小毛刷迅速搅拌,除去纤维素蛋白并用生理盐水反复离心洗涤至上清液无色后,量取沉降红细胞用生理盐水配成 2％混悬液,贮于冰箱内备用(贮存期 2～3 天)。

2）醋酐-浓硫酸(Liebermann)试剂

甲液:醋酐。

乙液:浓硫酸。

3）浓硫酸试剂:浓硫酸。

8. 含氰苷类检出试剂

1）苦味酸钠试剂:适当大小的滤纸条,浸入苦味酸饱和水溶液,浸透后取出晾干,再浸入 10％碳酸钠水溶液中,迅速取出晾干即得。

2）亚铁氰化铁(普鲁士蓝)试剂

甲液:10％氢氧化钠液。

乙液：10％硫酸亚铁水溶液，用前配制。

丙液：10％盐酸。

丁液：5％三氯化铁液。

三、萜类、甾体类检出试剂

1. 香草醛-浓硫酸试剂：5％香草醛浓硫酸液（或 0.5g 香草醛溶于 100mL 硫酸-乙醇（体积比为 4∶1）中）。

2. 三氯化锑（Carr-price）试剂：25g 三氯化锑溶于 75g 氯仿中（亦可用氯仿或四氯化碳的饱和溶液）。

3. 五氯化锑试剂：五氯化锑-氯仿（或四氯化碳）（体积比为 1∶4），用前新鲜配制。

4. 醋酐-浓硫酸试剂：同前。

5. 氯仿-浓硫酸试剂

甲液：氯仿（溶解样品）。

乙液：浓硫酸。

6. 间二硝基苯试剂

甲液：2％间二硝基苯乙醇液。

乙液：14％氢氧化钾甲醇液。

用前甲、乙两液等量混合。

7. 三氯醋酸试剂：3.3g 三氯醋酸溶于 10mL 氯仿，加入 1～2 滴过氧化氢。

四、鞣质类检出试剂

1. 三氯化铁试剂。

2. 三氯化铁-铁氰化钾试剂：同前。

3. 4-氨基安替比林-铁氰化钾试剂。

4. 明胶试剂：10g 氯化钠，1g 明胶，加水至 100mL。

5. 醋酸铅试剂：饱和醋酸铅溶液。

6. 对甲基苯磺酸试剂：20％对甲基苯磺酸氯仿溶液。

7. 铁铵明矾试剂：硫酸铁铵结晶（$FeNH_4(SO_4)_2 \cdot RH_2O$）1g，加水至 100mL。

五、氨基酸多肽、蛋白质检出试剂

1. 双缩脲（Biuret）试剂。

甲液：1％硫酸铜溶液。

乙液：40％庆阳化钠液。

应用前等量混合。

2. 茚三酮试剂：0.3g 茚三酮溶于 100mL 正丁醇中，加醋酸 3mL（或 0.2g 茚三酮溶于 100mL 乙醇或丙酮中）。

3. 鞣酸试剂：见前。

六、有机酸检出试剂

1. 溴麝香草酚蓝试剂：0.1％溴麝香酚蓝（或溴酚蓝、溴甲酚绿）乙醇液。

2. 吖啶试剂：0.005％吖啶乙醇液。

3. 芳香胺-还原糖试剂：苯胺 5g 溶于 50％乙醇溶液中。

七、其他检出试剂

1. 重铬酸钾-硫酸：5g 重铬酸钾溶于 100mL 40％硫酸。

2. 荧光素-溴

甲液：0.1％荧光素乙醇溶液。

乙液：5％溴的四氯化碳溶液。

甲液喷、乙液熏。

3. 碘蒸气。

4. 硫酸液：5％硫酸乙醇液，或 15％浓硫酸正丁醇液，或浓硫酸-乙酸（体积比为 1∶1）。

5. 磷钼酸、硅钨酸或钨酸试剂：3％～10％磷钼酸或硅钨酸乙醇液。

6. 碱性高锰酸钾试剂

甲液：1％高锰酸钾液。

乙液：5％碳酸钠液。

用时等体积混合。

7. 2,4-二硝基苯肼配成 0.2％ 2mol/L HCl 溶液或 0.1％ 2mol/L HCl 乙醇溶液。

附录三　常用缓冲溶液的配制

1. 磷酸氢二钠-柠檬酸缓冲液

pH	0.2mol/L Na₂HPO₄/mL	0.1mol/L 柠檬酸/mL	pH	0.2mol/L Na₂HPO₄/mL	0.1mol/L 柠檬酸/mL
2.2	0.40	19.60	5.2	10.72	9.28
2.4	1.24	18.76	5.4	11.15	8.85
2.6	2.18	17.82	5.6	11.60	8.40
2.8	3.17	16.83	5.8	12.09	7.91
3.0	4.11	15.89	6.0	13.22	7.37
3.2	4.94	15.06	6.2	13.63	6.78
3.4	5.70	14.30	6.4	13.85	6.15
3.6	6.44	13.56	6.6	14.55	5.45
3.8	7.10	12.90	6.8	15.45	4.55
4.0	7.71	12.29	7.0	16.47	3.53
4.2	8.28	11.72	7.2	17.39	2.61
4.4	8.82	11.18	7.4	18.17	1.83
4.6	9.35	10.65	7.6	18.73	1.27
4.8	9.86	10.14	7.8	19.15	0.85
5.0	10.30	9.70	8.0	19.45	0.55

Na_2HPO_4 相对分子质量＝14.98，0.2mol/L 溶液为 28.40g/L。

$Na_2HPO_4 - 2H_2O$ 相对分子质量＝178.05，0.2mol/L 溶液为 35.01g/L。

$C_4H_2O_7 \cdot H_2O$ 相对分子质量＝210.14，0.1mol/L 溶液为 21.01g/L。

2. 邻苯二甲酸氢钾-氢氧化钠缓冲液

pH	0.1mol/L NaOH/mL	0.2mol/L 邻苯二甲酸氢钾/mL	加水至/mL	pH	0.1mol/L NaOH/mL	0.2mol/L 邻苯二甲酸氢钾/mL	加水至/mL
4.0	0.40	25.00	100.00	5.2	29.75	25.00	100.00
4.2	3.60	25.00	100.00	5.4	35.25	25.00	100.00
4.4	7.35	25.00	100.00	5.6	39.70	25.00	100.00
4.6	12.00	25.00	100.00	5.8	43.10	25.00	100.00
4.8	17.50	25.00	100.00	6.0	45.40	25.00	100.00
5.0	23.65	25.00	100.00	6.2	47.00	25.00	100.00

3. 磷酸二氢钾-氢氧化钠缓冲液

pH	0.1mol/L NaOH/mL	0.2mol/L 磷酸二氢钾/mL	加水至/mL	pH	0.1mol/L NaOH/mL	0.2mol/L 磷酸二氢钾/mL	加水至/mL
5.8	3.66	25.00	100.00	7.0	29.54	25.00	100.00
6.0	5.64	25.00	100.00	7.2	34.90	25.00	100.00
6.2	8.55	25.00	100.00	7.4	39.34	25.00	100.00
6.4	12.60	25.00	100.00	7.6	42.74	25.00	100.00
6.6	17.74	25.00	100.00	7.8	45.17	25.00	100.00
6.8	23.60	25.00	100.00	8.0	46.35	25.00	100.00

0.2mol/L 磷酸二氢钾溶液：溶解 13.616g 磷二氢钾于水中，稀释至 500mL。

4. 硼酸-硼砂缓冲液(0.2mol/L 硼酸根)

pH	0.05mol/L 硼砂/mL	0.2mol/L 硼砂/mL	pH	0.05mol/L 硼砂/mL	0.2mol/L 硼酸/mL
7.4	1.0	9.0	8.2	3.5	6.5
7.6	1.5	8.5	8.4	4.5	5.5
7.8	2.0	8.0	8.7	6.0	4.0
8.0	3.0	7.0	9.0	8.0	2.0

硼砂 $Na_2B_4O_7 \cdot H_2O$，相对分子质量＝381.43；0.05mol/L 溶液（＝0.2mol/L 硼酸根）含 19.07g/L。

硼酸 H_3BO_3，相对分子质量＝61.84；0.2mol/L 溶液为 12.37g/L。

硼砂易失去结晶水，必须在带塞的瓶中保存。

5. 硼酸-氯化钾-氢氧化钠缓冲液

pH	0.1mol/L NaOH/mL	0.2mol/L 硼酸-氯化钾/mL	加水至/mL	pH	0.1mol/L NaOH/mL	0.2mol/L 硼酸-氯化钾/mL	加水至/mL
7.8	2.65	25.00	100.00	9.0	21.40	25.00	100.00
8.0	4.00	25.00	100.00	9.2	26.70	25.00	100.00
8.2	5.90	25.00	100.00	9.4	32.00	25.00	100.00
8.4	8.55	25.00	100.00	9.6	36.85	25.00	100.00
8.6	12.00	25.00	100.00	9.8	40.80	25.00	100.00
8.8	16.40	25.00	100.00	10.0	48.90	25.00	100.00

0.2mol/L 硼酸-氯化钾溶液：溶解 6.20g 硼酸和 27.456g 氯化钾于水中并稀释至 500mL。

参 考 文 献

［1］ 卓超,沈永嘉. 制药工程专业实验. 北京:高等教育出版社,2007.
［2］ 天津大学. 制药工程专业实验指导. 北京:化学工业出版社,2005.
［3］ 冯亚云. 化工基础实验. 北京:化学工业出版社,2000.
［4］ 李丽娟. 化工实验与开发技术. 北京:化学工业出版社,2002.
［5］ 赵何为,朱承炎. 精细化工实验. 上海:华东化工学院出版社,1992.
［6］ 强亮生,王慎敏. 精细化工综合实验. 哈尔滨:哈尔滨工业大学出版社,2008.
［7］ 周春隆. 精细化工实验法. 北京:中国石化出版社,1998.
［8］ 洪缨. 药理实验教程. 北京:中国中医药出版社,2005.
［9］ 章蕴毅. 药理学实验指导. 北京:人民卫生出版社,2007.
［10］ 孙立新. 药物分析实验. 北京:中国医药科技出版社,2012.
［11］ 狄斌. 药物分析实验与指导. 北京:中国医药科技出版社,2003.
［12］ 朱明华. 仪器分析. 3 版. 北京:高等教育出版社,2004.
［13］ 高庆宇. 仪器分析实验. 徐州:中国矿业大学出版社,2002.
［14］ 穆华荣,陈志超. 仪器分析实验. 2 版. 北京:化学工业出版社,2004.
［15］ 张剑荣,戚苓,方惠群. 仪器分析实验. 北京:科学出版社,1999.
［16］ 高向阳. 新编仪器分析. 北京:科学出版社,2004.
［17］ 鄢海燕,邹纯才. 药物制剂及其质量分析实验指导. 合肥:安徽科学技术出版社,2008.
［18］ 于广华,毛小明. 药物制剂技术. 北京:化学工业出版社,2012.
［19］ 崔福德. 药剂学实验指导. 3 版. 北京:人民卫生出版社,2011.
［20］ 刘书华. 药理学实验教程与学习指导. 重庆:第四军医大学出版社,2009.
［21］ 陈德昌. 中药化学对照品工作手册. 北京:中国医药科技出版社,2000.
［22］ 杨云. 天然药物化学成分提取分离手册. 北京:中国中医药出版社,2003.
［23］ 张招贵. 精细有机合成与设计. 北京:化学工业出版社,2003.